现代学徒制试点专业系列教材

# 石油加工技术

## ——汽油加氢、柴油加氢、烷基化

严世成　张艳蓓　主编

化学工业出版社

·北京·

## 内 容 提 要

本书内容紧贴石油化工生产实际，着力体现“产教融合、工学结合”的内在要求。内容包括：汽油加氢装置岗位群、柴油加氢装置岗位群、碳四烷基化装置岗位群的岗位任务、操作规范、知识拓展及技能提升。每个典型的石油加工单元按照工艺认知、工艺原理及流程、装置开停工操作、工艺参数控制、装置应急处理等作系统介绍，同时适当补充了石油加工工艺的新发展、新技术。

本书可作为高职高专、五年制高职及中职学校化工技术类专业的教材，也可供相关企业技术人员参考。

**图书在版编目(CIP)数据**

石油加工技术．汽油加氢、柴油加氢、烷基化/严世成，张艳蓓主编．—北京：化学工业出版社，2019.10

ISBN 978-7-122-35169-2

Ⅰ.①石… Ⅱ.①严…②张… Ⅲ.①石油炼制-催化加氢-教材②石油炼制-催化烷基化-教材 Ⅳ.①TE624

中国版本图书馆 CIP 数据核字（2019）第 203339 号

责任编辑：张双进　　装帧设计：韩　飞

责任校对：刘曦阳

出版发行：化学工业出版社（北京市东城区青年湖南街 13 号　邮政编码 100011）

印　　装：涿州市般润文化传播有限公司

787mm×1092mm　1/16　印张 15¾　字数 385 千字　2020 年 10 月北京第 1 版第 1 次印刷

购书咨询：010-64518888　　售后服务：010-64518899

网　　址：http://www.cip.com.cn

凡购买本书，如有缺损质量问题，本社销售中心负责调换。

定　　价：49.00 元

# 前言

石油化学工业是指以石油和天然气为原料，生产石油产品和石油化工产品的加工工业。石油化学工业在国民经济发展中具有重要地位和作用。

石油产品又称油品，主要包括各种燃料油（汽油、煤油、柴油等）和润滑油以及液化石油气、石油焦炭、石蜡、沥青等。生产这些产品的加工过程常被称为石油炼制，简称炼油。炼油工业始于19世纪初的欧美，20世纪20年代初，一系列热裂化装置先后投产，炼油技术从一次加工发展到二次加工；40年代由于要增产汽油和提高辛烷值，炼油工业由热加工转向催化加工的时期；50年代为了把质量差的直馏汽油转化成高辛烷值汽油，炼油工业进入催化加工全面发展时期。此后，又出现了固定床铂重整工艺、流化床催化重整与移动床催化重整工艺，重整装置副产大量廉价氢气，又促进了加氢技术的发展，这就形成了现代石油炼制工艺。

本书是根据高等职业教育化工技术类专业“现代学徒制”人才培养目标，本着将职业技能训练和职业精神培养高度融合的原则，由职业院校教师与炼油企业专家、生产一线工程技术人员共同编写。本书从职业教育改革需要出发，着力体现“产教融合、工学结合”要求，内容选取上充分体现地方炼油企业实际，以实际的生产装置为教学对象，按岗位群所从事的工作展开阐述，以从事岗位操作所具备的能力要求为依据，并借鉴相关企业员工岗位标准，有利于实施“现代学徒制”试点方案和“双证通融”，具有较强的应用性、实用性、职业性。

本书从原料到产品，以原油的一次加工、二次加工为主线，系统地介绍了石油加工过程的主要生产工艺、相应岗位群所需要的知识及操作技术。主要内容包括：汽（柴）油加氢精制装置岗位群、烷基化装置岗位群的岗位任务、操作规范、知识拓展及技能提升。在每个典型的石油加工单元中按照工艺认知、工艺原理及流程、装置开停工操作、工艺参数控制、装置应急处理等展开介绍，还将石油加工工艺的新发展、新技术作为拓展内容，以适应培养高素质技术技能人才的需要。经过本课程的学习，学生可以达到企业要求的准员工标准，为将来胜任一线工作岗位奠定基础。

本书可作为高等职业院校、高等专科学校、本科职业大学、应用型本科院校化工技术类专业的专业课程教材、石油化工企业员工技术培训教材，也可供相关的技术人员参考。

参加本教材编写工作的有：吉林工业职业技术学院刘锐、张艳蓓（模块一　汽油加氢）、严世成、薛忠义（模块二　柴油加氢）、刘姝君（模块三　烷基化），吉林省松原石油化工股份有限公司郄林、刘健也参加了教材的编写工作。全书由严世成、刘锐统稿，严世成、张艳蓓担任主编，刘锐担任副主编。吉林工业职业技术学院张喜春同志审阅了教材，吉林省松原石油化工股份有限公司高级工程师刘立学担任主审。

本教材是产教融合、校企合作的成果。在教材编写过程中，编者参考了已出版的相关教材和企业技术资料，以吉林工业职业技术学院国家级现代学徒制试点项目为载体，得到吉林省松原石油化工股份有限公司、中国石油天然气股份有限公司吉林石化分公司技术人员的大力支持，在此谨向教材编写过程中作出贡献的单位和同志们致以衷心的感谢！

限于编者的水平和经验，书中不妥之处在所难免，衷心希望同行和读者批评指正。

**编者**

**2019 年 5 月**

# 目　录

## 模块一　汽油加氢

## 模块二　柴油加氢



## 模块三　烷 基 化

# 模块一 汽油加氢

项目一

# 汽油加氢认知

## 一、汽油加氢作用

汽油中的硫化物主要以硫醇、二硫化物、硫醚及其他衍生物等形式存在，燃烧后会释放二氧化硫等有害气体，造成严重的环境污染，随着新《中华人民共和国环境保护法》的实施，对汽油中硫化物的含量也有更高的要求，世界燃油规范中规定的第二类汽油的标准要求硫含量（质量分数）不得大于0.015%，第三类汽油的标准要求含硫量不大于0.003 %（质量分数）。我国目前规定的无铅汽油硫含量标准为不大于0.001%（质量分数）。目前工业中主要采用加氢脱硫技术生产低硫汽油，该方法能够满足硫含量较低的要求，但是操作条件要求较高，需要消耗大量氢气和催化剂，导致汽油的平均成本相对较高。

## 二、汽油加氢原料与产品

### （一）原料

#### 1. 汽油

**（1）原料来源** 一般由催化生产装置产出。

**（2）理化性质** 无色或淡黄色易挥发液体，具有特殊臭味。沸点为40～200℃，熔点<－60℃，闪点为－50℃，引燃温度为415～530℃，爆炸极限为1.35%～6.0%，相对密度为0.70～0.79，火灾危险性甲类，易燃易爆液体。不溶于水，易溶于苯、二硫化碳、醇、脂肪等。

**（3）健康危害** 慢性中毒神经衰弱综合征、植物神经功能紊乱、周围神经病；急性中毒对中枢神经系统有麻醉作用。轻度中毒症状有头晕、头痛、恶心、呕吐、步态不稳、共济失调；严重中毒出现中毒性脑病，症状类似精神分裂症、皮肤损害。高浓度吸入出现中毒性脑病；极高浓度吸入引起意识突然丧失、反射性呼吸停止。液体进入呼吸道可引起吸入性肺炎，溅入眼内可致角膜溃疡、穿孔，甚至失明。皮肤接触致急性接触性皮炎，甚至灼伤。吞咽引起急性胃肠炎，重者出现类似急性吸入中毒症状，并可引起肝、肾损害。

**(4) 接触控制及个人防护**　生产过程密闭，全面通风；高浓度接触时可佩戴自吸过滤式防毒面具和化学安全防护眼镜；穿防静电工作服，戴橡胶耐油手套；工作现场严禁吸烟，避免长期反复接触。

**(5) 操作注意事项**　密闭操作，全面通风。操作人员必须经过专门培训，严格遵守操作规程。使用防爆型的通风系统和设备，防止蒸气泄漏到工作场所空气中。避免与氧化剂接触。灌装时应控制流速，且有接地装置，防止静电积聚。搬运时要轻装轻卸，防止包装及容器损坏。配备相应品种和数量的消防器材及泄漏应急处理设备。倒空的容器可能残留有害物。

**(6) 储存注意事项**　储存于阴凉、通风的库房。远离火种、热源。库温不宜超过30℃。保持容器密封。应与氧化剂分开存放，切忌混储。采用防爆型照明、通风设施。禁止使用易产生火花的机械设备和工具。储区应备有泄漏应急处理设备和合适的收容材料。

**2. 氢气**

**(1) 原料来源**　一般由制氢装置或重整装置产出。

**(2) 理化性质**　无色无臭气体。沸点为－252.8℃，熔点为－257.2℃，引燃温度为400℃，爆炸极限为4.1%～74.1%，火灾危险性甲类，易燃易爆气体。

**(3) 健康危害**　在生理学上是惰性气体，仅在高浓度时，由于空气中氧分压降低才引起窒息。在很高的分压下，可呈现出麻醉作用。

**(4) 接触控制个人防护**　提供良好的自然通风条件。空气中浓度超标时，必须佩戴自吸过滤式防毒面具（半面罩）。紧急事态抢救或撤离时，应该佩戴空气呼吸器。

**(5) 操作注意事项**　密闭操作，加强通风。操作人员必须经过专门培训，严格遵守操作规程。建议操作人员穿防静电工作服。远离火种、热源，工作场所严禁吸烟。使用防爆型的通风系统和设备。防止气体泄漏到工作场所空气中。避免与氧化剂、卤素接触。在传送过程中，钢瓶和容器必须接地和跨接，防止产生静电。搬运时轻装轻卸，防止钢瓶及附件破损。配备相应品种和数量的消防器材及泄漏应急处理设备。

### (二) 产品——精制汽油

**(1) 产品来源**　汽油切割塔塔顶气相与汽提塔塔底精制重汽油。

**(2) 主要用途**　主要用作汽油机的燃料。

## 三、典型汽油加氢生产工艺

为适应新的清洁汽油标准，国内外相继开发了多种催化汽油加氢脱硫新技术，主要分为选择性加氢脱硫技术和非选择性加氢脱硫技术两类。

**1. 选择性加氢脱硫技术**

**(1) Prime-G+技术**　Prime-G+技术是由法国IFP Axens公司开发的选择性加氢脱硫技术，目前在全世界范围内已经有150余套装置生产运行。该技术可以处理全馏分催化裂化汽油，脱硫效果好，可达到低于10μg/g的超低硫含量标准，工艺流程见图1-1。

该技术由选择性加氢（SHU）和加氢脱硫（HDS）两个单元组成，SHU单元主要发生以下三个反应：

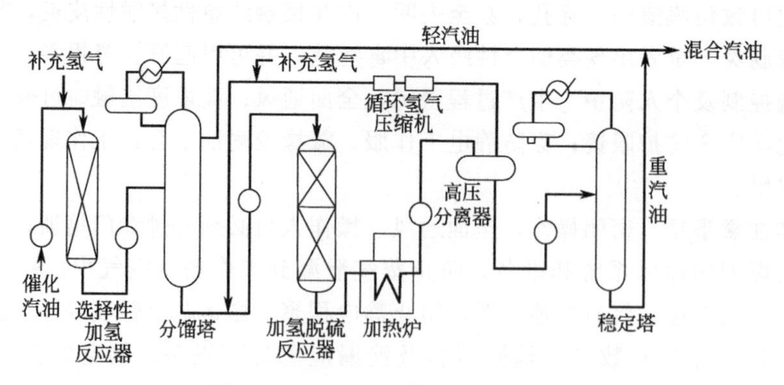


图 1-1　Prime-G+技术工艺流程图

① 二烯烃加氢饱和反应，避免在 HDS 反应时产生胶质；

② 烯烃双键异构化反应，烯烃异构化为间基烯烃反应，增加汽油的辛烷值；

③ 硫醇转化为较重的硫化物，并转移至重馏分中。

工业装置运行实践表明，Prime-G+技术的特点：烯烃饱和反应少，辛烷值损失和耗氢较低；无二次硫醇生成，不必另设脱硫醇装置；无裂解反应，汽油收率接近 100%。

**(2) OCT-MD 技术**　针对现有 FCC（催化裂化）汽油选择性加氢脱硫技术采用后脱臭流程仅仅将主要来自 LCN（轻汽油馏分）中的硫醇转化为二硫化物，而二硫化物溶解在汽油中，并没有降低脱硫产物中总硫含量的问题，FRIPP（中国石化抚顺石油化工研究院）在汽油选择性加氢脱硫技术（OCT-M）基础上开发了 FCC 汽油选择性深度加氢脱硫技术（OCT-MD）。工艺流程见图 1-2。

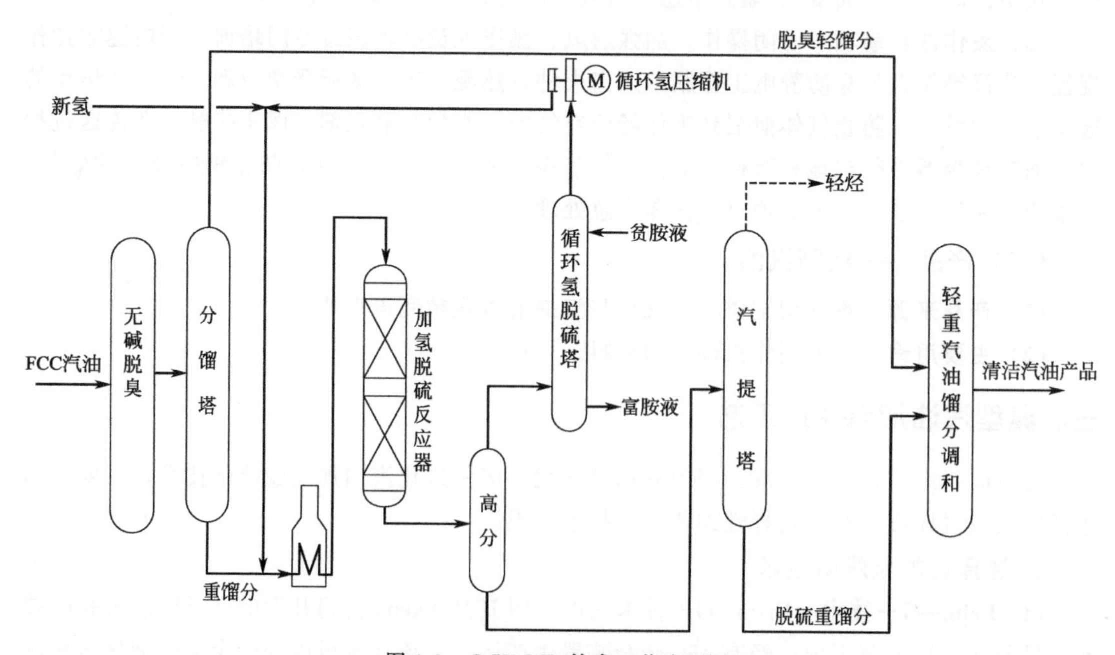


图 1-2　OCT-MD 技术工艺流程图

该技术工艺采用催化汽油先脱臭流程可以大大降低 HCN（重汽油馏分）加氢脱硫深度，从而避免了烯烃过度饱和造成的辛烷值损失。其工艺流程包括四部分：

① FCC 汽油无碱脱臭；

② FCC 汽油 LCN/HCN 分馏；

③ HCN 加氢脱硫；

④ LCN 与 HCN 加氢产物混合。

OCT-MD 采用专用第二代 FGH-21 /FGH-31 组合催化剂，可生产满足国Ⅴ排放标准的超低硫汽油。

**(3) OCT-ME 技术**　为了满足生产国Ⅴ汽油新标准的需要，FRIPP 在 OCT-MD 工艺基础上开发了 FCC 汽油超深度选择性加氢脱硫（OCT-ME）技术。由 OCT-ME 与 OCT-MD 工艺流程对照可知，OCT-ME 技术将 OCT-MD 工艺的 FCC 汽油无碱脱臭调整为 FCC 汽油先分馏，然后轻馏分进行无碱脱臭，增加了脱臭轻馏分与催化柴油混合吸收分馏工艺。

OCT-ME 工艺主要包括以下五部分：

① FCC 汽油 LCN/HCN 分馏；

② LCN 无碱脱臭；

③ 脱臭 LCN 与催化柴油混合，通过吸收分馏塔分馏；

④ HCN 选择性加氢脱硫；

⑤ 脱臭 LCN 与加氢后 HCN 产品调和。

工艺流程见图 1-3。

脱臭 LCN 与催化柴油混合通过吸收分馏，高沸点的二硫化物进入塔底催化柴油中，可以使塔顶 LCN 的总硫含量显著降低。HCN 选择性加氢脱硫采用了 FRIPP 开发的高加氢脱硫选择性、低烯烃加氢饱和活性的 ME-1 超深度加氢脱硫催化剂，能够生产硫含量不大于 10μg /g 的国Ⅴ清洁汽油，可生产满足国Ⅴ排放标准的汽油调和组分。

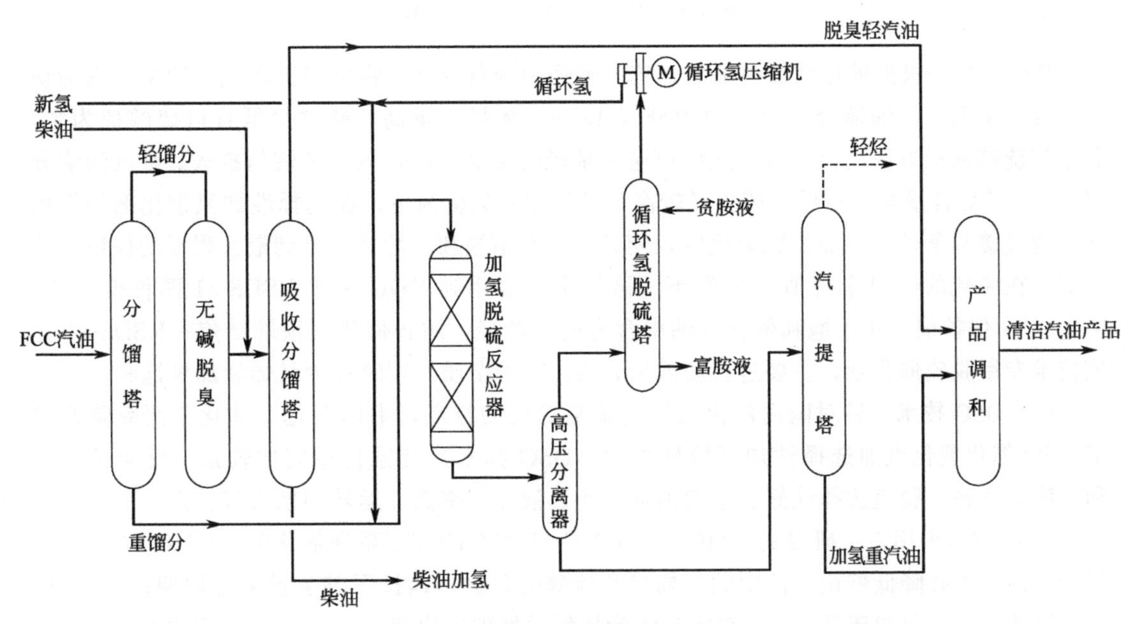


图 1-3　OCT-ME 技术工艺流程图

**(4) RSDS-Ⅲ技术**　RSDS-Ⅲ是 RIPP（中国石化石油化工科学研究院）针对目前我国催化汽油的特点，特别是针对高烯烃含量的催化汽油而开发的。该技术工艺简单可行、反应条件缓和，对我国催化裂化汽油有较好的适应性，能够加工烯烃含量高的催化汽油，并在较低的反应温度下有良好的脱硫效果，汽油辛烷值损失较小，液体产品收率高。RSDS 技术主要分为轻重汽油馏分分馏、轻汽油馏分脱硫醇以及重馏分选择性加氢脱硫和脱硫醇三部分。工艺流程见图 1-4。

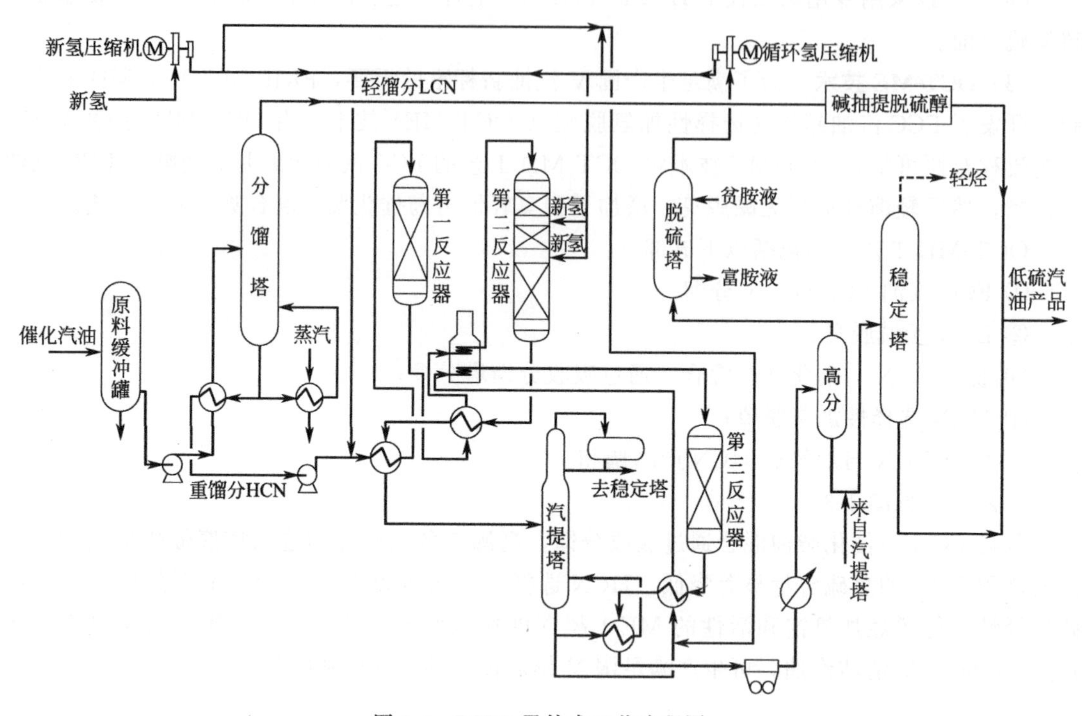


图 1-4　RSDS-Ⅲ技术工艺流程图

RSDS-Ⅲ是根据催化汽油中烯烃、硫、芳烃的分布特点，将全馏分催化（FCC）汽油切割为轻、重两个汽油馏分。轻汽油馏分（LCN）烯烃含量高，硫含量低且以硫醇硫为主，利用传统碱抽提方法脱出硫醇，从而可避免烯烃的加氢饱和，减少辛烷值损失；重汽油馏分（HCN）烯烃含量相对较低，硫含量较高，且以噻吩类硫为主，在选择性加氢催化剂的作用下，通过缓和条件进行加氢脱硫反应，使芳烃基本不饱和，烯烃也得到最大程度的保留，从而实现在脱硫的同时辛烷值损失最小。该技术主要用到 RGO-3 和 RSDS-31 两种催化剂。RGO-3 为保护剂，用于饱和催化汽油中含有的二烯烃，防止催化剂顶端结焦；RSDS-31 为该技术专用脱硫催化剂，主要进行脱除所含 S、N 等杂质，同时有少量烯烃加氢饱和。

**（5）DSO 技术**　针对国内催化汽油高硫高烯烃的特点，中国石化石油化工研究院开发了 DSO 催化裂化汽油选择性加氢脱硫技术。DSO 技术具有原料适应性较强、反应条件缓和、脱硫率高、脱硫选择性好、辛烷值损失小、液体收率高、运转周期长等特点。

DSO 技术采用自主研发的 GHC-11、GHC-31 和 GHC-32 系列催化剂。GHC-32 为预加氢催化剂，主要降低催化汽油中的二烯烃和硫醇硫含量，延长下游装置运行周期；GHC-11 为重汽油馏分加氢脱硫催化剂；GHC-31 为加氢后处理催化剂。DSO 工艺流程主要包括：

① 全馏分 FCC 汽油预加氢；

② LCN/HCN 分馏；

③ HCN 选择性加氢脱硫；

④ 稳定塔部分；

⑤ LCN 与 HCN 加氢脱硫产物调和。

工艺流程见图 1-5。

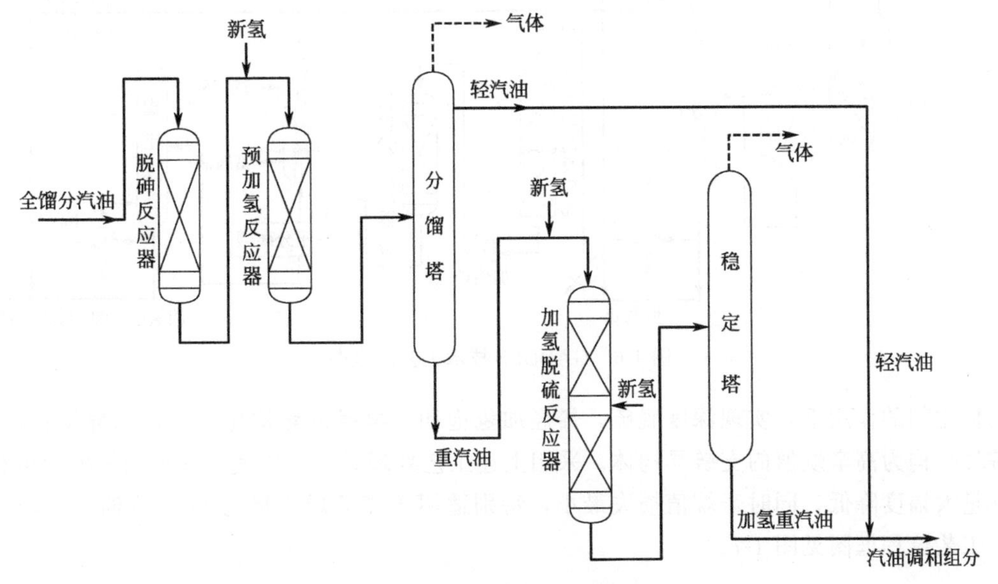


图 1-5　DSO 技术工艺流程图

**(6) GARDES 技术**　GARDES 工艺是由中国石油大学与中国石油石油化工研究院合作开发的催化汽油选择性加氢改质技术，采用 FCC 汽油预加氢-重汽油馏分选择性加氢脱硫与辛烷值恢复组合的工艺路线，全馏分 FCC 汽油首先进行原料预处理，脱除砷等重金属杂质，然后进行预加氢处理，脱除二烯烃和硫醇硫转移，再进入分馏塔进行 LCN/HCN 分馏。HCN 进行选择性加氢深度脱硫和辛烷值恢复，在脱硫同时保持辛烷值损失较少。

GARDES 工艺主要包括五部分：

① 原料预处理；

② FCC 汽油预加氢；

③ LCN/HCN 分馏；

④ HCN 加氢脱硫与辛烷值恢复；

⑤ 后处理。

工艺流程见图 1-6。

GARDES 工艺采用自主开发的 GDS-10、GDS-20、GDS-30 和 GDS-40 系列催化剂。GDS-10 为预加氢催化剂，具有较高的脱除二烯烃活性与选择性；GDS-20 为预加氢催化剂，具有很好的二烯烃饱和选择性与硫醇硫转移活性；GDS-30 为重汽油馏分加氢脱硫催化剂，具有很高的加氢脱硫活性与选择性；GDS-40 为辛烷值恢复异构化催化剂，具有很好的补充脱硫/脱硫醇性能，还有部分异构化和芳构化性能。

**2. 非选择性加氢脱硫技术**

**(1) RIDOS 技术**　RIDOS 技术是 RIPP 开发的一项非选择性加氢脱硫技术，其工艺流程与 RSDS 工艺有些相似。主要根据 FCC 汽油中烯烃、硫、芳烃的分布特点，将全馏分 FCC 汽油切割为轻、重两个汽油馏分。LCN 部分与 RSDS-Ⅲ工艺一致，HCN 则是在加氢

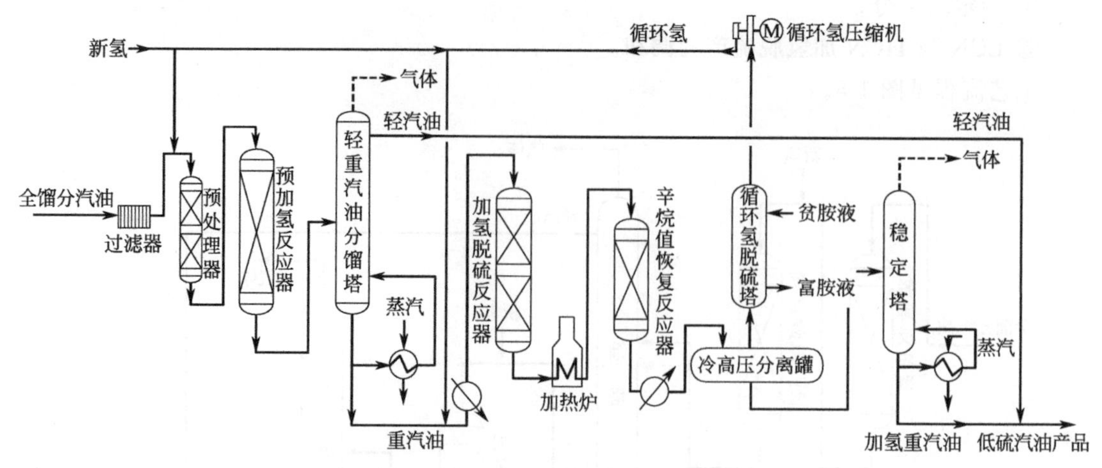


图 1-6 GARDES 技术工艺流程图

精制催化剂的作用下，实现深度脱硫，烯烃加氢饱和，再通过异构化催化剂的异构化作用，使烷烃异构为高辛烷值的支链异构体。采用上述工艺处理后，可以使催化汽油的硫含量和烯烃含量大幅度降低，同时辛烷值损失最小，特别适用于高烯烃含量的 FCC 汽油的清洁化生产。工艺流程框图见图 1-7。

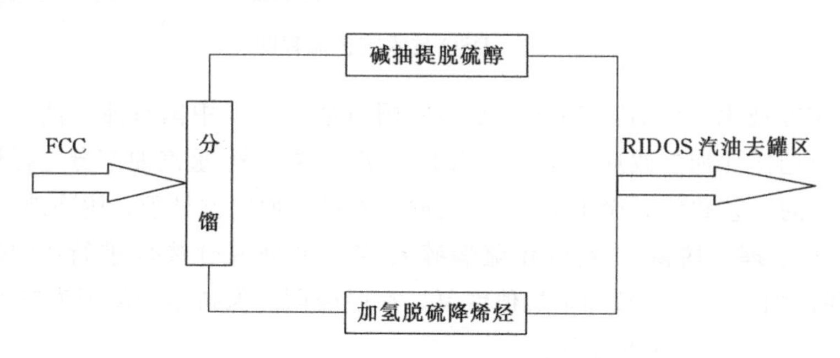


图 1-7 RIDOS 技术工艺流程框图

RIDOS 技术包括 RGO-2、RS-1A 和 RIDOS-1 三种催化剂。RGO-2 为保护层催化剂，具有脱二烯烃能力强和烯烃饱和活性低的特点；RS-1A 为加氢精制催化剂，具有较高的加氢脱硫活性、高的烯烃饱和活性和低的芳烃饱和活性；RIDOS-1 为异构化催化剂，是 RIDOS 技术的关键，具有良好的异构化和提高辛烷值的能力。RIDOS 技术采用两个反应器串联工艺，第一加氢精制反应器主要作用为烯烃饱和、脱硫、脱氮，第二反应器主要作用为烷烃异构化提高汽油的辛烷值。

**(2) Hydro-GAP 技术** 为适应新的清洁汽油标准要求，中国石化洛阳工程有限公司（LPEC）针对我国车用汽油组成的特点，开发出催化裂化汽油加氢脱硫及芳构化技术（Hydro-GAP）。该技术在加氢脱硫降烯烃的同时，通过芳构化、异构化等反应，确保辛烷值不降低的条件下，硫含量可降至 150μg/g 以下，汽油收率大于 95%。

Hydro-GAP 工艺主要包括两个反应单元：预加氢反应；加氢脱硫及芳构化反应。将催化裂化汽油经过分馏塔切割为轻、重馏分，重馏分先进行预加氢反应，脱除其中的二烯烃等易结焦物质，然后进入加氢脱硫及芳构化反应器发生反应，生成油与轻馏分混合，经过碱抽提脱硫醇处理，完成生产。两个反应单元分别采用 LPEC 开发的 LPH-3 催化剂和 LHA 催化剂，并采用自然装填的方式装填，在催化剂干燥后，用二甲基二硫醇进行湿法硫化。工艺流程见图 1-8。

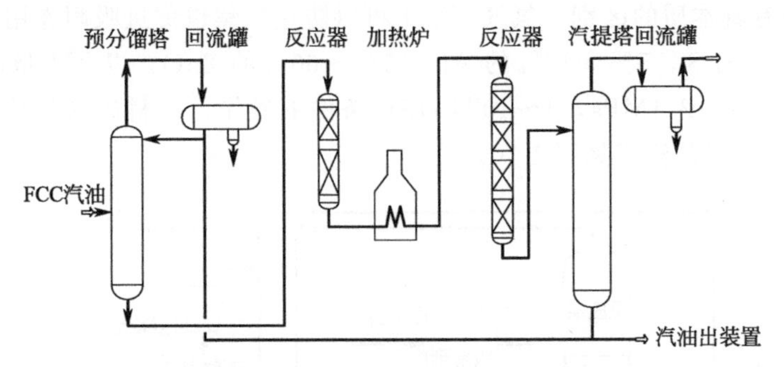


图 1-8 Hydro-GAP 技术工艺流程图

**(3) OTA 技术** Olefin To Aromatics & Alkylates 简称 OTA，即全馏分催化裂化汽油芳构化烷基化降烯烃技术，由中国石化抚顺石油化工研究院（FRIPP）和大连理工大学合作开发。我国 FCC 汽油具有烯烃含量高、芳烃含量低的特点，OTA 技术通过烯烃芳构化、烷基化、异构化等反应，在保持较高的辛烷值和汽油收率的同时，使烯烃含量大幅降低。工艺流程见图 1-9。

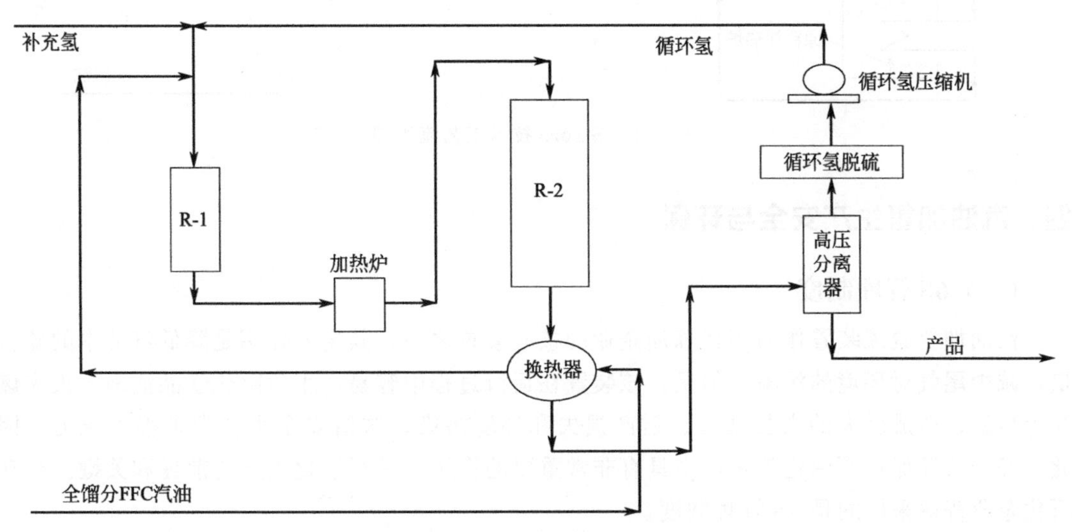


图 1-9 OTA 技术工艺流程图

OTA 技术处理全馏分汽油，首先在较低温度下，采用 SHT 催化剂，进行选择性脱二烯烃反应。然后，在较高温度下，发生脱硫、降烯烃、芳构化、烷基化、异构化等反应，采用 FDO 催化剂。FDO 催化剂是由 W-Mo-Ni 作为活性组分，改性纳米 ZSM-5 沸石、氧化铝作为载体，具有优异的芳构化、降烯烃催化性能。该技术的特点是全馏分 FCC 汽油进料，工艺过程简单，SHT 催化剂先选择性脱除二烯烃，使 FDO 催化剂能够稳定运转，芳构化、异构化、烷基化等反应的发生使得辛烷值损失小、液体收率高。

**(4) S-Zorb 技术** S-Zorb 技术是由 Phillips Petroleum 公司开发的一种汽油吸附脱硫技术。与传统加氢脱硫工艺完全不同，该工艺利用固体吸附剂上的金属与硫化物反应将硫脱除，在加氢过程中很难脱除的含硫化合物在 S-Zorb 脱硫过程中很容易被脱除。S-Zorb 技术具有耗氢低，脱硫率高，辛烷值损失小等优点。但当原料中的硫含量较高时，深度脱硫的同时烯烃饱和率也较高，辛烷值损失增加。该技术虽然引入了氢气，但基于的是吸附作用原理，与加氢脱硫有着本质的区别，氢气环境下可以防止生焦也促进吸附作用。吸附剂由质量分数为20%～60%的Si，5%～15%的Al，15%～60%的ZnO，以及少量的钴镍组成，可在340～415℃，0.7～2.1MPa，4～$10^{-1}$LHSV条件下操作，原料硫含量从340～1406μg/g降到10μg/g以下。工艺流程见图1-10。

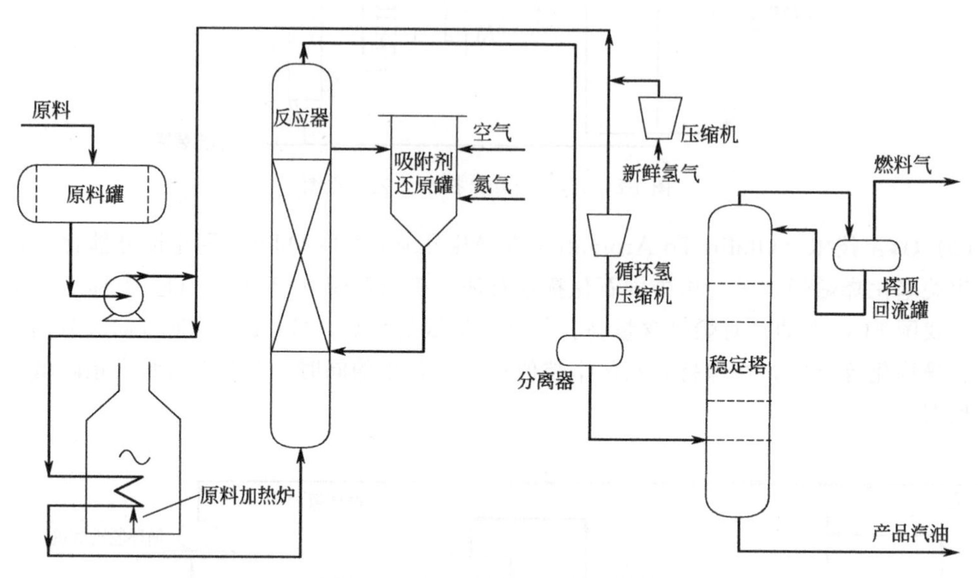


图1-10　S-Zorb技术工艺流程图

## 四、汽油加氢生产安全与环保

### （一）6S管理制度

汽油加氢脱硫装置作为当代炼油企业的核心装置之一，其主要作用是降低汽油中的硫含量，减少尾气对环境的污染。但是，该装置在运行过程中容易产生危险化学品泄漏、火灾爆炸等事故，造成巨大的人员伤亡、财产损失和环境污染，这给安全生产带来很大压力。因此，安全与环保在石油化工生产中具有非常重要的作用，是石油化生产的前提和关键。现在石化企业普遍采用的是6S管理制度。

**1. 整理（seiri）**

定义：区分要与不要的东西，在岗位上只放置适量的必需品，其他一切都不放置。

目的：腾出空间，防止误用。

**2. 整顿（seiton）**

定义：整顿现场次序，将需要的东西加以定位放置并且加以标示（并且保持在需要的时候能立取出的状态），这是提高效率的基础。

目的：腾出时间，减少寻找时间，创造井井有条的工作秩序。

**3. 清扫（seiso）**

定义：将岗位变得干净整洁，设备保养得铮亮完好，创造一个一尘不染的环境。

目的：消除“污脏”，保持现场干净明亮。

**4. 清洁（seiketsu）**

定义：也称规范，将前3S进行到底，并且规范化、制度化。

目的：形成制度和惯例，维持前3S的成果。

**5. 素养（shitsuke）**

定义：建立并形成良好的习惯与意识，从根本上提升人员的素养。

目的：提升员工修养，培养良好素质，提升团队精神，实现员工的自我规范。

**6. 安全（safety）**

定义：人人有安全意识，人人按安全操作规程作业。

目的：凸显安全隐患，减少人身伤害和经济损失。

在6S管理制度上现代化工企业开始逐渐渗透“责任关怀”（responsible care），它是全球化学工业自愿发起的关于健康安全及环境（HSE）等方面不断改善绩效的行为，是化工行业专有的自愿性行动。该行动旨在改善各化工企业生产经营活动中的健康安全及环境表现，提高当地社区对化工行业的认识和参与水平。其具体指导原则如下。

① 不断提高环境、健康与安全知识水准，以及生产技术、工艺和产品在使用周期中的性能表现，从而避免对人和环境造成伤害。

② 有效利用资源，注重节能减排，将损耗降至最低。

③ 充分认识社会对化学品以及运作过程的关注点，并对其做出回应。

④ 研发和制造能够安全生产、运输、使用以及处理的化学品。

⑤ 在为全部现有的和新的产品与工艺制定计划时，应优先考虑健康、安全和环境因素。

⑥ 向有关官员、公司员工、客户以及公众及时通报与化学品相关的健康和环境危险信息，并且提出富有成效的措施建议。

⑦ 与客户共同努力，确保化学品的安全使用、运输以及处理。

⑧ 采取能有效保护环境、员工和公众健康安全的方式进行工厂和设施运行。

⑨ 通过研究有关产品、工艺和废弃材料对健康、安全和环境的影响，来提升健康、安全、环境的知识水准。

⑩ 与有关方共同努力，解决以往危险物品在处理和处置方面所遗留的问题。

⑪ 与政府和其他部门一起参与制定有关法律、法规和标准来维护社会、工作地点和环境的安全，从而满足或超越以上法律、法规及标准的要求。

⑫ 通过分享经验以及向其他生产、经营、使用、运输或者处置化学品的部门提供帮助来推广《责任关怀》的原则和实践。

## （二）工艺安全信息与工艺危害分析管理

### 1. 工艺安全管理准则

**（1）目的**　为规范化学品相关企业实施责任关怀过程中而实施的工艺安全管理，防止化学品泄漏、火灾、爆炸，避免发生伤害及对环境产生负面影响。

**（2）风险管理**

① 风险辨识。企业应树立零事故、零伤害的安全理念，有效辨识生产活动中工程设计、装置建设、装置投产、技术改造、新产品、新工艺开发、废旧设备及厂房拆除与处置等环节存在的工艺安全风险。

② 风险评价。企业应根据需要选择有效、可行的风险评价方法，适时对装置运行状况

进行风险评价，从对人员的身体健康与生命安全、环境、财产和周围社区等方面影响的可能性和严重程度进行定性和定量分析，确定风险等级；一般常用的评价方法有：安全检查表检查，危险度评价法，化学火灾、爆炸危险指数评价法，蒙德法，预先危险分析，危险和可操作性分析，层保护分析，故障树分析，事件树分析，定量风险分析等。

③ 风险控制。企业应根据风险评价的结果及生产经营情况等，确定优先控制的顺序，采取措施消减风险，将风险控制在可接受程度；风险控制措施需可靠、有效，应向从业人员进行告知风险评价的结果及相应的控制措施。

④ 危险源管理。企业应建立危险源管理制度，按 GB 18218 要求进行重大危险源识别，对重大危险源进行登记建档，严密控制；应将本单位重大危险源及相关安全措施、应急预案报地方安全生产监督管理部门和其他相关部门备案；构成重大危险源的装置或设施与周边的防护距离应符合国家标准或规定，凡不符合要求的应采取切实可行的防范措施，并限期整改。

⑤ 风险信息更新。企业应持续进行风险评价工作，识别与生产经营活动有关的危险源变更和新事故隐患，并定期进行评审，检查风险控制措施的有效性。

⑥ 变更管理。当工艺、设备、关键人员等条件发生变更时应根据变更后的情况及时进行风险评估、作业文件更新等相关工作，建立检查和变更记录。

**(3) 工艺和技术**

① 企业应采用先进的、安全可靠的技术、工艺、设备和材料，组织安全生产技术的研究开发。不得使用国家明令淘汰、禁止使用的危及生产安全的工艺和设备。

② 新建、改建和扩建项目需进行安全、环境影响和职业病危害预评价，装置正式投产前需进行安全、环保验收评价和职业卫生控制效果评价。

③ 列为国家重点监管的危险工艺的企业，项目设计原则上应由甲级资质的化工设计单位进行，装置自动控制系统应按相关要求采用集散控制系统（DCS)，并设计独立的紧急停车系统。

④ 应制定有效的《安全操作技术规程》《工艺技术规程》《岗位操作法》和《工艺卡片》等，并在生产和工艺发生变化时需及时进行修订和完善。

⑤ 对生产过程中的瓶颈问题应及时组织工艺攻关，根据原料性质、装置特点和产品要求，合理优化生产方案。

⑥ 装置开、停工时应制订详细的开、停工方案，并经主管安全生产的负责人批准。

⑦ 生产过程中的工艺参数及操作活动等记录应存档。

**(4) 生产设备**

① 企业应选用本质安全型设备设施，严格按规范安装和调试；建立健全设备设施管理、维护保养制度、台账和档案。

② 加强设备设施的运行维护管理，包括：压力容器、工业管道及其安全附件的检测；设备润滑；常规仪表、分析仪表、过程控制计算机系统、仪表联锁系统、可燃气体、有毒气体报警器日常维护、保养和故障处理及检修；电气设备、防雷、防静电设施的运行维护、保养、检修和故障排除等。

③ 大型机组应实行特级维护，做好机组状态监测及故障诊断，并确保其安全附件、联锁保护系统完备、完好。

④ 建立特种设备的台账和档案，确保设备定期检测，证件齐全。

⑤ 监控和测量设备应定期进行校准和维护，台账齐全，记录存档。

**(5) 安全设施管理**

① 企业应确保安全设施符合国家有关的法律、法规和相关技术规范，并与建设项目的主体工程同时设计、同时施工、同时投入生产和使用。

② 安全设施应设专人负责管理，定期检查和维护保养，不得随意拆除、挪用或弃置不用，因检修拆除的，应严格遵循设备移交程序，检修完毕后需立即复原。

③ 建立工艺安全、设备安全联锁管理制度，未经审批严禁摘除原设计的联锁装置。

④ 根据化学品的种类、特性，在车间、库房等相关作业场所设置相应的监测、通风、防晒、调温、防火、灭火、防爆、泄压、防毒、消毒、中和、防潮、防雷、防静电、防腐、防渗漏、防护围堤或者隔离操作等安全设施、设备，并按照国家标准和有关规定进行维护、保养，确保符合安全运行要求。

**(6) 应急响应**

① 企业应建立事故应急响应指挥系统，明确职责，实行分级管理。

② 根据风险评价结果，编制应急响应预案，定期进行演练并完成演练报告，以期持续改进。

③ 配备足够的应急救援设备，定期进行维护，保持状态完好。

④ 建立相应的应急救援队伍，如消防、救护、治安保卫、通信联络、医疗抢救等。

⑤ 发生工艺安全事故后应迅速启动相应的专项应急预案，采取有效措施降低事故损失，按事故分类和等级，组织相关部门进行应急处理。

**2. 工艺安全信息管理**

工艺安全信息就是关于物料的危害性、工艺设计基础和设备设计基础的完整、准确的文件化信息资料，是工艺安全管理要素之一。为规范工艺安全信息的统一管理，保证物料、工艺、设备等工艺安全信息的完整性和准确性，为工艺安全管理活动提供基础资料，特制定相关管理程序。

工艺安全信息要素由三部分组成：物料的危害性，工艺设计基础，设备设计基础。

**(1) 物料的危害性**

① 建立化学品清单，编制和收集化学品安全技术说明书（MSDS），定期更新。化学品安全技术说明书中应包含化学品的物理性数据、易燃性、毒性、化学反应性等。物理性数据是为了正确设计设备以及有效地识别意外事件的危害和后果；易燃性可以帮助识别和确定火灾及爆炸危害；毒性数据帮助识别工艺物料对员工的健康危害；化学反应性帮助识别某些物质是否存在发生失控反应的危害。

② 安全专业人员按照化学品安全技术说明书，对涉及危险化学品的工艺操作提供指导和技术支持。

③ 建立化学品反应矩阵，识别化学品反应危害，及时更新。

**(2) 工艺设计基础**

① 工艺设计基础是对工艺的描述，包括工艺化学原理、物料和能量平衡、工艺步骤、工艺参数、每个参数的限值、偏离正常运行状态的后果。

② 对操作、检维修等相关人员进行工艺设计基础信息的培训与沟通。对于缺乏原始资料的工艺设施，工艺设计基础资料应及时收集、编制，并建立资料包。

③ 工艺设计基础应以文件形式保存，根据定期的全面检查和工艺变更进行更新。工艺

设计基础资料应方便相关人员取阅，建立一个记录工艺设计基础资料储存位置的目录文件。

**（3）设备设计基础**

① 对于高危害工艺运行的设备设计基础资料都应进行记录、保存。对负责操作、检维修等相关人员进行培训与沟通。对于低危害工艺只需要对安全、健康和环境方面相关的设备设计基础资料进行记录、保存。对负责操作、检维修等相关人员进行培训与沟通。

② 属地部门都应在设备设施安装完毕调试前，负责建立设备设计基础完整的信息文件。这些信息文件可能来自多个单位，包括技术发展部、供应公司、设备部、承包商等。

③ 识别并记录工艺安全关键设备，并且应和工艺危害分析（PHA）得到的结果保持一致。

**3. 工艺危害分析管理**

为规范、统一工艺危害分析的方法，辨识、评估和控制设计、施工和生产过程中的危害，预防工艺危害事故的发生，特制定相关管理程序。

**（1）工艺危害分析的应用**　工艺危害分析是工艺生命周期内各个时期和阶段辨识、评估和控制工艺危害的有效工具。公司应在研究和技术开发，新改扩建项目，在用装置，停用、封存装置，拆除或报废装置时进行工艺危害分析。存在下列情况时也应用工艺危害分析：工艺设备变更；事故调查；所储存的物质性质、数量符合高危害工艺定义的仓库、槽区和其他储存设施；

① 研究和技术开发。存在危害性物质的研究和技术开发单位可进行工艺危害分析，特别是存在危害性物质的试验或设备启用前应进行工艺危害分析。同时，新工艺、新产品开发应重点考虑其本质安全。

② 新改扩建项目。包括：项目建议书阶段、可行性研究阶段、初步设计阶段、施工图设计和施工阶段、最终工艺危害分析。

③ 在用装置。在工艺装置的整个使用寿命期内应定期进行工艺危害分析。包括：基准工艺和周期性工艺危害分析。

**（2）工艺危害分析管理**　工艺危害分析过程通常分为计划和准备、危害辨识、后果分析、危害分析、风险评估、建议的提出回复和关闭、工艺危害分析报告、建议的追踪 8 个步骤。

① 计划和准备。项目负责人应制定 PHA 工作任务书，规定 PHA 工作组职责、任务和目标，选择工作组成人员、提供工作组所需的资源和必需的培训。PHA 工作任务书应由项目组织部门（单位）负责人批准。

② 危害辨识。在工艺危害分析起始阶段，对可能导致火灾、爆炸、有毒有害物质泄漏或不可康复的人员健康影响的工艺危害进行辨识，并列出清单，作为下一步分析，讨论以及对相关人员进行培训和沟通的重要内容。

③ 后果分析。目的是帮助工作组了解潜在伤害的类型、严重性和数量，可能的财产损失以及重大的环境影响。

④ 危害分析。工艺危害分析工作组应对分析对象的工艺进行系统的、综合的研究和分析，辨识和描述所有潜在的危害事故、事件和现有的防护措施。

⑤ 风险评估。工作组应评估辨识出的危害事故、事件的风险。根据风险等级最终定性地确定每个危害事件发生的可能性，并运用此信息，结合危害事故、事件的后果分析，对每个事件的风险进行定性评估，确定该风险是否可接受。

⑥ 建议的提出、回复和关闭。

建议的提出：建议内容与工艺危害和危害事故、事件的控制是否直接相关；风险等级；建议是否明确且可行。

建议的回复：工艺危害分析的建议应由项目组织部门（单位）负责人加以审核，采用完全接受、修改后接受、拒绝建议的方式做出书面回复。

建议的关闭：一旦项目组织部门（单位）负责人对建议做出回复，建议即关闭。

⑦ 工艺危害分析报告。应文字简洁、内容详尽，便于相关人员清楚了解工艺危害、潜在的危害事故、事件，控制危害的防护措施和防护措施失效的后果；工作组提出建议的思路和依据应在报告的相关章节中完整的描述，为制定解决方案的人员提供详细的信息，并有助于在以后的工艺危害分析中避免重复工作。

⑧ 建议的追踪：项目组织部门负责人应建立建议落实的跟踪系统。

## (三) 火灾爆炸危险性分析

### 1. 易燃、易爆物质分析

汽油脱硫装置主要易燃、易爆介质有汽油、氢气、干气等，其中塔顶不凝气主要由氢气、$H_2S$、甲烷、乙烷和丁烷组成。同时，在生产中极易产生火花、明火、静电等着火源，另外装置区内存在大量高温设备，危险介质一旦发生泄漏很容易发生燃烧事故。当条件具备时，容易形成爆炸性气体混合物，容易发生火灾、爆炸危险。装置内主要易燃、易爆物料的性质见表 1-1。

**表 1-1 主要易燃、易爆物料的性质**

| 序号 | 物料名称 | 闪点/℃ | 引燃温度/℃ | 爆炸极限/% | | 火灾危险性 | 爆炸危险类别 | |
|---|---|---|---|---|---|---|---|---|
| | | | | 下限 | 上限 | | 分级 | 分组 |
| 1 | 汽油 | −58～10 | 250～530 | 1.3 | 7.6 | 甲 B | ⅡA | T3 |
| 2 | 氢气 | | 500～571 | 4.1 | 75 | 甲 | ⅡC | T1 |
| 3 | 硫化氢 | −106 | 260 | 4.0 | 46 | 甲 | ⅡB | T3 |
| 4 | 甲烷 | −218 | 537 | 5 | 15.0 | 甲 | ⅡA | T1 |
| 5 | 乙烷 | −135 | 472 | 3.0 | 12.5 | 甲 | ⅡA | T1 |
| 6 | 丁烷 | −60 | 287 | 1.9 | 8.5 | 甲 | ⅡA | T2 |

### 2. 火灾、爆炸危险场所分析

汽油脱硫装置的主要火灾、爆炸危险场所，本装置主要危险场所见表 1-2。

**表 1-2 主要危险场所**

| 序号 | 危险部位 | 危险物料 | 危险特征 |
|---|---|---|---|
| 1 | 反应器 | 油、油气、氢气、$H_2S$ | 高温、高压、泄漏时易燃易爆，有毒 |
| 2 | 高压换热器 | 油、油气、氢气、$H_2S$ | 高温、高压、泄漏时易燃易爆，有毒 |
| 3 | 加热炉 | 油、油气、氢气 | 高温、高压、泄漏时易燃易爆 |
| 4 | 氢气压缩机 | 氢气、烃类气体 | 噪声、高压、泄漏时易燃易爆 |
| 5 | 泵 | 油 | 噪声、泄漏时易燃 |
| 6 | 空气冷却器 | 油、油气、氢气、$H_2S$ | 噪声、高温、高压、泄漏时易燃易爆有毒 |

**3. 禁火禁烟管理**

进入厂区的所有人员（含外来人员）一律不得将烟火带入。门卫执勤人员在进行例行检查时，应向进入厂区人员告知企业禁烟、禁火规定，并令其将香烟、打火机留于门卫寄存。企业依据危险程度及生产、维修、建设等工作的需要，划定“固定动火区”，固定动火区以外一律为禁火区，公司实行动火安全许可制度，未经许可一律不得动火。

**4. 防火防爆管理要求**

① 禁止在防爆区域内擅自使用非防爆设备（如移动通信设备、非防爆相机、非防爆电器设备等）。生产车间（包括液化气站）操作室需设置手机存放处，所有操作室在岗人员上班期间必须将手机放置在指定位置，如需要接打电话，可以在操作室内进行接打，待通话完毕后需放回原位。由于工作需要，在防爆区域内必须使用非防爆相机时，需向属地主管部门提交申请单，待属地主管部门批准后，方可在全程进行气体检测且不开闪光灯的前提下使用。

② 机动车辆进入装置区、罐区、库区前，均应在门卫接受安全检查（导电链、灭火器）并办理登记手续，并在排烟管口佩戴防火帽。电瓶车禁止进入。

③ 禁止使用汽油、苯等易挥发可燃蒸气的液体擦洗设备、工具及衣物等。易燃易爆物品应存放在指定的安全地点，现场禁止堆放油布、油棉丝或其他易燃物品。对危险化学品仓储场所设置明显的安全标志，注明品名、特性、防火措施和灭火方法，并配备必要的消防器材。

④ 使用搬运危险物品，或在易燃、易爆危险场所搬运铁质物品时，不准抛掷，拖拉或滚动。在带有易燃易爆物质（残渣、残液和余气）的设备、管道、容器上工作时，禁止使用铁质工具，应使用铜质等不产生火花的工具。若必须使用铁质工具，则需在工具接触面上涂以黄油或采用其他安全措施。

⑤具有火灾危险性的甲乙类生产所用设备、管道保温层，应采用非燃烧的材料，并应防止可燃液体深入保温层。高温设备、管道禁止使用易燃、可燃物保温。必须加强火源管理。厂区内一切动火工作，必须认真执行《动火安全管理制度》的规定。

⑥ 要防止可燃易燃物与高温物体接触或靠近，高温工件禁止带入防火防爆区，不准在高温设备和管道上烘烤衣服和可燃易燃物体。

⑦ 危险物品仓库、气柜、主配电设备、高大建筑物和高大设备等必须装设避雷装置，每年雨季前必须随装置检查试验一次，维护更换不合格避雷装置。厂区内未经批准，不准随意搭设临时工棚和其他建筑物。

⑧ 化工生产区域在有液化石油气及可燃气体容易扩散处，应设置可燃气体浓度检测报警装置，并应加强气体监测工作。监视和测量设备应建立台账，并定期校验。

⑨ 所有设备、管道、阀门、仪表和零部件，必须有合格证并按要求使用，不明规格、型号的材质禁止使用，禁止擅自代用。

⑩ 消防机构必须健全，消防器材的设置必须按规定配备齐全。厂区内的一切消防设施或器材未经许可（非火灾情况下）不准动用。消防道路必须保持畅通无阻，占用道路必须经公司生产部批准，并报消防队备案。禁止使用氧气代替空气对设备、管道充压、保压、试压、置换或吹扫。禁止擅自向缺氧的设备、管道、井下等场所输送氧气。

**5. 防火防爆检查**

① 各单位将防火防爆检查纳入日常安全管理，按《安全检查和隐患整改管理制度》的

规定开展多种形式的防火防爆安全检查。

② 根据季节气候特点及节假日民俗习惯，各部门要加强节日期间的防火防爆巡查，及时消除火灾隐患，要严防周边企业及居民大型用火及燃放烟花爆竹、孔明灯等行为对厂区安全生产构成威胁。

③ 保卫部门要对厂区周边居民私营企业的现状随时了解，发现有威胁厂区安全生产情况及时汇报部门领导，并采取必要的防范措施。

综上所述，现有的火灾、爆炸防范措施可以在一定程度上降低火灾、爆炸事故发生的可能性及减少火灾、爆炸事故发生所造成的损失，但火灾、爆炸仍是汽油脱硫装置的主要危险因素。

## (四) 有害物质及环境因素分析

### 1. 储运安全管理准则

**(1) 目的** 为规范化学品相关企业实施责任关怀过程中化学品储运安全管理（包括化学品的转移，再包装和库存保管），经由公路、铁路、水路、航空及管输等各种形式的运输安全管理，并确保应急预案得以实施，从而将其对人和环境可能造成的危害降至最低。

**(2) 风险管理**

① 企业应制定风险管理的文件化程序，建立和保存风险评价记录。

② 制定风险管理计划，包括对物流服务供应商的选择、审核等管理手段，不断改善企业在健康、安全及环保方面的表现，以减少与储运活动相关的风险。

③ 在化学品储运前，应对储运链中各环节的作业风险进行有效的识别和评价，其中包括潜在的风险的可能性以及人和环境暴露在泄漏的化学品之下的风险，并且包含物流服务供应商的法规符合性及健康、安全、环保（HSE）绩效评价，并根据风险类型及等级制定相应的风险控制措施。

**(3) 沟通**

① 企业应定期识别与物流服务有关的风险，及时反馈至供应商。

② 应向储运链中相关方提供有关危险化学品的最新的化学品安全技术说明 SDS 数据，SDS 的编写应符合 GB 16483 和 GB 15258 的相关规定，并随产品包装提供符合法规要求的安全标签。

③ 应向储运链中各相关方（包括当地社区），提供有关危险化学品转移、储存和运输方面的信息，并重视公众关注的问题。

**(4) 化学品的转移、储存和处理**

① 企业应制定严格的化学品（包括化学废弃物）储存、出入库安全管理制度及运输、装卸安全管理制度，规范作业行为，减少事故发生，确保企业在储运链中的合作方有能力进行化学品的安全转移、储存以及运输。

② 合理选择与化学品的特性及搬运量相适应的运输容器和运输方式。明确与储运过程相关的所有程序，减少向外界环境排放化学品的风险，并保护储运链中所涉及人员的安全。

③ 为用户提供辅导，协助其减少危险化学品容器及散装运输工具在归还、清洗、再使用和服务过程中涉及的风险，并保障清洗残余物及废弃容器的正确处置。

**(5) 物流服务供应商的管理**

① 企业应建立物流服务供应商管理制度，制定物流服务供应商选择标准，实施资格预

审、选择、工作准备（包含培训）、作业过程监督、表现评价、续用等的文件化程序，形成合格供应商名录和业绩档案。

② 确保储存、运输危险化学品的物流服务供应商具有合法、有效的化学品的储运资质，管理人员和操作人员有相应的安全资格证书；储存、运输的场地、设施、设备等硬件条件符合国家法律、法规和标准对化学品的储运要求。

③ 企业应要求物流服务供应商做到：建立合格分包商名录和业绩档案；建立对分包商管理的文件化程序；明确培训需求，为员工和分包商提供适当的培训。

④ 企业应确保所有有关健康安全及环保（HSE）关键运作程序都被记录存档，并可供物流服务供应商查用。

**（6）应急响应**

① 在化学品储运过程发生事故后，企业应向相关方尽快提供相应的处置方案。

② 应要求物流服务供应商建立应急管理的文件化程序，制定应急预案并组织演练。

③ 应对化学品储运过程中发生的事故或事件进行调查并记录，分析发生原因，提出防范措施。

④ 企业应要求其物流服务供应商对其所发生的事故和事件以及处理过程进行报告。

危险化学品是指具有毒害、腐蚀、爆炸、燃烧、助燃等性质，对人体、设施、环境具有危害的剧毒化学品和其他化学品。加强对危险化学品的安全管理，预防和减少危险化学品事故，保证安全生产，保障员工生命与财产的安全、保护环境。

**2. 危险化学品的采购、销售**

① 生产过程中涉及危险化学品有：原油、汽油、柴油、液化石油气、丙烯、丙烷等，安全管理过程中严格遵守国家有关危险化学品的法律、法规。

② 采购危险化学品时，供应公司应核实供应单位资质并要求供应单位提供危险化学品安全技术说明书或危险化学品安全标签。剧毒化学品应当在购买后5日内，将所购买的剧毒化学品的品种、数量以及流向信息报所在地县级人民政府公安机关备案。

③ 不得向不具有相关许可证件或证明文件的单位销售危险化学品。

**3. 危险化学品的运输**

① 危险化学品运输单位实行许可制度，未经公安、交通部门许可不得运输危险化学品。

② 用于危险化学品运输工具的槽罐以及其他容器，必须由专业生产企业定点生产，并经检测、检验合格，方可使用。

③ 运输危险化学品单位应对其驾驶员、押运人员、装卸管理人员进行有关安全知识培训并经当地交通管理部门考核，取得上岗资格证后，方可上岗作业。

④ 装运危险化学品时不得客货混装，禁止无关人员搭乘车船。互相接触容易引起爆炸或化学性质、防护、灭火方法互相抵触的危险化学品，不得混合装运。

⑤ 遇热容易引起燃烧、爆炸或产生有毒气体的化学品，在装运时应当采取隔热保温措施。

⑥ 运输危险化学品的车辆应悬挂危险品的标志，罐车要挂接静电导链。

⑦ 运输危险化学品的车辆不得在人员密集繁华街道行驶、停放。严禁超装、超载。不得进入危险化学品运输车辆禁止通行的区域。确需进入的应通报当地公安部门。

⑧ 装运危险化学品的车辆应配备必要的消防器材或防毒器材。

⑨ 运输危险化学品时，途中发生被盗、丢失、流散、泄漏等情况时，承运人及押运人

员应立即向当地的公安部门通报情况，并采取一切可能的警示措施。

**4. 危险化学品的储存和收发**

① 危险化学品保管人员要选派熟知危险化学品性质和安全管理常识及责任心强的人员担任。保管人员要配备相应的劳动防护用品和器具。

② 凡危险化学品经采购运输进厂后，仓库保管员必须立即通知质检部门进行抽样化验，化验员应在接到化验通知后及时化验并报告化验结果给仓库保管员，对质量不合格的产品不得入库，仓库保管员应及时向有关部门汇报，听候处理。

③ 危险化学品必须储存在专用仓库或专用储存室（柜）内，专用仓库应当根据消防要求配备灭火器材以及通信、报警治安防范设施。根据物品的性质，设置相应的通风、防爆、泄压、防火、防雷、报警、灭火、防晒、调温、防护围堤等安全设施。储存应当分类、分项存放，堆垛之间的主要通道应当有安全距离，不得超量存放。

④ 危险化学品搬运时轻拿轻放、防止撞击、拖拉和倾倒。禁止用叉车、铲车搬运液化气体。禁止用电瓶车运输易燃、易爆物品。

⑤ 危险化学品入库前必须进行检查登记，入库后应当定期检查。

⑥ 剧毒化学品必须实行双人收发、双人保管制度。领用时必须两人领取方可发放，并记录领取人员的姓名备查。

⑦ 仓库保管员在发放危险化学品时，必须验看领料单手续齐全，包装容器标识完整方可发货。

⑧ 仓库内严禁吸烟和使用明火，对进入仓库区内的机动车辆必须采取防火措施。

⑨ 严防危险化学品的流失、被盗，一旦发现丢失、被盗应及时报保卫部，并立即上报公安部门。

⑩ 保管人员应对送货人员宣传防火规定，当发现有违章情况时应立即劝阻，并报告上级领导。

**5. 危险化学品的使用**

① 使用危险化学品时，必须严格遵守各项安全制度和操作规程。现场操作人员及使用场所，必须设有专用的防护用品。

② 严禁用手直接接触有毒物品，并不得在有毒物品场所饮食。

③ 盛装危险化学品的容器在使用前后，必须进行检查。

④ 易燃、易爆液化气体使用时瓶内物质不得用尽，液化气体气瓶应留有不少于0.5%～1.0%规定充装量的剩余气体，并关紧阀门，防止漏气，使气瓶保持正压。

⑤ 危险化学品容器设备检修，要按安全检修管理制度执行。

**6. 危险化学品的报废处理**

① 危险化学品用后的包装物由领用部门收集回收至仓库，由仓库统一负责处理或退回供应厂商。

② 危险化学品包装容器不经彻底洗刷、清除残余物，不得改做他用。

③ 危险化学品生产、使用过程中产生的废气、废水、废渣按照环保部门的规定妥善处理。

**7. 污染防治管理准则**

**(1) 目的** 为规范化学品相关企业实施责任关怀过程中的污染防治管理，使企业能对污染物的产生、处理和排放进行综合控制和管理，持续地减少废弃物的排放总量，使企业在生产经营中对环境造成的影响降至最低。

**(2) 风险管理** 企业应建立环境风险因素评价程序，对环境风险因素进行识别和评价，制定并落实控制措施，减少环境污染风险，并定期进行评价，不断改善企业在环境保护和污染控制方面的表现。

**(3) 污染物处理和控制**

① 企业应制定污染防治方案。方案需技术可行、经济可行和环境可行，并落实到相关部门具体实施 。

② 以“减量化、再利用、再循环”的原则为准则，倡导污染物低排放、零排放的理念。

③ 企业应建立污染治理设施，保证其对生产经营活动中产生的污染物进行有效处理、处置，确保污染物达标排放。

④ 制定文件化的环保方案，根据装置停工、检修、开工具体情况，确定污染物排放种类、数量、排放时间及控制措施，确保环保处理设施正常运行，高浓度冲洗水及时回收。

⑤ 优化原料、优化工艺，降低能耗、物耗，减少污染物的产生，在生产过程中将污染物消除或消减。

⑥ 配备专职环境监测人员，制订定期环境监测计划，对排污和污染实行有效监测，及时准确提供监测数据。

⑦ 开展资源综合利用，建立相应的“三废”管理台账和统计报表。对危险废物进行安全的储存和处置，防止二次污染。

⑧ 对新、改、扩建项目和科研开发项目的立项、设计、施工、验收等阶段进行全过程管理，严格执行环保“三同时”制度和环境影响评价制度，确保项目投产后污染排放达到国家或地方规定的排放标准。

**(4) 清洁生产和装置达标**

① 企业应设立清洁生产组织机构，制定工作计划，确定目标，落实时间、进度、负责部门、负责人等，组织开展清洁生产审核验收工作。

② 建立清洁生产激励机制，利用经济手段，鼓励员工开展清洁生产活动。

③ 开展装置达标活动，以国内同类装置先进指标确定环保量化达标指标。

**(5) 应急响应** 企业发生污染事故后应迅速启动相应的专项应急预案，采取有效措施降低事故损失，按事故分类和等级，组织相关部门进行应急处理。

**8. 废水污染处理**

汽油加氢脱硫装置的生产废水包括含油污水和含硫污水。

**(1) 含油污水** 主要来自机泵冷却水、地面冲洗水，主要污染物为石油类，按照“清污分流、分类集中处理”的原则，机泵冷却水、地面冲洗、初期雨水等含油污水及生活污水经管线汇集后送至污水处理厂统一处理。处理步骤主要是：隔油、气浮、生物处理和深度处理，同时根据水质水量，设有水质均匀、污泥回收和污泥处理等设施。

**(2) 含硫污水** 污染程度高，原则上应与其他废水分开处理，所以首先在生产装置附近进行预处理，经含硫污水汽提装置处理合格后回用电脱盐注水或与其他废水混合进入污水处理场进行处理。其处理方法主要有汽提法、空气氧化法、催化法等，现多采用双塔蒸气汽提法（本厂统一送至硫黄回收装置，统一处理）。

**9. 废气污染**

汽油加氢脱硫装置产生的废气主要是正常生产时各加热炉排放的燃烧烟气，非正常工况下产生的放空油气、瓦斯。加热炉采用燃料气作为燃料燃烧，即采用低硫燃料和低氮燃料。其燃烧烟气和$SO_2$、污染物经烟囱高空排放，满足《工业炉窑大气污染物排放标准》（GB 9078—1996）中二级标准的要求。开、停工或生产不正常时，从安全阀等排放的各种油气、瓦斯，送入火炬系统。

含高浓度硫化氢的气体（如酸性气体等）必须经硫黄回收装置处理或其他有效的焚烧处理，达到国家规定的排放标准后方可高空排放。

**10. 废渣污染管理**

废渣处置是指将固体废物焚烧或用其他改变废渣的物理、化学、生物特性的方法，达到减少废渣数量、缩小体积、减少或消除其危险成分的活动，或者将固体废物最终置于符合环境保护规定要求的填埋场的活动。

汽油加氢脱硫装置产生的固体废物主要包括各种催化剂、保护剂、瓷球等。

① 有回收价值的废旧“三剂”、化工废品、废料等具体执行《报废物资管理规定》；

② 废催化剂、干燥剂、分子筛催化剂等废“三剂”的评审，具体执行《三剂管理规定》；

③ 经评审没有回收价值且不能进行回收利用的废催化剂、干燥剂、分子筛、保护剂、瓷球等“三剂”类废渣，应送至工业废物处理装置焚烧或送至危废填埋场处置。无法固化的可直接送至危废填埋场处置。属一般废物的送至灰渣场指定点填埋。

**11. 噪声管理**

装置噪声源见表1-3。

**表1-3 装置噪声源**

| 序号 | 噪声源 | 工作情况 | 消声措施 | 消声后声压级/dB(A) |
| --- | --- | --- | --- | --- |
| 1 | 压缩机 | 连续 | 选用低噪声设备、封闭厂房、基础减震 | 90 |
| 2 | 机泵 | 连续 | 选用低噪声设备、加隔声罩、集中控制 | 85 |
| 3 | 空气冷却器风机 | 连续 | 选用低噪声风机 | 85 |
| 4 | 放空点 | 间断 | 加消声器 | 85 |

## 五、典型汽油加氢装置实例

本部分以某石化公司的石油加氢装置为例进行阐述。

**1. 原料和产品**

该装置加工能力40万吨/年，年开工数8000h。

本装置所用原料为本厂催化装置生产的催化汽油，原料性质见表1-4。

**表1-4 催化汽油原料性质**

| 序号 | 分析项目 | 单位 | 组成 | 限制值 |
| --- | --- | --- | --- | --- |
| 1 | 密度(20℃) | $g/cm^3$ | 0.74 | |
| 2 | 硫含量 | μg/g | 2000 | |
| 3 | RON(辛烷值) | | 91 | |
| 4 | 烷烃 | % | 26 | |
| 5 | 烯烃 | % | 39 | |

续表

| 序号 | 分析项目 | 单位 | 组成 | 限制值 |
| --- | --- | --- | --- | --- |
| 6 | 环烷烃 | % | 9.0 | |
| 7 | 芳烃 | % | 26 | |
| 8 | 苯 | % | 0.6 | |
| 9 | 馏程 | ℃ | | |
| 10 | IBP | | 35 | |

本装置所需新氢为纯氢，组成见表1-5。

**表1-5 新氢组成**

| 项 目 | $H_2$ | $C_1$ | $C_2$ | 合计 |
| --- | --- | --- | --- | --- |
| 组成(体积分数)/% | 99.99 | 0.006 | 0.004 | 100 |

40万吨/年汽油改质装置产品为符合国V汽油标准的精制汽油。精制汽油主要性质见表1-6。

**表1-6 精制汽油主要性质**

| 项 目 | 数 据 | 项 目 | 数 据 |
| --- | --- | --- | --- |
| $C_5$+/% | 100 | MON | ≤1.1 |
| 硫含量/(μg/g) | 10 | 烯烃含量/% | 29.2 |
| 辛烷值损失 | | 蒸气压(RVP) | 和原料相同 |
| RON | ≤2.7 | 馏程(ASTM D-86) | 和原料相同 |

## 2. 工艺流程

**(1) 装置工艺** 参照目前国内外汽油加氢工艺过程的现状与发展，根据所加工的汽油特点，本装置采用预加氢→汽油切割→加氢→脱硫→汽提的工艺路线。40万吨/年汽油改质装置全馏分选择性加氢及分馏部分工艺流程见图1-11。

来自催化装置或罐区的催化汽油进入本装置，经过原料油过滤器，进入原料缓冲罐中进行沉降脱水，然后与补充氢气混合加热至反应温度后送入保护反应器，从底部送出的物料送至预加氢反应器进行反应。反应产物经换热后送至催化汽油切割塔。塔顶馏出物经蒸发空气冷却器冷凝、冷却后送至回流罐进行气液分离。气相经管线送至火炬系统，液相一部分作为回流，其余与汽提塔底精制重汽油混合后作为精制汽油出装置。塔底重汽油经换热后送至重汽油选择性加氢脱硫部分。来自切割塔底的重汽油经换热后与循环氢混合，送至脱硫反应器，反应产物送至加氢进料加热炉升温后再送至脱硫醇反应器，反应产物进入低压分离器。在低压分离器中进行气、油、水三相分离后，循环气体经过脱硫塔分液罐脱除夹带轻烃后，进入循环氢脱硫塔，脱硫化氢后的气体经循环氢入口分液罐分离出夹带的胺液，与新氢混合后，经循环氢压缩机升压循环使用。从反应产物分离器分离出的油与汽提塔底精制油换热后送至汽提塔。塔顶气相经过蒸发空冷器冷凝、冷却到40℃，进入回流罐进行三相分离。含硫气体在压力控制下送至火炬系统。油相经回流泵送回汽提塔作为回流。水相自压至出装置。塔底精制重汽油与轻汽油混合后作为精制汽油产品送出装置。

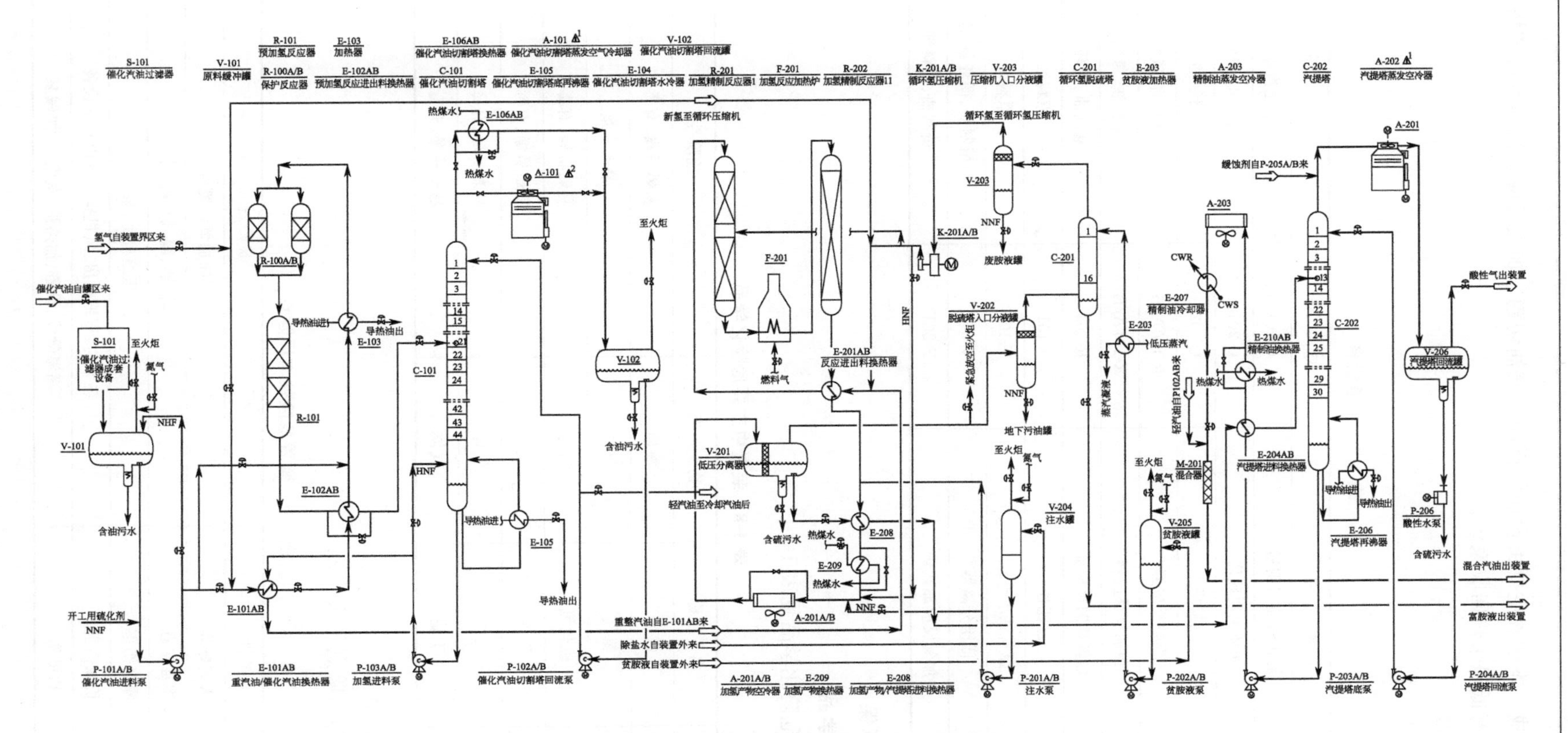


图 1-11　40 万吨/年汽油改质装置全馏分选择性加氢及分馏部分工艺流程图

**(2) 装置组成** 本装置主要由预加氢反应、汽油切割、加氢反应、汽提及脱硫塔等部分组成，同时还配有低温余热回收系统。

**(3) 主要设备**

主要设备见表1-7。

**表1-7 主要设备**

| 序 号 | 名 称 | 编 号 | 介 质 |
|---|---|---|---|
| 1 | 催化汽油切割塔 | C-101 | 催化汽油 |
| 2 | 循环氢脱硫塔 | C-201 | 循环氢、胺液 |
| 3 | 汽提塔 | C-202 | 精制油 |
| 4 | 保护反应器 | R-100A/B | 原料油、氢气 |
| 5 | 预加氢反应器 | R-101A/B | 原料油、氢气 |
| 6 | 加氢精制反应器 | R-201 | 重汽油、循环氢 |
| 7 | 过滤器 | S-101 | 原料油 |
| 8 | 原料油缓冲罐 | V-101 | 原料油 |
| 9 | 低压分离器 | V-201 | 精制油、循环氢、水 |
| 10 | 加氢反应加热炉 | F-201 | 精制油、燃料气 |

## 3. 安全与环保

**(1) 危险化学品**

装置中主要危险化学品见表1-8。

**表1-8 装置中主要危险化学品**

| 序 号 | 名 称 | 物 态 | 危险性 |
|---|---|---|---|
| 1 | 汽油 | 液体 | 易燃易爆、有毒 |
| 2 | 氢气 | 气体 | 易燃易爆 |
| 3 | 硫化氢 | 气体 | 易燃易爆、有毒 |
| 4 | 甲烷 | 气体 | 易燃易爆、有毒 |
| 5 | 乙烷 | 气体 | 易燃易爆、有毒 |
| 6 | 丁烷 | 气体 | 易燃易爆、有毒 |

**(2) 危害性分析**

装置危险性与风险点见表1-9。

**表1-9 装置危险性与风险点**

| 序 号 | 危险性 | 风险点 |
|---|---|---|
| 1 | 火灾爆炸 | 汽油加氢装置区 |
| 2 | 中毒窒息 | 塔、器、罐、炉、阀、井 |
| 3 | 噪声伤害 | 压缩机房、泵房 |
| 4 | 机械伤害 | 各泵房、压缩机房、风机操作室内转动设备 |
| 5 | 灼烫伤 | 高温管线、设备、加热炉、蒸汽点、加碱泵 |

**(3) 环境保护**

废水：主要包括含油污水、含硫污水等。

废气：主要包括正常生产时各加热炉排放的燃烧烟气，非正常工况下产生的放空油气、瓦斯。

## 学一学　石油企业企业文化

### 历史篇

新中国成立六十多年来，伴随着石油工业的快速发展，石油企业文化也取得了丰硕成果。

**1. 创业和创造精神**

中国石油企业诞生之初，员工队伍组成主要是来自中国人民解放军，因为这个特点中国石油企业在其后很长时间里，在思想和文化建设上，人民解放军的“三大纪律、八项注意”作风一直占主导性地位。

(1) 井冈山时期　艰苦奋斗，以苦为乐，以苦为荣；

(2) 南泥湾时期　自力更生，“有条件要上，没有条件创造条件也要上”；

(3) 解放战争时期　集思广益群策群力。

中国石油工业所以能白手起家，并迅速发展壮大，就是因为人民军队的思想和文化在这个队伍中发挥着灵魂的作用，因而使之成为了一支能打硬仗、善打硬仗的队伍。

·项目二·

# 汽油加氢工艺原理及流程

依据原油性质和产品要求，现有汽油加氢蒸馏装置设置的岗位主要为反应岗位和分馏岗位。反应岗位主要负责预加氢部分、加氢精制部分，分馏岗位主要负责切割部分、循环氢脱硫部分、汽提部分。

本节以某石化公司的汽油加氢蒸馏装置为例介绍装置操作，该装置采用全馏分选择性加氢及分馏-重汽油选择性加氢脱硫工艺。

## 一、全馏分选择性加氢及分馏

### 1. 工艺原理

**（1）预加氢反应器工艺原理** 加氢预处理系统的目的就是将原料中的二烯烃进行加氢饱和，防止二烯烃在加氢脱硫反应器中聚合结焦，造成加氢脱硫反应器压降上升；同时将轻汽油中的硫醇转移至重汽油中，并在预分馏塔中使轻重汽油充分分离，使轻汽油硫含量在满足指标的前提下，最大量抽出轻汽油，降低重汽油烯烃含量，从而有效降低重汽油在加氢脱硫过程中的辛烷值损失。

预加氢反应器的目的是脱除二烯烃、胶质等易生焦物质，确保装置长周期运转。同时，也发生少量的烯烃饱和以及加氢脱硫反应。

二烯烃加氢 $R—CH═CH—CH═CH_2+H_2 \longrightarrow R—CH_2—CH_2—CH═CH_2$

加氢脱硫 $RSH+H_2 \longrightarrow RH+H_2S$

$$\text{R-thiophene} + H_2 \longrightarrow R\text{-}C_4H_9 + H_2S$$

烯烃饱和 $R_1—CH═CH—R_2+H_2 \longrightarrow R_1—CH_2—CH_2—R_2$

**（2）切割塔工艺原理** 依据油品性质，在合适的温度点将催化裂化全馏分汽油切割为轻、重汽油。轻汽油中硫含量较低而烯烃含量较高，不需要处理可直接作为汽油调和组分；重汽油中硫含量较高而烯烃含量较低，需要进行选择性加氢脱硫和辛烷值恢复处理后进行调和。

**2. 工艺流程**

40 万吨/年汽油改质装置全馏分选择性加氢及分馏部分工艺流程见图 1-12。

来自催化装置或罐区的催化汽油进入本装置，经过原料油过滤器 S-101 滤除大 10μm 的颗粒，在原料缓冲罐 V-101 液位控制下进入原料油缓冲罐 V-101 进行沉降脱水，脱水后的原料油进入预加氢进料泵 P-101 升压。升压后的原料油与补充氢气混合，再依次与汽油切割塔底重汽油 E-101、预加氢反应产物进行换热 E-102，再经导热油加热器 E-103 加热至反应温度后送入保护反应器 R-100，保护反应器 R-100 一开一备，并联操作，用于脱除由于二烯烃聚合而产生的胶质，从保护反应器 R-100 底部送出的物料送至预加氢反应器 R-101，在较低的反应温度和氢油比的条件下进行二烯烃饱和、低分子硫醇硫的转化等反应。反应产物经换热后送至催化汽油切割塔 C-101。

汽油切割塔 C-101 顶馏出物经汽油切割塔顶蒸发空冷器 A-101 冷凝、冷却后送至汽油切割塔顶回流罐 V-102 进行气液分离。气相经管线送至火炬系统，液相即轻汽油，经汽油切割塔顶回流泵 P-102A/B 升压后，一部分送至汽油切割塔 C-101 顶作为回流，其余与汽提塔底精制重汽油混合后作为精制汽油出装置。汽油切割塔 C-101 底设置再沸器 E-105，其热源为导热油。塔底重汽油经换热后送至重汽油选择性加氢脱硫部分。

## 二、重汽油选择性加氢脱硫

**1. 工艺原理**

**(1) 加氢精制反应器工艺原理**　加氢精制反应器的主要目的是脱除硫醇、硫醚等小分子含硫化合物并避免硫醇的再次生成，同时烯烃在具有合理孔结构和适宜酸量、酸强度的分子筛催化剂上发生异构化和芳构化反应，从而生成相当部分的异构烷烃和芳烃等高辛烷值组分以弥补加氢改质后汽油辛烷值损失。

加氢脱硫及芳构化反应器的主要功能是加氢脱硫及辛烷值恢复。辛烷值恢复包括芳构化、选择性裂化、烷基化、异构化等反应。

加氢脱硫　$RSH + H_2 \longrightarrow RH + H_2S$

$\text{R-(噻吩环)} + H_2 \longrightarrow R\text{-}C_4H_9 + H_2S$

烯烃饱和　$R_1-CH=CH-R_2 + H_2 \longrightarrow R_1-CH_2-CH_2-R_2$

芳构化　$C_7H_{14} \longrightarrow$ 甲苯 $+ H_2$

选择性裂化　$C_8H_{16} \longrightarrow C_3H_6 + C_5H_{10}$

异构化　$CH_3CH_2CH_2CH_2CH_2CH=CH_2 \longrightarrow CH_3CH_2CH_2CH_2CH=CHCH_3$

烷基化　$C_3H_6 +$ 苯 $\longrightarrow$ 异丙苯

**(2) 循环氢脱硫塔工艺原理**　循环氢脱硫塔的目的是降低循环氢中的 $H_2S$ 浓度，提高脱硫反应深度。

工业生产中一般多选用 *N*-甲基二乙醇胺［$CH_3N(C_2H_4OH)_2$(MDEA)］高效脱硫剂来吸收循环氢中的 $H_2S$。首先采取低温高压让 $H_2S$ 溶解于 MDEA 溶液中，再将含 $H_2S$ 的脱硫剂富液送至再生塔通过升温减压再生，胺液循环使用。

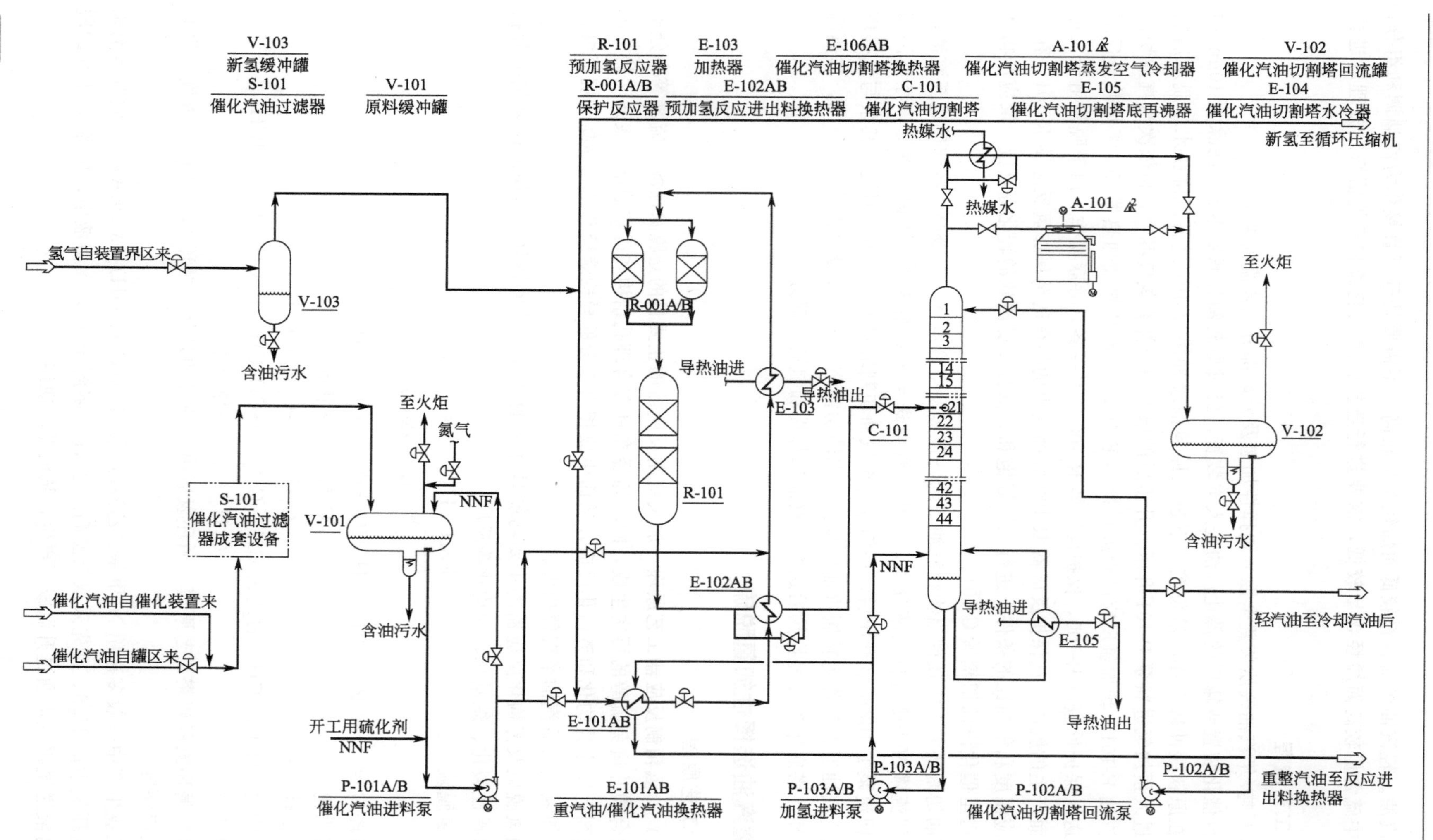


图 1-12　40 万吨/年汽油改质装置全馏分选择性加氢及分馏部分工艺流程图

**(3) 汽提塔工艺原理**　汽提塔的作用是从塔顶汽提出加氢油中的不凝气体和 $H_2S$，使塔底汽油的蒸气压和腐蚀满足要求。

塔底温度是控制塔底油蒸气压的重要手段，塔底油蒸气压随塔底温度的升高而加大，当压力控制得高或低时，塔底温度也要相应地升高或降低。操作中应严格控制塔底温度，避免因塔底温度波动，而引起塔压变化。回流比是调节分馏效果的重要手段，回流比是按需要来调节的，但是回流比决定塔顶温度，因此在正常操作中应保持一定的回流比，以保证塔底塔顶产品有足够的分离效果。

**2. 工艺流程**

40 万吨/年汽油改质装置重汽油选择性加氢脱硫部分工艺流程见图 1-13。

来自切割塔 C-101 底的重汽油由加氢进料泵 P-103 升压，升压后的原料经换热后与循环氢混合后，与加氢产物在加氢进出料换热器 E-101 换热后升温至反应所需温度。升温后的原料油送至脱硫反应器 R-101，在脱硫反应器内，主要反应为有机硫选择加氢及烯烃少量饱和；R-201 反应产物送至加氢进料加热炉 F-201 升温后再送至脱硫醇反应器 R-202 脱除其中的硫醇后，反应产物自脱硫醇反应器压出，经换热后送至加氢产物蒸发空冷器 A-201A/B 后，进入低压分离器 V-201。为了防止反应生成的 $H_2S$ 和 $NH_3$ 在低温下生成铵盐结晶析出，堵塞反应产物空冷器，在进入空冷器前注入除盐水，以溶解铵盐。

为了降低循环氢中硫化氢和汽油中烯烃的加成反应以保证装置工艺的加氢脱硫选择性，在低压分离器 V-201 中进行气、油、水三相分离后，循环气体经过脱硫塔分液罐 V-202 脱除夹带轻烃后，进入循环氢脱硫塔 C-201，脱硫化氢后的气体经循环氢入口分液罐 V-203 分离出夹带的胺液，与新氢混合后，经循环氢压缩机 K-201 升压循环使用，一部分在加氢进料泵 P-101 出口与原料油混合，另一部分作为冷氢送至脱硫反应器 R-201 中部。贫胺液自界区送至贫胺液缓冲罐 V-205，经贫胺液泵 P-202A/B 升压，再经贫胺液加热器 E-203 预热后送至循环氢脱硫塔 C-201，塔底采出富胺液自压出装置。

从反应产物分离器 V-201 分离出的油，与加氢产物经加氢产物/汽提塔进料换热器 E-208 换热后，再与汽提塔底精制油在汽提塔进料换热器 E-204 换热后送至汽提塔 C-202。汽提塔顶气相经过蒸发空冷器 A-202 冷凝、冷却到 40℃，进入汽提塔顶回流罐 V-206 进行三相分离。回流罐 V-206 顶出来的含硫气体在压力控制下送至火炬系统。油相经汽提塔顶回流泵 P-204A/B 送回汽提塔作为回流。水相自压至出装置。塔底精制重汽油经换热后，再经精制油空冷器 A-203、精制油冷却器冷却至 40℃。最后与轻汽油混合后作为精制汽油产品送出装置。汽提塔底热源由导热油通过汽提塔底再沸器 E-206 提供。装置排出的含硫污水汇集后出装置。

本装置设置低温热量回收系统用于回收剩余的低温热量，低温热量由热媒水带出，可用于全厂操作室采暖、装置伴热，在冬季可发挥很好的节能效果。同时为了保证在热媒水中断事故状态下装置能够正常运转，保留装置无余热回收时所需的空气冷却器和循环水冷却器。新增热水换热器，后者串联于流程中；设置热介质旁路，以备开工或热回收系统故障时使用。

本装置回收催化汽油切割塔顶气相、进加氢产物空气冷却器前物料和换热后汽提塔底精制油余热。来自各热媒水换热器的热媒水回水温度 80℃，取热媒水一部分经加热器加热至 90℃后作为装置伴热用水，其余送至厂区换热站。伴热水回水和换热经热媒水缓冲罐缓冲后，经热媒水循环泵升压后送至各热媒水换热器。最后冷却出装置。

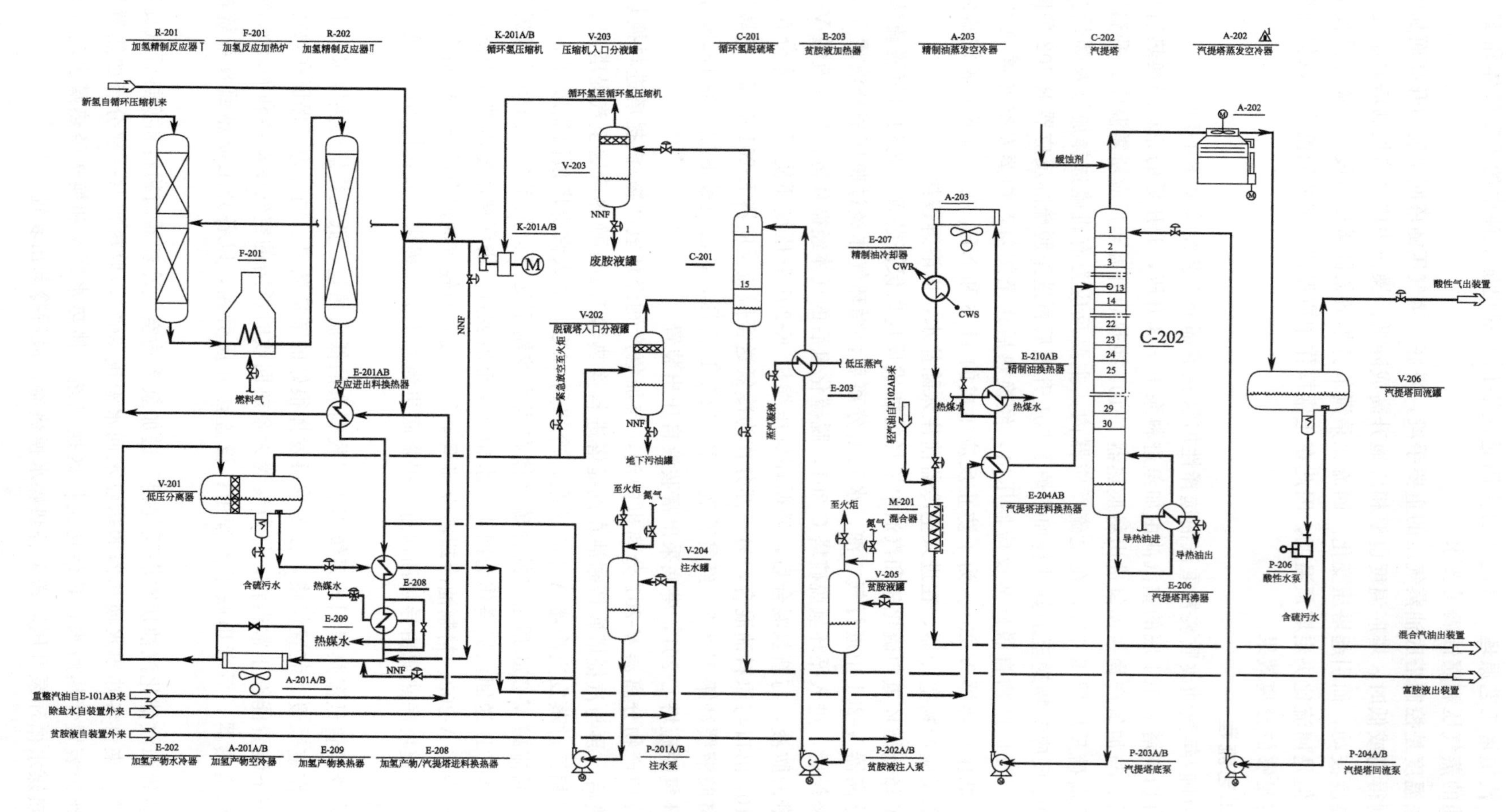


图 1-13　40 万吨/年汽油改质装置重汽油选择性加氢脱硫部分工艺流程图

## 学一学　石油企业企业文化

### 历史篇

**2. 民主和平等精神**

每当我们讨论“大庆精神”的时候，就会想到“无私奉献”“三老四严”，实际上这些只是“大庆精神”的外在，而它的核心和本质性的东西，是生活上的平等和政治上的民主。官兵平等和政治民主不但是我党我军制胜的法宝，也是中国石油工业能白手起家发展壮大的法宝，在物质贫乏需要艰苦创业的年代，由于官兵平等和政治民主能够突出体现企业员工的主人翁精神，一方面能极大的激发企业员工的工作热情，另一方面来自精神的力量在很大程度上有助于员工看淡物质生活，同时有利于企业形成合力，上下一心，开拓进取。

· 项目三 ·

# 汽油加氢装置开停工操作

装置正常开停工是指按计划、指令预先安排的开工和停工。紧急停工是指生产装置异常情况下的被迫停工。

**（1）装置正常开停工验收**

① 装置在正常开停工前必须成立公司级和车间级开停工组织机构，公司级开停工领导小组组长由生产副总担任，车间级开停工领导小组组长由车间主任担任；

② 装置正常开停工必须进行严格检查，认真履行操作确认制，根据实际情况制定具体的开停工验收程序；

③ 生产装置正常停工后，车间要按照吹扫置换方案进行退料置换，置换合格后车间组织内部验收，然后向各生产、安全部门、设备部提出验收申请；

④ 安全环保部门对提出停工验收申请的装置进行停工验收，在验收过程中必须严格履行签字确认手续；

⑤ 生产装置开工前按照《启动前安全检查》程序进行检查验收，设备、技术、安全、电气仪表检查合格后并得到批准后方可启车生产；

⑥ 检查确认合格后，车间根据生产运行部的开工安排，按照开工方案、开工规程组织实施开工。

**（2）紧急停工及恢复管理**

① 生产装置紧急停工状态下，由车间对装置停工原因进行分析并上报生产运行部，初步确认是否具备恢复开工条件；

② 装置临时发生较大的操作波动或异常情况下，按照事故处理预案退守到工艺、设备和人员安全的稳定状态，防止发生事故；

③ 车间确认具备生产恢复条件的，向生产运行部申请开车，经生产运行部分析、确认

具备开工条件的，在批准后按开工指令组织开工，恢复生产；

④ 装置紧急停工后，车间必须对装置进行全面分析、检查和问题处理，消除工艺、设备安全运行隐患，尽快恢复生产；

⑤ 装置紧急停工后，必须对装置全面进行检查、分析和问题处理，消除工艺设备安全运行、环保隐患，按开工管理要求恢复生产。杜绝问题处理不彻底导致装置反复发生非计划停工的现象。

**(3) 新建、改扩建装置**　开工前必须进行工艺危害分析后，确定相应的风险控制和削减措施，并在启动前安全检查合格后方可启动。

## 一、汽油加氢装置开工操作

### 1. 开工前准备

① 建立开工指挥机构，写好开工方案、开工风险预评价及事故预案并交生产运行部、技术发展部进行审核，开工方案经审批合格后对岗位人员进行培训并考核。

② 搞好装置环境卫生，清除各种杂物。

③ 准备好消防、安全工具（灭火器、蒸汽带、防火沙）。

④ 备用好各种配件（螺栓、垫片、阀门等）。

⑤ 备用好工具用品（盲板、扳手、点火器、手电、交接班日记 、岗位记录、分析记录）。

⑥ 组织人员学习开工方案，技术人员交代装置改动项目。

⑦ 装置公用系统引进蒸汽、净化风（非净化风）、循环水、新鲜水。

a. 蒸汽系统的运行管理。企业的蒸汽平衡由生产运行部（调度室）统一协调管理。各生产装置的操作条件发生重大改变时，生产运行部（调度室）要及时通知相关领导，要说明持续的时间、有可能发生的其他情况等内容。企业各用汽单位在用、停蒸汽作业前需要向生产运行部（调度室）提出申请，由生产运行部（调度室）具体安排。企业各用汽单位在蒸汽用量增减幅度达到$\pm 5m^3/h$时，应提前向生产运行部（调度室）汇报。

b. 净化风、非净化风系统的运行管理。净化风系统由车间负责管理和操作，生产运行部负责日常生产的协调平衡。空压站要严格按照《工艺卡片》的工艺操作指标控制净化风和非净化风，特别是所供净化风和非净化风的压力，并保证所供净化风、非净化风的质量。净化风的系统压力0.4～0.6MPa，露点温度≤－20℃。非净化风的系统压力0.4～0.6MPa。由于各种原因造成所供净化风、非净化风的质量、工艺操作指标达不到要求时，必须及时向生产管理部汇报，并采取有效措施尽快恢复正常，事故状态下可以边处理边汇报。用风单位调整净化风和非净化风的用量，事先必须向生产部汇报，以便空压站及时调整空压机的负荷，事故状态下可以边调整边汇报。各用风单位要加强风罐的脱水（尤其是冬季），严禁仪表风、工业风挪作他用和无故排放，减少风损失。各用风单位发现风压、流量波动时，及时向生产运行部调度，生产运行部调度立即联系空压站保证平稳供风。

c. 供排水系统管理。供排水系统包括循环水、新鲜水、装置污水、外排水、生活污水等。新鲜水、循环水、除盐水由锅炉车间负责管理和操作。含油污水、含硫污水、雨水、生活污水由排水车间负责管理和操作。锅炉车间要根据《工艺卡片》的规定，控制好循环水系统的操作参数，特别是所供循环水的压力和温度，并保证所供循环水的质量。循环水是密闭循环使用的，循环水使用单位的冷却换热设备（包括机泵机座冷却）所用的循环水应全部返回循环水场，不允许将循环水乱排乱放，循环水的补水和排污，只能在循环水场进行。锅炉车间发现水质异常后，要立即报告生产运行部。生产运行部及时通知车间，安排各生产装置积极查找原因，各单位接到通知后要认真检查，如实反映情况，及时处理。各生产车间要保证对所辖的供排水管网的巡检和维护，发现有损坏跑水情况及设备故障停水等问题，要立即向生产运行部汇报，生产运行部要积极协调，发生供排水系统问题的部门要尽快组织处理。正常生产时的施工用水未经生产管理部批准不得私自使用（包括消防用水）。各生产、储运部门严禁跑、冒、滴、漏、长流水。各车间要严格按照油品脱水操作的有关规定进行操作，避免将重质油品排入地下管沟，防止由于沟内的积存油长期积累堆积并在冬季出现冻堵的现象。

⑧ 将校验好的压力表、安全阀按规定安装好。

⑨ 各机泵、风机注好润滑油。

⑩ 设备管线贯通试压合格（列出需处理管线清单）。

⑪ 按照盲板表拆下盲板并做好记录，派专人管理。

a. 管理要求。各有关部门每月对各属地盲板抽加管理和执行情况最少进行一次全面检查。设备部对盲板的技术规格、材质提出要求，对抽加盲板的施工作业进行组织、协调，对抽加盲板施工质量进行监督检查。生产运行部对装置间和厂际间管线盲板抽加工作进行沟通确认。属地日常盲板添加和拆除完成后，须在 2 个工作日内对盲板动态管理台账完成更新。装置停、开工期间，开车结束后，正常生产 3 个工作日内，按照开停工盲板实际作业情况，对盲板动态管理台账进行更新。

b. 盲板分级管理等级。根据作业的风险程度，抽加盲板作业分三级管理：属地内部的水、汽常压设备、管线的抽加盲板为一级。属地内部受压设备、管线与三气（氮气、压缩空气、蒸汽）连接时抽加盲板为二级。高温、高压、易燃、易爆及与各主要管道连接的抽加盲板（包括作业复杂、危害性大、涉及整个生产系统）为三级。

c. 抽加盲板作业审批权限。一级抽加盲板作业由属地生产副主任审批。二级、三级抽加盲板作业必须经属地生产副主任审核后，报各部室进行审批。对于作业复杂、危险性大、涉及整个生产系统的三级盲板抽加作业需要属地主任审批。

d. 盲板选型要求。应按管道内介质性质、压力、温度选用合适的材料做盲板及其垫片。盲板的直径应依据管道法兰密封面直径制作，厚度要经强度计算。盲板选材要适宜、平整、光滑，经检查无裂纹和孔洞；高压盲板应经检测合格。

e. 盲板表及现场标识牌规格。盲板表规格：装置检修期间，执行盲板抽加多级确认表；日常生产过程中，执行管线打开管理程序。

抽加盲板现场标识牌管理："8"字盲板现场，均须挂盲板牌；普通盲板填加后，盲板的现场位置须挂盲板标识牌；普通盲板拆除后，现场盲板标识牌收回。

盲板现场标识牌规格：装置工艺盲板标识牌正面标注装置名称、编号，背面标注序号、位置、加装原因、加装时间、责任人、确认人；装置检修盲板标识牌正面仅标注装置名称、编号。

盲板的添加和拆除要严格执行盲板确认制度，对属地装置内部添加、拆除盲板的作业实行盲板的四级确认制［即盲板抽加人、班长（操作人员）、工程技术人员（包括技术员、设备员）、属地主任确认］。对装置及厂际间添加、拆除盲板的作业实行盲板的五级确认制［即盲板添加拆除人、班长（操作人员）、工程技术人员、属地主任确认、生产运行部］，其中涉及生产运行部在备注栏填写。

f. 抽加过程。

盲板抽加作业准备：属地设备主任统一管理盲板抽加前的准备工作，组织协调好工艺员、设备员和安全员共同做好抽加；属地工艺员确定盲板抽加的具体位置，办理盲板抽加许可证履行许可证的审批手续，向作业人员提供盲板位置工艺图，交代工艺过程情况及抽加盲板位置，安排岗位操作人员带领施工作业人员查看现场；属地设备员按照工艺员提供具体条件，确定盲板选型介质及其温度、压力情况，并提供符合压力等级、材质要求的盲板；班长指定盲板抽加作业监护人员，负责作业过程的安全监护，以及实施现场悬挂盲板标识牌工作；作业人员需经相关教育培训，并做好个体防护，在盲板抽加作业监护人员的监护下，按照抽加盲板位置工艺图进行作业。

盲板抽加作业实施：施工单位要按管理要求，办理管线（设备）打开许可证，落实安全措施后，方可进行抽加盲板作业；施工作业完毕，岗位操作人员按要求，是添加盲板，须在施工处设置盲板抽加标识牌；是拆除盲板，拆除盲板后将现场盲板牌收回；盲板抽、加完成后，相关人员对照抽加盲板方案进行复查后，记录时间、姓名、数量等信息。

g. 相关资料管理。所有盲板拆装记录、盲板抽加等相关技术资料均由所属装置保管，保存期三年。

⑫ 检查DCS系统是否可以稳定、可靠的运行，保证正常生产。

a. 操作权限。所有操作站要严格按照规定的登录权限进行操作，严禁操作非本岗位操作权限之外的内容。除仪表人员及其他由于工作需要的厂家、技术人员之外，一般人员不得随意登陆工程师站。除本岗位操作工和仪表维护人员由于工作需要操作外，非本岗位人员不得随意操作DCS各操作站。所有操作人员严禁操作工作范围之外电脑中的其他程序。系统或操作台供电电源做到专座专用、不得用于无关设备充电或作他用。

b. 密码管理。DCS工程师站、各操作站应设密码保护。工程师站密码应由专人保管，其他人员不得随意修改。

c. 操作要求。岗位操作人员DCS操作时，鼠标点击速度要适当，不能太快，不要同时打开过多窗口，以防操作站死机。所有操作人员严禁操作自己不清楚的内容，以防止误操作。岗位操作工若发生误操作出现了没有见过的画面、异常提示信息等应立即通知仪表人员进行处理。

d. DCS组态与系统备份。DCS系统组态与程序修改，应由专人负责。较大项目组态应联系厂家，指定专人组态与修改程序。其他无关人员严禁进入组态程序，以防误改和误删程序。在线下载组态需由属地主管、仪表车间主任及主管副总签字后方可执行。DCS系统应有备份，备份使用的硬盘和移动硬盘应专门保管，不得再用于其他电脑，以防感染病毒和损坏。

e. DCS维修。DCS系统运行时如发现异常或故障，仪表维护人员应及时进行处理。首先要检查外围设备是否有问题，在确认外围设备确实没有问题时，再检查DCS盘柜内元件，最后再看组态是否有问题。在机柜内检修带联锁的仪表点时，应结合岗位操作人员、工艺人员按相关程序解除联锁后再进行检修。在对DCS系统各类卡件进行检修、清扫更换工作时，工作人员必须佩戴防静电接地环，并确认可靠接地后，方可进行拔、插卡件操作。DCS主机使用超过五年后需请厂家专业人员对其进行评估，确定是否需要更换或还可以继续使用多久需要更换。

f. DCS巡检。仪表车间每日对DCS巡检不少于一次，并做好巡检记录。

每日检查内容包括：检查服务器主机及外围设备运行状况，并询问工艺操作人员系统运行情况，发现问题及时处理。检查机柜内控制器、卡件及其他硬件设备的完好和运行情况。检查卡件指示灯有无异常闪烁，各硬件设备有无异常噪声，散热风扇工作是否正常等。检查系统的通信和设备的运行状态是否正常。检查环境温度是否满足控制系统正常运行要求，保证机房温度控制在20～28℃之间。检查UPS电源运行状态及系统供电电压是否符合要求。

g. DCS网络管理。DCS工程师站和各操作站严禁使用移动存储器（U盘、移动硬盘、软盘、光盘等），以防病毒交叉感染和在网络中传播而导致系统程序损坏，甚至系统瘫痪，影响正常生产。因工作需要备份，要使用移动存储器，必须使用DCS专用存储器，此存储器不得用于其他微机。DCS工程师站和各操作站严禁安装与工作无关的应用软件。仪表人员正常巡检时要查看网络连接设备是否正常，指示灯是否异常，发现异常应及时处理。严禁用DCS、各操作站电脑进行与本岗位工作无关的其他工作。

h. DCS机房管理。DCS机房内环境必须满足DCS系统设计规定要求。DCS机柜间内温度变化不要大于8℃。冬季温度要控制在（22±2)℃，夏季要控制在（26±2)℃。满足控制系统正常运行要求。设备运行正常时，DCS的机柜间内不准使用手机、电钻等能产生电磁波的工具，以免信号干扰使DCS误动作。机房内严禁带入易燃易爆和有毒物品，不得在机房内堆放杂物，机柜上禁放任何物品。无关人员严禁进入DCS的机柜间。机房内应配备相应的消防器材。机房电缆通道要有防鼠措施，以防鼠害。

i. DCS设备卫生。DCS的操作台上不准放置液体物质，以防洒漏，损坏设备，引起事故。操作台严禁放置带磁性物品，不得在操作台前就餐。DCS主控操作室内卫生由属地单位负责打扫，一周不少于一次。显示器、键盘和鼠标、操作台由操作人员每天打扫一次，用具不能太湿，以防损坏操作站；擦拭显示器时要先把浮灰清掉，再用柔软的干布擦拭，以防刮花显示器表面；擦键盘时要注意，以免误按键引起事故。DCS机柜室地面卫生由仪表维护人员打扫、机柜内设备卫生在停车时打扫。所有无关人员严禁进入机柜间，以防带入过量静电及灰尘，影响系统正常工作。

**2. 开工前确认**

① 开工方案、操作规程、应急预案、安全环保预案等技术资料、管理制度齐全；

② 装置开工所需的原料、燃料、“三剂”、化学药品、标准样品、备品配件、润滑油（脂）等种类、数量满足，并按照要求装填到位；产品的包装材料、容器、运输设备就位；

③ 安全、工业卫生、消防、气防、救护、通信、劳动保护等器材、设施配备到位，完好备用；岗位工器具已配齐；保运工作已落实；巡检路线及标牌已设置；

④ 检维修后的设备恢复完毕，容器、管线等设备检验合格，并有相关记录；

⑤ 设备、管线吹扫试压试漏合格，转动设备完好备用，装置盲板管理责任落实；

⑥ 安全设施（安全阀、压力表、可燃气体报警仪、硫化氢报警仪等）安装完毕，检验合格并投用；装置下水系统完好；有毒有害化学品存放及防护情况良好；开工中可能出现的退油、不合格品、“三废”及污染物等处置手段完备；

⑦ 仪表系统、各类联锁自保系统调试完毕，具备投用条件；能源计量表启用；设备标志、管道流向标志齐全、准确；

⑧ 电气设备调试合格，具备送电条件；

⑨ 取样设施完好，化验分析准备就绪；

⑩ 施工现场清理干净，装置区施工临时设施已拆除，设备、管线保温基本结束；

⑪ 公用工程、油品储运、火炬系统等外部保障条件确认完好；

⑫ 装置通过相关专业部门的安全验收；

⑬ 启动前安全检查验收必须合格，无必改项。

**3. 装置检查**

**(1) 工艺流程及管道检查**

① 核对每根管道及其管道阀门、“8”字盲板、流量计、流量孔板、压力表、热电偶及配件（包括法兰、螺栓、螺母、垫片、支吊卡等）等的规格、材质、安装位置应正确无误（吹扫、冲洗之前孔板暂不安装）。

② 检查截止阀、止回阀、疏水器的规格和流向应正确无误。

③ 检查管线高点放空、低点排凝、伴热、保温安装应符合规程。

④ 安全阀的规格正确，定压按设计要求完成，铅封完好。

⑤ 检查受热管线（反应器、加热炉的进出口管线、塔的抽出线、回流线、进料线等）是否能够自由膨胀，是否设有足够的温度补偿位移。

**(2) 塔和容器检查**

① 根据设备总图检查塔和容器开孔数目、压力等级和开孔方位与设计相符。

② 检查设备内构件（包括塔盘、分配器等），应按设计文件的规定确认安装无误。

③ 核对所有温度计、压力表、液面计及仪表接管位置和量程应与设计相符。

④ 核对所有安装在设备上的承压螺栓、螺母以及垫片等紧固材料、规格应符合设计要求。

⑤ 保温设备的保温材料、保温层厚度应符合设计要求。

⑥ 检查各种承受高温的螺栓、螺母的螺纹表面已涂抗高温螺纹咬死剂，并逐一进行确认。

⑦ 检查各设备内清洁，确认无杂物。

⑧ 静电接地设施应符合设计要求。

**(3) 换热器、冷却器、重沸器和空冷器检查**

① 设备铭牌内容与设备文件是否相符。

② 设备规格、开口数量、尺寸和位置，法兰等级和接管保温等应符合设计要求。

③ 核对空冷器的管箱、风机、电机、皮带轴的安装到位，平台、梯子、集合管和分支管的布置应符合设计要求。

④ 换热器、冷却器和重沸器地脚螺钉下应设有供膨胀位移的导向板。

⑤ 静电接地设施应符合设计要求。

**(4) DCS及自控系统的检查**

① 检查自控流程回路的测量元件，如热电偶、孔板、浮球、沉筒配置齐全，符合设计要求。

② 检查确认DCS的安装符合设计要求。

③ 检查确认各调节阀规格及安装符合设计要求。

④ 检查确认各压力表、热电偶、温度计、测压件、管嘴配置齐全，安装位置符合设计要求。

⑤ 检查确认自控、自保系统的灵敏度符合要求。

**(5) 机泵检查**

① 核对泵和配套电机的铭牌型号、流量、扬程、轴功率、汽蚀余量、电机功率、防爆等级与接线等参数应与设计相符。

② 检查轴和轴承清洁状况，确认已清洗干净。

③ 检查确认冷却水管已接到轴承套、轴承座、填料函部位上。

④ 检查确认填料、机械密封及密封冲洗系统已安装到位。

⑤ 检查确认机泵吸入管道已安装过滤器，离心泵出口管道应安装止回阀，计量泵出口管道应按设计要求安装安全阀。

**(6) 装置内安全设施检查**

① 检查确认装置内消防蒸汽、消防水系统设施齐全，使用方便。

② 检查确认各加热炉灭火系统应符合设计要求，使用方便。

③ 检查确认各加热炉防爆门应开关灵活、可靠。

④ 检查确认装置内防雷电、防静电设施符合设计要求，安装齐全可靠。

⑤ 检查确认消防灭火器材按设计要求配置齐全。

⑥ 检查确认装置内各处照明齐全，好用。

⑦ 查确认防毒器材配置齐全，好用。

⑧ 检查确认可燃气体报警仪按设计安装，并经检验，可靠好用。

**4. 开工操作**

**(1) 动作说明**

操作性质代号：（　）表示确认；［　］表示操作；＜　＞表示安全确认操作。

操作者代号：操作者代号表明了操作者的岗位。

班长用 M 表示；中心控制室操作员用 I 表示；现场操作员用 P 表示。

将操作者代号填入操作性质代号中，即表明操作者进行了一个什么性质的动作。

例如：

＜I＞—确认 $H_2S$ 气体报警仪测试合格

(P)—确认一个准备点火的燃料气主火嘴

[M]—联系调度引燃料气进装置

**(2) 引公用工程**

① 引水。联系调度引新鲜水、循环水、除盐水进装置。

② 引蒸汽。联系调度请动力车间供蒸汽。贯通主线，缓慢打开进装置第一道阀门，稍开导淋，待吹净后关闭，之后贯通主线，末端放空。各支线放空，低点排污，排净凝水后，各支线引汽，至各用汽点，末端放空，排净凝水后关闭。

③ 引风、氮气。联系调度供风、氮气。

④ 引燃料气。关各瓦斯火嘴，用氮气对天然气系统气密至 0.6MPa，气密合格后，氧含量小于或等于 0.5%。同时置换放空系统和凝缩油系统。打开瓦斯进装置总阀，天然气进入燃料气分液罐 V-401 放空置换后再引至炉前。瓦斯引至炉前后，先在高点点燃，至燃烧正常后备用。

⑤ 送电。联系调度，请电工送电至各用电处，检查各用电设备确认处于备用状态，接地确认完好，开关确认灵活好用。

**(3) 吹扫**　本装置临氢系统用氮气爆破吹扫，非临氢系统用蒸汽吹扫，吹扫包括原料缓冲罐系统、催化汽油切割塔 C-101、汽提塔 C-102、预加氢反应系统、反应进料换热器 E-201A\B、加氢精制反应器 R-201、加氢精制反应器 R-202、循环氢脱硫塔 C-201。

改好各系统吹扫流程；引吹扫蒸汽至各吹扫蒸汽给汽点前；打开各系统给汽阀门；每隔半小时活动吹扫系统所属阀门；各系统吹扫合格；关闭各系统给汽阀门。

**(4) 非临氢系统水冲洗、水联运**

① 水冲洗。冲洗包括原料缓冲罐系统、催化汽油切割塔 C-101、汽提塔 C-102。

开泵打水冲洗，为防止泵抽空，可以联系仪表启动有关液面仪表进行观察控制。各换热器退油线贯通时，可在退油线总排空阀处观察贯通情况，并再逐条进行保条条畅通。有副线的换热器，先走副线再走设备。冲洗时，各塔塔顶放空排水，以保持水的流动性，防止憋压。在冲洗过程中，需拆法兰时，在拆开处排水、干净后停水，装好法兰后，再向后进行。水冲洗完后，打开各容器，汽包、人孔、清扫杂物，拆开所有过滤器清洗，完后装上。仪表车间组织好人员，在系统冲洗干净后，引水冲洗各仪表引压管线。

② 水联运。将所有冷换设备的退油线、排空线及水联运系统无关的管线上阀门关闭，按指定流程进行联运。容积式油表全部改走副线。在建立塔的水循环时，先建立塔底部的水联运循环。正常后，再建立回流系统水联运循环。待水质干净后，冷却器、换热器等各设备副线关闭，水走设备，控制阀副线关闭，水走控制阀。水联运开始，每小时做一次记录。水联运完毕，将系统存水全部放掉。泵的过滤网及有关盲板及时拆除。

**(5) 加热炉 F-201 烘炉**

① 将烟道挡板调至 1/3 位置，一次风门调整到 1/2，二次风门调整到 1/3，然后再以实际情况调整。

② 吹扫各管线，将各软管接头处拆开，将各管线用高压气吹扫干净，在装上，并关闭管线上控制阀。吹扫燃烧器炉膛：打开风门，启动风机吹扫燃烧器炉膛。

③ 点火前要用蒸汽吹扫炉膛，赶空气或可能泄入的瓦斯，以烟囱见汽为准。

④ 稍开风门，用点火棒点燃长明灯，待着火且火焰稳定；点火失败，应立即关闭燃气阀，炉膛通入吹扫蒸汽，将炉内燃料气排除干净；查明原因后，可重复以上步骤直至长明灯火焰稳定，则可将主气烧嘴开启，点燃；在多个烧嘴加热炉上，为使点火安全，可先将每台燃烧器的长明灯烧嘴全点着，再点燃每个主枪；经常观察火焰燃烧情况，正常的火焰充满烧嘴口是蓝色或橘黄色，火焰刚直向前，火焰尾部成稳定的收缩形。

⑤ 点火燃烧正常后，调节各炉烟道挡板开度，炉膛负压按 80Pa 控制。

⑥ 按升温曲线要求增点火嘴，严格控制炉温出口不大于 500℃。

⑦ 当升温、恒温各阶段完毕，即可按要求进行降温，当炉膛温度降至 250℃时进行熄火灭炉，关闭全部通风阀、烟道挡板、停掉炉管保护蒸气，干燥炉管，缓慢降温；当炉膛温度降至 100℃时，打开所有开口，进行自然通风冷却。

⑧ 燃烧器停用后，必须先关闭燃气主辅枪阀开，再关长明灯阀门，一切不可颠倒，并对气喷嘴进行吹扫，排除余气，关闭空气蝶阀。

**(6) 反应系统 $N_2$ 气密**

① 保护反应器 R-100、预加氢反应器 R-101、E-101（管程）、E-102（管程）、E-103

(管程)、E-102(壳程)1.5MPa气密。

(P)—系统 $N_2$ 吹扫置换完毕

[P]—打开新氢机出口中压 $N_2$ 阀

[I]—启用XV-10201

[I]—控制新氢系统压力

[I]—系统升压至预加氢反应器R-101入口1.5MPa

(I)—确认预加氢反应器R-101入口升压至1.5MPa,并且稳定

[I]—关闭XV-10201

[P]—检查漏点,消除漏点

(P)—确认系统无漏点

② 加氢脱硫反应器R-201、辛烷值恢复反应器R-202、加热炉F-201 $N_2$ 气密。

(P)—系统 $N_2$ 吹扫置换完毕

[P]—打开循环氢压缩机K-201A\B出口上中压 $N_2$ 阀

[I\P]—注意控制系统 $N_2$ 压力

(I)—确认加氢脱硫反应器R-201入口压力1.5MPa

(I)—确认辛烷值恢复反应器R-202入口压力1.5MPa

(I)—确认低分罐V-201顶压力1.5MPa

(I)—确认循环氢脱硫塔C-201顶压力1.5MPa

(I)—确认循环氢压缩机入口分液罐V-203顶压力1.5MPa

[P]—关闭循环氢压缩机K-201AB出口上 $N_2$ 阀

(M)—确认 $N_2$ 气密合格

③ 燃料气系统、火炬系统气密。

a. 燃料气系统 $N_2$ 置换、气密。

[P]—打开燃料气系统 $N_2$ 阀

[P]—打开燃料气进装置PV-40102调节阀阀门、副线阀

[P]—确认不凝气自催化汽油切割塔回流罐来手阀关

[P]—确认V-401底至泄放气至放空罐后手阀关

[P]—打开F-201长明灯阀门

[P]—依次打开长明火自保阀XV-20301

[P]—打开长明火自立阀PCV-20301阀门

[P]—打开长明火过滤器前后阀门

[P]—打开长明火进炉F-201阀

[P]—依次打开主燃料气自保阀XV-20301

[P]—打开长明火主燃料气PV-20305前后阀门、副线阀

[P]—打开主燃料气过滤器前后阀门

[P]—打开主燃料气进炉F-201阀

[P]—排气置换

(P)—确认置换合格:系统 $O_2$ 含量小于2%(体积分数)。

[P]—关闭开长明火进炉F-201阀

[P]—关闭主燃料气进炉F-201阀

(P) —确认燃料气罐 V-401 顶压力 PG-40102 为 0.6MPa

(I) —确认燃料气罐 V-401 顶压力 PIC-40102 为 0.6MPa

[P] —试压，检查漏点、消漏、泄压

(P) —确认系统气密合格

b. 火炬线系统 $N_2$气密。

(P)—确认火炬系统具备气密条件

(P)—确认所有排火炬系统阀门关闭

[P]—关闭 V-302 顶火炬线去系统线阀门

(P)—确认低压火炬系统压力 0.05MPa

[P]—打开低压火炬远端 $N_2$ 线阀门

(P)—确认低压火炬系统压力 PG-30301 为 0.6MPa

[P]—试压，检查漏点、消漏、泄压

(P)—确认系统气密结束

**(7) 临氢系统干燥、催化剂干燥**

① 临氢系统干燥。

(P)—确认设备及附件安装就位

(P)—确认预加氢反应器 R-101、加氢脱硫反应器 R-201、辛烷值恢复反应器 R-202 未装催化剂

(P)—确认按以下流程倒好了干燥流程，并正确无误

E-101（重汽油/催化汽油换热器壳程硫化线）→E-201AB（反应进出料换热器壳程）→硫化线

加氢反应加热炉 F-201→硫化线保护反应器 R-100→预加氢反应器 R-101→硫化线

加氢反应器 R-201→硫化线辛烷值恢复反应器 R-202→E-201AB（反应进出料换热器管程)→E-208（加氢产物/汽提塔进料换热器)→加氢产物换热器 E-209→A-201→V-201→V-202 →C-201→V-203→K-201A \ B 入口

(P)—确认系统 0.6MPa $N_2$ 气密合格

[P]—打开循环氢压缩机 K-201 入口低压氮气双阀，系统充氮气

(P)—确认系统压力达到 0.6MPa

[P]—按压缩机开机规程启用循环氢压缩机 K-201

(P)—确认循环氢压缩机 K-201 启用正常

[P]—顺着流程检查各点现场压力表没有超压情况发生，如有超压情况及时汇报处理

[I]—注意检查各点压力没有超压情况发生，如有超压情况及时汇报处理

(P)—确认系统运行正常，系统压力 0.6MPa

(I)—确认系统运行正常，系统压力 0.6MPa

[P]—关闭循环氢压缩机 K-201 入口低压氮气双阀，临氢系统低压氮气闭路循环

[P]—逐渐提循环氢压缩机 K-201 负荷，直到 100%，如果循环期间系统压力下降，可打开循环氢压缩机 K-201 入口低压氮气阀门补充

(I)—确认系统全量循环

[P]—按规程启用加氢脱硫反应产物加热炉 F-201

[P]—按加热炉烘炉曲线升温

[I]—加氢脱硫反应产物加热炉 F-201 炉膛温度 TI-20309 以 7℃/h 的速率升温至 150℃，恒温 24h

(I)—确认加氢脱硫反应产物加热炉 F-201 炉膛温度 TI-20309 为 150℃，恒温 24h

[I]—加氢脱硫反应产物加热炉 F-201 炉膛温度 TI-20309 以 7℃/h 的速率升温至 320℃，恒温 24h

(I)—确认加氢脱硫反应产物加热炉 F-201 炉膛温度 TI-20309 为 320℃，恒温 24h

[I]—加氢脱硫反应产物加热炉 F-201 炉膛温度 TI-20309 以 7～8℃/h 的速率升温至 500℃，恒温 24h

(I)—确认加氢脱硫反应产物加热炉 F-201 炉膛温度 TI-20309 为 500℃，恒温 24h

[P]—加氢脱硫反应产物加热炉 F-201 出口温度 TIC-20303 升温至 250℃，恒温 8h

[P]—恒温期间低压分离器 V-201 切水并记录

(P)—确认低压分离器 V-201 无水生成

[I]—加氢脱硫反应产物加热炉 F-201 炉膛温度 TI-20309 以 14～15℃/h 的速率降温至 150℃

[P]—熄灭所有火嘴

[P]—停用鼓风机、引风机，关闭所有风门、烟道挡板，加热炉灭火焖炉

(I)—确认炉膛温度降至 100℃以下

[P]—打开快开风门和烟道挡板进行自然通风冷却

[P]—循环氢压缩机 K-201 保持最大量循环，继续降温至 50℃

(I)—确认降温至 50℃

[P]—按停压缩机停机规程停用循环氢压缩机 K-201

[P]—打开低压分离器 V-201 顶排火炬线阀门，泄压至系统微正压

② 催化剂干燥。按规程进行盲板调整，执行《催化剂装填方案》，由装催化剂公司装填催化剂。依次进行保护反应器 R-100、预加氢反应器 R-101、加氢脱硫反应器 R-201、辛烷值恢复反应器 R-202 中压 $N_2$ 气密。

按以下流程倒好催化剂干燥流程：

E-201（反应进出料换热器）（壳）→R-201（加氢脱硫反应器）→F-201（加氢脱硫反应产物加热炉）→R-100（保护反应器）→R-101（预加氢反应器）出口去 R-201（加氢脱硫反应器）硫化线→R-201（加氢脱硫反应器）→R-201（加氢脱硫反应器）出口去 R-202（辛烷值恢复反应器）→R-202（辛烷值恢复反应器）→E-201（反应进出料换热器）（管）→E-208（加氢产物/汽提塔进料换热器）（管）→E-209（加氢产物换热器）（管）出口去 A-201 A/B（加氢产物蒸发空冷器）→V-201（低压分离器）→V-201（低压分离器）（顶部）→V-202（循环氢脱硫塔入口分液罐）→C-201（循环氢脱硫塔）→V-203（压缩机入口分液罐）→K-201（循环氢压缩机）入口→K-201（循环氢压缩机）出口去 E-201（反应进出料换热器）（壳）混氢注入点

K-201（循环氢压缩机）出口急冷氢去 R-201（加氢脱硫反应器）→R-201（加氢脱硫反应器）

(P)—确认催化剂干燥流程倒好，并正确无误

(P)—确认系统气密合格

[P]—打开循环氢压缩机 K-201 入口低压氮气双阀，系统充氮气

(P)—确认系统压力达到 0.6MPa

[P]—启用循环氢压缩机循环氢压缩机 K-201A/B（两台循环氢压缩机同时运行，保证最大量循环）

[P]—按规程启用加氢脱硫反应产物加热炉 F-201

[P]—以不大于 20℃/h，反应器各床层温度升温至 120℃

(I)—确认反应器各床层温度升温至 120℃，且恒温 6h

[P]—以不大于 20℃/h，反应器各床层温度升温至 180℃，恒温 6h

(I)—确认反应器各床层温度升温至 180℃，且恒温 6h

[P]—以不大于 20℃/h，反应器各床层温度升温至 220℃，恒温 6h

(I)—确认反应器各床层温度升温至 220℃，且恒温 6h

[P]—以不大于 10℃/h，反应器各床层温度升温至 250℃，恒温大于 1h

(I)—确认反应器各床层温度升温至 250℃，且恒温大于 1h

[P]—恒温期间 V-201（低压分离器）切水并记录

(P)—确认低压分离器 V-201 界面不再上升，否则延长干燥时间，直至 V-201 界面不再上升

[P]—以 20～25℃/h 降温至反应器各床层温度 120℃

[P]—加氢脱硫反应产物加热炉 F-201 熄火

[P]—反应器继续降温至各床层温度低于 50℃

[P]—按停压缩机规程停用循环氢压缩机 K-201

[P]—各取样点取样分析氧含量

(P)—确认各取样点氧含量小于 0.5%

(P)—确认催化剂干燥完毕

(P)—确认循环氢压缩机 K-201 停运

(P)—确认各反应器入口温度小于 50℃

**(8) 切割、汽提系统引石脑油冷、热油运**

(P)—确认开工石脑油准备完毕

(P)—确认惰性石脑油进装置阀门打开，盲板倒通

(P)—确认油联运系统中所有仪表安装齐全（仪表投用清单）

(P)—确认预加氢进料泵 P-101AB 出口去重汽油/催化汽油换热器 E-101（管程）入口盲板倒盲

(P)—确认油联运流程倒通

(P)—确认预加氢进料泵 P-101 出口去 E-101 盲板倒盲

(P)—确认预加氢进料泵 P-101 出口去催化汽油至加热器壳程前阀关闭

(P)—确认预加氢进料泵 P-101 出口去预加氢反应器充液线阀关闭

[P]—投用原料油缓冲罐 V-101 进料流量调节阀 FV-10103

[I]—启用原料油缓冲罐 V-101 回流控制 FV-10201

[P]—投用原料油缓冲罐 V-101 顶安全阀 PSV-10101AB

[P]—投用原料油缓冲罐 V-101 顶压力调节阀 PV-10103B

[I]—控制原料油缓冲罐 V-101 顶压力为 0.4MPa（PV-10103A）

[M]—通知原料送惰性石脑油

(P)—确认原料油缓冲罐 V-101 液面达到 50%～80%

［P］—投用原料油缓冲罐 V-101 液位低报警（LIA10101～C）

［P］—投用原料油缓冲罐 V-101 底界位

［P］—关闭预加氢进料泵 P-101 去 E-101 入口总阀

［P］—关闭催化汽油切割塔 C-101、PV-10301 前后阀门及副线阀门

［P］—投用催化汽油切割塔 C-101 调节阀 FV-10401 及 FV-10402

［P］—投用 E-105 塔底重沸器

［P］—投用催化汽油切割塔 C-101 顶安全阀 PSV-10401AB

［I］—控制切割塔 C-101 顶压力为 0.4MPa（PG-10402）

［P］—投用催化汽油切割塔回流罐 V-102 底含油污水至地下污油罐

［P］—投用催化汽油切割塔回流罐 V-102 顶安全阀（PSV-10601AB）

［P］—确认 E-101AB 壳程出口盲板调盲

［P］—关闭 E-204AB（汽提塔进料换热器壳程）前后阀门及副线阀门

［P］—投用汽提塔 C-202 调节阀 FV-21102 及 FV-21103、PV-21301、FV-21501、FV-21502

［P］—投用 E-206 塔底重沸器

［P］—投用 V-206 底酸性水泵 P-206

［P］—投用汽提塔 C-202 顶安全阀 PSV-21101AB

［P］—按规程启动预加氢进料泵 P-101

［P］—投用预加氢进料泵 P-101 出口最小流量线

［P］—预加氢进料泵 P-101 出口流量联锁打旁路

［P］—打开去切割塔 C-101 充液线充液

(I)—确认切割塔 C-101 液面达到 50％～80％

［P］—投用 E-105 塔底重沸器

［I］—启动 P-103 汽油塔底泵

(I)—确认催化汽油切割塔回流罐 V-102 液面达到 50％～80％

［P］—投用切割塔 C-101 顶回流调节阀

［I］—启用切割塔 C-101 顶回流控制阀，C-101 顶全回流

［P］—按规程启动催化汽油切割塔回流泵 P-102

［P］—投用轻汽油抽出流量调节阀 FV-10601

［P］—打开去汽提塔 C-202 充液线 C-202 充液

(I)—确认切割塔 C-101 液面达到 50％～80％

［P］—投用 E-206 塔底重沸器

［I］—启动 P-203 汽油塔底泵

(I)—确认汽提塔回流罐 V-206 液面达到 50％～80％

［P］—投用汽提塔 C-202 顶回流调节阀

［I］—启用汽提塔 C-202 顶回流控制阀，切割塔 C-101 顶全回流

［P］—按规程启动汽提塔回流泵 P-204

［P］—打开汽提塔底泵 P-203 抽汽提塔 C-202 外送线阀进混合器 M-201 系统大循环

(I)—确认冷热油联运系统大循环建立

(P)—确认各塔、容器液面正常切割塔 C-101、汽提塔 C-202、切割塔顶回流罐 V-102、汽提塔顶回流罐 V-202

**(9) 催化剂硫化**

① $H_2$ 置换 、气密。

(M)—确认催化剂装填完毕

(M)—确认火炬系统 $N_2$ 置换完毕，试压完毕

(M)—确认催化剂干燥完毕

(P)—确认催化剂床层<50℃

导通系统 $H_2$ 置换流程，进行氢气置换。

(P)—确认 $H_2$ 纯度大于 95%，置换结束

进行盲板调盲，然后依次进行：R-100（保护反应器）、R-101（预加氢反应器）、E-101（重汽油/催化汽油换热器）（管程）、E-102（预加氢反应进出料换热器）（管程）、E-103（预加氢进料预热器）（管程）、E-102（预加氢反应进出料换热器）（壳程）氢气气密（分别为：0.5MPa、1.5MPa、2.5MPa）。

进行盲板调盲，然后依次进行：R-201（加氢脱硫反应器）、R-202（辛烷值恢复反应器）、V-201（低压分离器），C-201（循环氢脱硫塔）氢气气密（分别为：0.5MPa、1.5MPa）。

② 预加氢反应器 R-101 催化剂充油浸泡。

a. 对预加氢反应器 R-101 进行催化剂充油浸泡。

[P]—倒流程

开工石脑油自原料来→S-101（原料油过滤器）→V-101（原料油缓冲罐）→P-101（预加氢进料泵）→P-101（预加氢进料泵）出口预加氢反应器充液线、R-100 保护反应器充液线、→R-100 保护反应器充液线、R-101（预加氢反应器）底充液线→R-100 保护反应器充液线、R-101（预加氢反应器）

(M)—确认开工石脑油准备完毕

(M)—确认开工石脑油温度低于 40℃

(P)—确认催化剂床层低于 40℃

(P)—确认开工石脑油分析合格

(P)—确认 R-100 保护反应器、预加氢反应器 R-101 已充满开工石脑油

[P]—稍开 R-100 保护反应器、R-101 安全阀副线阀门泄压至 0.5MPa

(P)—确认 R-100 保护反应器、R-101 顶压力大于 0.5MPa

b. E-101、E-102、E-103 充油排气。

[P]—倒流程

开工石脑油自原料来→S-101→V-101→P-101→E-101→E-102→E-103
→R-100→R-101 入口→R-101 顶安全阀副线→火炬线

(I)—确认原料油缓冲罐 V-101 液面 50%～80%

[P]—启用预加氢进料泵 P-101

[P]—打开 P-101 最小流量线

[P]—打开 P-101 出口去 E-101 入口总阀

[P]—稍开预加氢反应器 R-101 入口双阀，观察 R-100 保护反应器、R-101 顶压力

(I)—确认 R-100 保护反应器、R-101 顶压力大于 0.5MPa

[P]—通过调节 R-100 保护反应器、R-101 入口双阀和 R-100 保护反应器、R-101 顶安

全阀副线开度保持 R-100 保护反应器、R-101 顶压力不大于 2.0MPa

[P]—现场检查 R-100 保护反应器、R-101 顶安全阀副线液面计液位，当液面计液位达到 100%时，关闭预加氢进料泵 P-101 出口去 E-101 入口总阀和 R-100 保护反应器、R-101 顶安全阀副线阀

(P)—确认 R-101 顶安全阀副线液面计液位指示 100%

(P)—确认 P-101 出口去 E-101 入口总阀关闭

(P)—确认 R-101 入口双阀必须打开

③ 催化剂硫化，急冷氢实验。

a. 建立硫化油循环。

(P)—确认硫化流程倒通

(P)—确认原料油缓冲罐 V-101 液面达到 50%～80%

[P]—按规程启动预加氢进料泵 P-101

(I)—确认低压分离器 V-201 液面 50%～80%

[P]—关闭 V-201 底部去 S-101（原料油过滤器）硫化线总阀

[P]—关闭 V-201 底部去 E-208（加氢产物/汽提塔）阀进汽油提塔 C-202

[P]—打开 V-201 底部出口污油去罐区阀

(I)—确认石脑油通过污油线返回污油罐（冲洗催化剂床层）

(P)—确认甩油 1～2h 后，从 SN-20602 处取样目测无杂质

[P]—打开 V-201 底部去 S-101（原料油过滤器）硫化线总阀

[P]—打开 V-201 底部去加氢产物/汽提塔 E-208 阀进汽油提塔 C-202

[P]—打开 E-102（预加氢反应进出料换热器）出口去 催化汽油切割塔 C-101、PV-10301 前后手阀

(I)—确认切割塔 C-101、汽提塔 C-202 循环建立，并循环正常

[I]—打开低压分离器 V-201 流量控制 FV-20601 去硫化线（进行硫化系统油循环）

(I)—确认各反应器催化剂充分浸润，低压分离器 V-201、原料油缓冲罐 D-101 液面 50%～80%，循环正常

[P]—关闭石脑油进料界区总阀，硫化油保持最大量循环

[I]—原料油缓冲罐 D-101 系统循环

(I)—确认硫化油保持最大量循环且正常

b. 建立 $H_2$ 循环。

(P)—确认流程按催化剂硫化流程倒好

流程：K-201AB（循环氢压缩机)→E-201 AB（反应进出料换热器）（壳程)→R-201（加氢脱硫反应器）跨线→F-201（加氢脱硫反应产物加热炉)→R-100（保护反应器)→R-101（预加氢反应器)→R-201（加氢脱硫反应器）出口→R-202（辛烷值恢复反应器)→E-201 BA（反应进出料）（管程)→E-208（加氢产物/汽提塔进料换热器)→E-209（加氢产物换热器）（管程)→A-201→V-201（低压分离器)→V-202（循环氢脱硫塔入口分液罐)→C-201（循环氢脱硫塔）跨线→V-203（循环氢压缩机入口分液罐)→K-201 A/B（循环氢压缩机）

[P]—投用加氢脱硫反应器 R-201 急冷氢调节阀 TV-20204

[P]—按压缩机启用规程启用循环氢压缩机 K-201

[P]—控制低压分离器 V-201 顶压力不大于 1.5MPa，保持系统最大量循环

(P)—确认系统循环正常

[I]—控制氢油比大于 200：1

(I)—确认系统循环正常

④ 硫化油循环升温。

[P]—按加热炉启用规程启用加热炉

[I]—预加氢反应器 R-101 入口温度 TIC-10302 升到 150℃（升温速率为 20℃/h）

[I]—预加氢反应器 R-101 入口温度 TIC-10302 升到 150℃，恒温 1h

⑤ 注入硫化剂，催化剂硫化。

确认：注硫线盲板调通，硫化剂罐密封气、安全阀投用正常，确认硫化剂罐内硫化剂充装足量，各劳动保护用具齐全，预加氢反应器 R-101 入口温度 TIC-10302 升到 185℃。

[P]—按规程向预加氢进料泵 P-101 入口匀速注入硫化剂

[P]—按规程控制注硫泵出口流量

[I]—预加氢反应器 R-10 入口温度 TIC-10302 升到 200℃（升温速率为 10℃/h）

[P]—每小时采循环氢样一次，测定循环氢中的硫化氢含量

[P]—根据循环氢中硫化氢的浓度调整注硫量

(P)—确认硫化氢穿透催化剂床层

[P]—视 V-201（低压分离器）水包界面情况、脱水、称重

[I]—依次以 10℃/h 升温速率将 R-101（预加氢反应器）入口温度 TIC-10302 升到 230℃、270℃、300℃、320℃，恒温 8h

[M]—联系化验室，循环氢中 $H_2S$ 浓度每 1h 分析一次

(M)—确认硫化结束

[I]—在硫化油硫化结束，继续 320℃恒温循环期间进行加氢脱硫反应器 R-201 急冷氢实验操作

[I]—预加氢反应器 R-101、加氢脱硫反应器 R-201、辛烷值恢复反应器 R-202 入口温度降至低于 120℃

[P]—加氢脱硫反应产物加热炉 F-201 出口温度低于 120℃

[P]—预加氢进料泵 P-101 停运

[P]—新氢压缩机 K-101、循环氢压缩机 K-201 停运

⑥ R-201（加氢脱硫反应器）急冷氢试验。

(I)—氢纯度≥90%

(I)—低压分离器 V-201 顶部压力控制 PIC-20601 在 1.5MPa

(I)—压缩机 K-201 运行正常，出口压力稳定

(I)—加氢脱硫反应器 R-201 床层温度控制在 320℃

[I]—依次手动打开加氢脱硫反应器 R-201 冷氢温控阀 TV-20204 开度为 90%、70%、50%、30%、20%、10%进行试验

[I]—手动关闭加氢脱硫反应器 R-201 冷氢温控阀 TV-20204

[I]—每个开度试验 4min

[I]—分别在 2min、4min 时记录床层温度的情况

[I]—每个床层试验完后，用 10min 时间手动逐步全关冷氢温控阀，防止波动太大造成法兰泄漏

(I)—确认急冷氢效果试验结束，加氢脱硫反应器 R-201 冷氢温控阀 TV-20204 手动全关

[I]—试验完毕分析冷氢量对床层温度变化的影响

**(10) R-101、R-201、R-202 投用，建立装置系统大循环**

(I)—确认催化剂硫化完毕

[P]—确认一切准备工作就绪，进行调整盲板

① 倒流程。

V-101（原料油缓冲罐）→P-101A/B（预加氢进料泵）→FV-10202→E-101（重汽油/催化汽油换热器）（管程）→E-102（预加氢反应进出料换热器）（管程）→E-103（预加氢进料预热器）（管程）→R-100A/B（保护反应器）→R-101（预加氢反应器）→E-102（预加氢反应进出料换热器）（壳程）→C-101（切割塔）→P-103（加氢进料泵）→E-101（重汽油/催化汽油换热器）（壳程）→E-201（反应进出料换热器）（壳程）→R-201（加氢精制反应器）→R-202（辛烷值恢复反应器）→E-201（反应进出料换热器）（管程）→E-208（加氢产物 /汽提塔进出料换热器）→E-209（加氢产物换热器）管程→A-201A/B →V-201（低压分离器）→E-208（加氢产物 /汽提塔进出料换热器）→C-202 汽提塔 P-203 汽提塔底泵→E-210AB 精制油换热器→A-203 精制油空冷器→精制油冷却器→M-201 混合器 →壳程开工大循环线→S-101（原料油过滤器）V-201（低压分离器）→V-202 脱硫塔入口分液罐→循环氢脱硫塔（跨线）→V-203 压缩机入口分液罐

(P)—确认流程正确

[P]—启动预加氢进料泵 P-101 系统建立循环

(I)—确认原料油缓冲罐 V-101、切割塔 C-101、汽提塔 C-202 液面 50%～80%

(I)—确认系统循环正常

[P]—加热炉加氢脱硫反应产物加热炉 F-201 点火升温

(P)—确认全装置已建立循环

② 循环升温。

[I]—控制升温速率为 20℃/h，预加氢反应器 R-101 入口温度升温至 130℃

[I]—调整切割塔操作

(I)—确认分馏塔 C-101（切割塔）轻汽油抽出温度设定点稳定保持在 115～135℃

③ K-101（新氢压缩机）、K-201（循环氢压缩机）负荷运行，循环氢系统循环。

[I]—缓慢调整新氢压缩机 K-101、循环氢压缩机 K-201 出口压力至操作压力

(I)—确认新氢压缩机 K-101、循环氢压缩机 K-201 运行正常

[P]—启用加氢脱硫进料泵 P-103 抽切割塔 C-101

[I]—以 15～20℃/h 将加氢脱硫反应产物加热炉 F-201 出口温度至 290～300℃

[I]—控制汽油脱硫化氢塔 C-201 塔底温度 220～230℃

[I]—控制加氢脱硫反应器 R-201 入口温度 200℃左右

[I]—控制辛烷值恢复反应器 R-202 入口温度 300℃左右

[P]—汽油产品空冷器 A-201 A/B/C 注水线盲板调通

[I]—启用空冷器注水

[P]—观察低压分离器 V-201 出现界位

[I]—投用低压分离器 V-201 界位控制

④ 胺液循环。

(P)—确认一切准备工作就绪

[P]—投用循环氢脱硫塔 C-201 顶安全阀 PSV-20701AB

[P]—投用脱硫塔入口分液罐 V-202 液面调节阀 LV-20701

[I]—启用脱硫塔入口分液罐 V-202 液面控制 LV-20701，向循环氢脱硫塔入口分液罐 C-201 进料

(I)—确认循环氢脱硫塔入口分液罐 C-201 液面 50%～80%

[P]—投用循环氢脱硫塔 C-201 进料

[P]—启用贫胺液泵 P-202，向循环氢脱硫塔 C-201 进料

(I)—确认循环氢脱硫塔 C-201 压力 1.5MPa

[I]—启用 FV-20702

[P]—投用循环氢脱硫塔 C-201 液面调节阀 LV-20702

[I]—启用循环氢脱硫塔 C-201 液面控制 LV-20702

(I)—确认贫胺液缓冲罐 V-205、循环氢脱硫塔 C-201 液面 50%～80%

[P]—贫富胺液界区跨线盲板调通

[P]—打开贫富胺液界区跨线

[P]—关闭富胺液出装置界区第二道阀

[P]—关闭贫胺液进装置界区第一道阀

(P)—确认胺液系统循环

(M)—确认胺液系统循环正常

**(11) 切换催化汽油，调整操作**

① 切换催化汽油。

[I]—调节预加氢进料泵 P-101 出口流量 FIC-10202

[M]—联系调度准备切入 FCC 汽油

[P]—打开 FCC 汽油进装置阀门

[I]—控制 FCC 汽油进装置流量 FV-10103

[I]—调节新氢流量 FV-10203

[P]—打开汽提后预硫化油去不合格线阀门

[I]—调节汽提后汽提汽油去不合格罐流量

[I]—降低汽提汽油循环至原料油缓冲罐 D-101 流量，调节流量

[I]—密切注视反应器预加氢反应器 R-101 温升（温升不大于 12℃）、加氢脱硫反应器 R-201 温升（总温升不大于 35℃）、辛烷值恢复反应器 R-202 温升（总温升不大于 25℃）

[I]—降低稳定汽油循环至原料油缓冲罐 V-101 流量

[I]—按 65t/h 催化汽油进料，保持运行 2h

[I]—保持切割、汽提系统平稳操作

② 循环氢脱硫塔 $H_2$ 进料。

[P]—打开循环氢脱硫塔 $H_2$ 进出口阀门

[P]—关闭循环氢脱硫塔 $H_2$ 副线阀门

[P]—打开贫胺液进装置阀门

[P]—打开富胺液去硫黄装置阀门

[P]—关闭贫富胺液连通线阀门

(M)—确认循环氢脱硫塔投用正常

[M]—联系化验室每小时分析循环氢脱硫前及脱硫后 $H_2S$ 含量

[I]—调整循环氢脱硫塔操作，使循环氢中 $H_2S$ 含量控制在 $50\times10^{-6}$ 内

③ 提量提温，出合格产品。

[I]—调节 FCC 汽油进料流量，以 3t/h 的速率把进料量逐渐增加

[I]—关闭稳定汽油循环至原料油缓冲罐 V-101 阀门

[I]—当 FCC 汽油进料增大时，以 5℃/h 提高加氢脱硫反应器 R-201 入口温度和辛烷值恢复反应器 R-202 入口温度

[I]—以≤3℃/h 提升预加氢反应器 R-101 入口温度

[I]—调整反应、切割、汽提操作，使汽油产品合格

(M)—确认混合汽油化验分析数据硫含量 $<10\times10^{-6}$

[P]—产品改走合格线

**(12) 投用热水系统**

① 热水循环。

[P]—倒通热水循环流程，热水换热器 E-106、热水换热器 E-209、热水换热器 E-210 热水走副线阀门

[P]—打开热水进热水罐 V-501 阀门

[I]—调节 FV-50101 控制热水罐 V-501 液位 50%～80%

[P]—启动热水循环泵 P-501

[I]—调节热水循环

② 投用热水换热器 E-106。

[P]—打开热水换热器 E-106 热水进出口阀

[P]—关闭热水换热器 E-106 热水副线阀门

[P]—打开热水换热器 E-106 催化汽油进出口阀

[P]—关闭热水换热器 E-106 催化汽油副线阀门

[I]—注意观察热水换热器 E-106 出入口温度变化

③ 投用伴热及采暖。

(M)—确认低温热水换热器投用正常

**5. 危害识别及控制措施**

危害识别及控制措施见表 1-10。

**表 1-10 危害识别及控制措施**

| 编号 | 过程 | 危险因素 | 危害 | 触发原因 | 控制措施 |
| --- | --- | --- | --- | --- | --- |
| 1 | 引 1.0MPa 蒸汽 | 高温:180～200℃;高压:1.0MPa | 灼烫 | ①注意力不集中<br>②放空皮管乱甩<br>③防护用具不全 | ①应急计划<br>②放空皮管固定,不朝行人道排汽<br>③完善防护用具 |
| | | | 串线 | 盲板未隔离 | 盲板隔离 |
| | | | 水击损坏设备 | ①引汽过快,未排尽凝水<br>②放空未开 | ①由汽源向用汽点逐个开放空排凝引汽<br>②沿途及末端放空打开排凝,防止憋压 |

续表

| 编号 | 过程 | 危险因素 | 危害 | 触发原因 | 控制措施 |
|---|---|---|---|---|---|
| 2 | 引氮气 | 高低压氮气压力等级不同 | 超压损坏设备 | 高压串低压 | 严格执行操作规程 |
| 3 | 氮气置换 | 惰性气体 | 窒息 | 密闭空间排放氮气 | 禁止在密闭空间排放氮气 |
| 4 | 气密 | 高压气体 | 泄漏伤人 | 未泄压整改漏点 | ①泄压后整改漏点<br>②执行气密要求 |
| 5 | 加热炉点火 | 高温；可燃气 | 火灾 | ①火嘴熄火<br>②瓦斯泄漏<br>③炉管破裂 | ①操作规程<br>②巡检制度<br>③应急计划<br>④消防线 |
| | | | 爆炸 | ①火嘴熄火<br>②瓦斯泄漏<br>③炉管破裂 | ①操作规程<br>②巡检制度<br>③应急计划<br>④消防线 |
| | | | 回火 | ①炉膛吹扫不干净<br>②未按规程操作<br>③瓦斯阀门不严 | 操作规程 |
| | | | 灼伤 | ①回火<br>②违章操作<br>③劳保不合格 | ①操作规程<br>②应急计划 |
| 6 | 热紧 | 高温250℃ | 灼烫 | ①人的因素<br>②防护用具不到位 | ①安全教育<br>②完善防护用具 |
| 7 | 引瓦斯 | 瓦斯 | 泄漏 | ①进出口法兰漏<br>②腐蚀穿孔<br>③放空不严 | ①巡检制度<br>②设备检维护制度 |
| 8 | 临氢高温换热器 | 氢气 | 火灾<br>泄漏 | ①附近动火<br>②法兰、头盖泄漏<br>③泄漏自燃 | ①操作规程<br>②应急计划<br>③巡检制度 |
| 9 | 取加热炉烟气样 | 高空、高温 | 高处坠落 | ①操作不当<br>②注意力不集中<br>③梯子护栏松动 | 高空作业管理规定 |
| | | | 灼烫 | ①操作不当<br>②劳保穿戴不合格 | 应急计划 |
| 10 | 换泵，处理泵抽空，启用泵，启用压缩机 | 汽油<br>液态烃<br>氢气 | 泄漏 | ①机械密封漏<br>②阀门法兰损坏<br>③放空未关 | ①巡检制度<br>②日常维护检修<br>③操作规程<br>④管理规定 |
| | | | 憋压 | ①流程倒错<br>②人为原因 | ①操作规程<br>②巡检制度 |
| | | | 灼烫 | ①人为原因<br>②劳保不合格 | 应急计划 |
| | | | 火灾 | ①介质渗出<br>②摩擦 | 巡检制度 |
| | | | 自燃 | 介质渗出 | ①巡检制度<br>②应急计划 |
| | | | 抱轴 | ①摩擦<br>②缺油<br>③轴安装不合理 | ①巡检制度<br>②日常维护检修<br>③管理规定<br>④润滑管理规定 |
| 11 | 催化剂预硫化 | 有毒物质 | 中毒 | ①防护用具不到位<br>②泄漏接触皮肤 | ①佩戴防毒面罩<br>②操作规程 |

## 二、汽油加氢装置停工操作

### 1. 停工前准备

① 按停工规程将工艺管道、塔、容器、加热炉、机泵、换热器等设备内部介质全部排净，并按规程要求完成相应的蒸汽吹扫、热水蒸煮、酸碱中和、化学清洗、氮气置换、空气置换等处理，管道设备吹扫置换干净，达到规定标准；

② 必须按隔离方案完成交检装置与公共系统及其他装置彻底隔离。隔离方案中盲板表与现场一致，所加盲板必须逐块进行确认，并由车间设备员进行检查确认。加盲板的部位必须设有“盲板禁动”标识，指定专人负责盲板管理；

③ 装置内污水井（马葫芦）进行封闭，出装置污水与外界隔离，禁止废油、废碱渣等杂质排入污水系统；

④ 对容易发生自燃的物质要进行专门处理，采取防护措施，如 FeS 等自燃物；

⑤ 装置地面、设备、平台、管道外表面无油污、杂物和易脱落保温铁皮等。装置内及周边无任何油桶、化学药剂及停工排放物和工业生活垃圾；

⑥ 装置消防、安全设施完好备用。灭火器、空气呼吸器、防毒防烫、防尘物品齐全完好，蒸汽胶管、水带摆放整齐并随时可以投用。

### 2. 停工操作

#### (1) 反应系统降量、降温、停循环氢脱硫化氢塔部分

① 反应系统降量、降温。

[I]—催化汽油进料量 FIQ-10103 降量

(I)—确认催化汽油进料降量，改好装置大循环流程

(M)—联系调度停止催化汽油原料进料

(I)—确认大循环维持反应温度 2h

[I]—调整预加氢反应器 R-101 入口温度 TIC-10302 以 20～25℃/h 的速率降至 100℃

[I]—调整加氢脱硫反应器 R-201 进料温度 TIC-20201 以 20～25℃/h 的速率降至 200～250℃

[I]—调整辛烷值恢复反应器 R-202 进料温度 TI-20401 以 20～25℃/h 的速率降至 200～250℃

② 切除循环氢脱硫化氢塔 C-201。

[P]—打开循环氢脱硫化氢塔 C-201 副线阀

[P]—关闭循环氢脱硫化氢塔入口阀

[P]—关闭循环氢脱硫化氢塔出口阀

(M)—联系调度停止供贫胺液

(M)—联系调度贫胺液供无盐水按流程水洗贫胺液系统

[P]—水洗完毕按基础操作规程停贫胺液泵 P-202A \ B

[I]—打开循环氢脱硫化氢塔 C-201 底富胺液出装置调节阀 LV-20702

[P]—打开循环氢脱硫化氢塔 C-201 底污油线阀，残液排至含油污水系统

[P]—打开贫胺液缓冲罐 V-205 底污油线阀，残液排至含油污水系统

[P]—打开贫胺液泵 P-202A \ B 进出口放空阀及管线低点放空系统

(M)—确认循环氢脱硫化氢塔部分停车

③ 停催化汽油原料，系统赶油。

(I)—确认装置改通大循环

(M)—确认催化汽油原料停止进料

(M)—联系调度原料进料线 $N_2$ 扫线赶油至原料缓冲罐 V-101

[P]—停缓蚀剂撬块 P-205A\B

(I)—确认预加氢反应器 R-101 入口温度 TIC-10302 降至 100℃

(I)—确认脱硫反应器 R-201 进料温度 TIC-20201 降至 200～250℃

(I)—确认辛烷值恢复反应器 R-202 进料温度 TI-20401 降至 200～250℃

[P]—停止装置大循环，精制汽油改进不合格罐

(I)—注意原料缓冲罐 D-101 液面及压力，无液面联系外操

[P]—停预加氢进料泵 P-101A\B

[P]—切割塔液面降低后按操作规程停轻汽油外送泵 P-102A\B

[P]—汽提塔液位开始降后改全回流操作

[P]—停预加氢注氢；停新氢压缩机

[P]—停加氢脱硫进料

[P]—关闭原料进装置阀门

[P]—缓慢打开加氢进料泵 P-101 出口吹扫 $H_2$ 线，用 $H_2$ 吹扫原料管线赶油

[P]—缓慢打开脱硫加氢进料泵 P-103 出口吹扫 $H_2$ 线，用 $H_2$ 吹扫脱硫原料管线赶油

[P]—关闭空冷注水

[P]—切割塔 C-101 和汽提塔 C-202 液面降低后停泵 P-103A\B

**(2) 反应系统热氢带油、反应部分停运**

① 反应部分热氢带油。

a. 预加氢反应系统带油。

(I)—确认系统赶油结束

(P)—关闭预加氢反应器 R-101 入口阀

(P)—打开切割塔顶排火炬

(P)—打开预加氢反应器 R-101 入口引 $N_2$，用 $N_2$ 带油 8h

b. 脱硫加氢反应系统带油。

(I)—确认循环氢系统以最大循环氢量进行循环 2～4h

(P)—确认冷换设备全部投用

[I]—调整加热炉 F-201 出口温度 TIC-20305 控制以 20～25℃/h 将进料升至 240℃

[I]—保持反应系统正常压力

[I]—循环氢循环至少于 8h

(I)—确认低压分离器 V-201 液面 LIC-20601 不再上升，向脱硫塔系统退油

② 反应系统降温。

(I)—确认系统以最大循环氢量进行循环

(P)—按基础操作规程停预加氢加热器 E-103

[P]—按基础操作规程停重沸器 E-105

[I]—反应加热炉 F-201 出口温度 TIC-20305 以 0～25℃/h 速率降温至 100℃以下

(P)—确认反应加热炉 F-201 长明灯正常燃烧

[P]—按下反应加热炉 F-201 停炉按钮

(P)—确认反应加热炉 F-201 主火嘴切断阀 XV-20302 关闭

(P)—确认反应加热炉 F-201 长明灯切断阀 XV-20301 关闭

[I]—关闭反应加热炉 F-201 主火嘴调节阀 PV-20305

[P]—关闭反应加热炉 F-201 主火嘴调节阀 PV-20305 前后阀门

[P]—关闭反应加热炉 F-201 长明灯阻火器前阀门

[P]—关闭反应加热炉 F-201 各主火嘴炉前双道阀门

[P]—关闭反应加热炉 F-201 各长明灯炉前双道阀门

[P]—将反应加热炉 F-201 各长明灯和主火嘴抽出，甩至炉外

[I]—循环氢压缩机 K-201 正常运转，系统继续降温

(P)—确认低压分离器 V-201 存油排净

[I]—关闭低压分离器 V-201 前阀门

[I]—关闭低压分离器 V-201 界面调节阀 LV-20601

[I]—关闭低压分离器 V-201 界面调节阀前阀门

[I]—用循环氢进一步把各反应器各床层温度冷却至 40℃以下

(I)—确认反应器床层各点温度小于 40℃

[I/P]—降压缩机负荷停循环氢压缩机 K-201

[P]—停反应馏出物空冷 A-201A \ B \ C

[I]—系统通过循环氢入口分液罐 V-202 调节阀 FV-20801 顶火炬线放空阀门以 0.002～0.025MPa/min 的速率泄至微正压

**(3) 反应系统 $N_2$ 置换**

① 反应系统 $N_2$ 预置换。

(M)—联系调度，装置准备用 $N_2$

(M)—确认系统 $N_2$ 供应正常

[P]—配合拆除循环氢压缩机 K-201 循环氢进口 $N_2$ 线盲板拆除

[P]—配合拆除循环氢压缩机 K-201A \ B 出口 $N_2$ 线盲板

(P)—确认临氢系统各放空阀关闭

(M)—确认低压分离器 V-201 压力 PIC-20601 及现场压力表指示正常

[P]—打开循环氢压缩机 K-201 进口 $N_2$ 线阀置换 K-201A \ B 机组

[P]—打开循环氢压缩机 K-201A \ B 火炬线排气置换；置换合格后关闭进口 $N_2$ 阀门

[P]—打开新氢压缩机出口 $N_2$ 线阀门

[P]—打开循环氢压缩机 K-201A \ B 出口 $N_2$ 线阀门

[P]—打开脱硫反应器 R-201 急冷氢线阀置换急冷氢线

[P]—打开循环氢去空冷器 A-201 线进行 $N_2$ 置换

[P]—打开循环氢去 E-101AB 线进行 $N_2$ 置换

[P]—打开循环氢去 E-201AB 线进行 $N_2$ 置换

[P]—打开切割塔 C-101 安全阀副线火炬线排气置换

[P]—打开切割塔回流罐 V-102 顶去火炬线排气置换

(M)—确认反应系统压力 PIC-20601 在 0.3～0.5MPa

[P]—低压分离器 V-201 排油至地下污油系统

[P]—循环氢入口分液罐 V-203 切液排油至地漏

[P]—循环氢脱硫塔入口分液罐 V-202 切液排油至地漏

[P]—循环氢胺液回收器 V-207 切液排油至地漏

[P]—循环氢脱硫塔入口分液罐 V-202、SN-20702 取样器取样

[I]—样品分析氮中氢+烃≤0.2%（体积分数）

[P]—关闭新氢压缩机出口 $N_2$ 线阀门

[P]—关闭循环氢压缩机 K-201A\B 出口 $N_2$ 线阀门

[P]—系统通过循环氢脱硫塔 C-201 顶线上火炬线放空阀门泄压至微正压

(P)—确认系统为微正压，压力保持在 0.01～0.05MPa

[P]—循环氢脱硫塔 C-201 顶火炬线双阀关闭，放空打开

(P)—加盲板前应确认加盲板处的压力已经卸尽

[P]—新氢进装置阀加盲板

[P]—新氢进口至火炬调节阀 PV-3302 主副线加盲板

[P]—关闭反应系统混氢点各道 $H_2$ 阀门

[P]—混氢点阀门前加盲板隔离

[P]—关闭循环氢去空冷 A-201 线阀门；加盲板隔离

[I]—关闭急冷氢调节阀 TV-20204

[P]—关闭压缩机出口冷氢线调节阀副线阀门

[P]—急冷氢单向阀前加盲板

[P]—关闭循环氢去 E-2001A\B 阀门；加盲板隔离

[P]—加氢反应器 R-201、R-202 出口法兰加盲板

[P]—预加氢反应器 R-101 出口法兰加盲板

② 反应系统 $N_2$ 保护。

[P]—拆除反应器 R-101、R-201、R-202 底层热电偶法兰，引入临时保护 $N_2$

[I]—反应器保持微正压，压力保持在 0.01～0.05MPa 之间

[P]—拆除反应器 R-101、R-201、R-202 入口大弯头

[P]—入口大弯头碱洗钝化

(I/P)—确认应器 R-101、R-201、R-202 进行 $N_2$ 保护

**(4) 氮气保护卸剂**

[P]—卸催化剂时，将帆布袋固定在卸料口上，催化剂通过振动筛漏入干净桶内，把桶盖封好

[P]—进入反应器内将残存催化剂卸出，全面细致检查器壁，附件是否有脱落、损坏、腐蚀、变形和堵塞等异常现象

(P)—进入前，一定要进行气体组成分析，氧含量及爆炸试验合格后方准进入

(P)—注硫系统（包括注硫泵，管线，容器，阀门等）处于良好状态

**(5) 汽提部分停工退油**

① 产品切换至不合格线。

[I]—联系调度、原料车间产品改不合格线

[P]—装置界区改混合精制汽油去不合格线

(P)—确认产品去不合格线流程

② 分馏部分停工退油。

(P)—改通汽提塔 C-202 退油流程，启动 P-203A\B 退油至罐区

[I]—调整汽提塔 C-202 塔顶回流，注意观察分馏塔回流罐 V-206 液位变化

[I]—当回流罐 V-206 液位低时通知外操

[P]—按操作规程停汽提塔回流泵 P-204A\B

[P]—按基础操作规程停汽提塔顶水冷器 E-210

[I]—控制汽提塔 C-202 塔压 PIC-21101 为 0.2MPa

[P]—按操作规程停汽提塔顶空冷 A-202

(M)—汽提系统设备停运

(M)—确认汽提部分停运结束，降压至 0.2 MPa

**(6) 切割、汽提系统钝化**

① 钝化准备。

(M)—确认分馏系统停工吹扫结束

[M]—准备好钝化液

(M)—确认准备好配制水槽、临时泵及相应的临时管线

[M]—装置准备好消防水带和胶皮管

(M)—清理钝化液配制现场，容器、机泵及有关的管线要进行清洗、加油、试运等工作，确认好用、可靠

[M]—确定中和清洗人员车间配合人员，人员进行交底培训

[M]—准备好防毒面具、安全带

[M]—联系化验室准备做分析

[M]—落实钝化剂外排去向

[P]—配合施工单位配制好钝化液

② 汽提、切割系统钝化。

[P]—R-101 出口放空注入钝化液塔 C-101 液面上升 50%

[P]—空冷器 A-201 注水处注入钝化液 V-201 排空

[P]—原料线界区注入钝化液 V-201

(M)—系统浸泡 8～9h 后经分析合格后结束清洗

(M)—提示卡确认完毕

[P]—倒通精制汽油 P-202 至外送不合格线阀门

[P]—启用精汽泵 P-202 将分馏系统钝化液经不合格线转去罐区

③ 加装置边界盲板。

[P]—对照停工盲板表对相应管线先后加盲板

(M)—确认各系统钝化结束

(M)—确认装置界区系统线打盲板完毕

**3. 危害识别及控制措施**

危害识别及控制措施见表 1-11。

**表 1-11　危害识别及控制措施**

| 编号 | 过程 | 危害 | 控制措施 |
|---|---|---|---|
| 1 | $N_2$ 置换气密 | 人员 $N_2$ 窒息 | ①严格执行 $N_2$ 置换操作<br>②拆盲板时，严格执行操作 |
| 2 | 拆加盲板 | 物体打击造成人员伤害 | ①劳保着装符合规定要求<br>②严格执行操作卡 |

续表

| 编号 | 过程 | 危害 | 控制措施 |
|---|---|---|---|
| 2 | 拆加盲板 | 高空落物造成人员伤害 | ①劳保着装符合规定要求<br>②严格执行操作卡<br>③现场拉警戒绳 |
| 3 | 降温过程 | 火灾、爆炸 | ①严格执行停工操作卡<br>②加强职工安全意识教育 |
| 4 | 容器切液脱水 | 火灾爆炸 | ①切液管理规定<br>②可燃气体报警器 |
| | | 中毒窒息 | |
| 5 | 倒流程 | 滑跌 | ①及时打扫油<br>②加强职工安全意识教育 |
| | | 憋压 | 严格执行操作卡，步步确认 |
| | | 机械伤害 | 加强职工安全意识教育 |
| 6 | 引1.0MPa、4.0 MPa蒸汽 | 烫伤 | 完善劳保穿戴 |
| | | 水击损坏设备 | 先排净积水再引蒸汽 |
| 7 | 蒸汽吹扫 | 烫伤 | 按操作卡操作 |
| 8 | 加热炉停炉 | 爆炸 | 按操作卡操作 |
| | | 灼伤 | ①按操作卡操作<br>②劳保穿戴合格 |
| 9 | 停用压缩机 | 泄漏伤人、火灾爆炸 | ①严格执行操作卡<br>②制定应急预案 |
| 10 | 换泵、处理抽空、启用泵 | 引发火灾、中毒 | ①严格执行操作卡<br>②制定应急预案 |
| 11 | 催化剂卸剂 | 人员中毒 | 劳保穿戴合格 |

## 学一学　石油企业企业文化

### 历史篇

**3. 英雄主义和理想主义精神**

二十世纪五六十年代，中国社会和中国人充满英雄主义和理想主义的精神，各行各业英雄辈出，特别是在石油工业战线，以大庆油田和铁人王进喜为代表的英雄集体和英雄人物，既为那个时代奠定了行为和思维的准则，也为那个时代的文化铸就了模型，因此石油企业文化与其他行业或企业文化，区别只在于文化的表现形式和手段，而目的和性质是完全相同的。

改革开放以来，石油企业的企业文化建设蓬勃发展，很多企业在新形势下又形成了一些新的精神和理念，丰富了企业文化内涵，促进了管理水平的提高。

# 项目四

# 汽油加氢工艺参数控制

## 一、全馏分选择性加氢及分馏

### 1. 工艺参数

全馏分选择性加氢及分馏部分主要操作条件见表1-12。

表1-12 全馏分选择性加氢及分馏部分主要操作条件

| 序号 | 项 目 | 单 位 | 指 标 | 备注 |
|---|---|---|---|---|
| 1 | 进料缓冲罐液位 | % | 50～70 | |
| 2 | 进料缓冲罐压力 | MPa | 0.12～0.3 | |
| 3 | 预加氢反应器R-101入口温度 | ℃ | 130～200 | |
| 4 | 预加氢反应器R-101入口压力 | MPa | 2.4～2.5 | |
| 5 | 氢油比 | $m^3/h$ | 5 | |
| 6 | 切割塔顶压力 | MPa | 0.4±0.05 | |
| 7 | 切割塔进料温度 | ℃ | 140±4 | |

### 2. 参数控制

**(1) 进料缓冲罐液位**

① 控制范围：30%～70%（注：此范围为设计值，具体执行时以具有时效性的工艺卡片为准）。

② 控制目标：50%～70%。

③ 相关参数：进料量变化，原料过滤器差压变化，P-101出口流量变化。

④ 控制方式：V-101的液位与罐区FCC（催化裂化）汽油量构成串级控制回路。

⑤ 正常调整。

| 影响因素 | 调整方法 |
|---|---|
| 原料量进料波动 | 联系上游，调整原料量进料量，保持液面平稳 |
| 反冲洗过滤器差压 | 调整反冲洗过滤器操作 |
| P-101 出口流量波动 | 稳定 P-101 出口流量 |

⑥ 异常处理。

| 现象 | 影响因素 | 调整方法 |
|---|---|---|
| 液位大幅度波动 | 仪表失灵 | 立即改手动，控制液面正常，并通知维护处理 |
| 液位大幅度降低 | 原料中断 | 按原料中断事故预案处理 |

⑦ V-101 液位失控处理。当 V-101 液位失控时，应及时开大 P-101 最小流量线，防止 P-101 抽空，并及时查找原因，如果进料部分中断，可以启用开工大循环线进行回炼以保证装置最低进料的要求。

**(2) 进料缓冲罐压力控制**

① 控制范围：0.1～0.3MPa。

② 控制目标：0.12～0.3MPa。

③ 相关参数：V-101 液位、氮气系统压力，火炬系统压力。

④ 控制方式：通过氮气的补入量和顶部排火炬量来进行控制，PICA-10103 分程控制。

⑤ 正常调整。

| 影响因素 | 调整方法 |
|---|---|
| V-101 液位波动 | 稳定 V-101 液位，防止大幅波动 |
| 系统氮气压力波动 | 联系调度稳定氮气系统压力 |
| 火炬系统压力波动 | 联系调度稳定火炬系统压力 |

⑥ 异常处理。

| 现象 | 影响因素 | 调整方法 |
|---|---|---|
| 压力大幅度升高 | 补氮阀故障开或副线漏量 | 立即改手动，全开排火炬阀，联系仪表处理 |
| 压力大幅度波动 | 仪表失灵 | 立即改手动，控制液面正常，通知维护处理 |

**(3) R-101 预加氢反应器入口温度** 反应器入口温度保持在设计温度，最低温度必须满足规定的切割塔底 DV（二烯烃含量）或 MAV（马来酸酐值）。在实际生产中，根据产品分析结果，反应器入口温度应始终保持在尽量低的范围内。

① 控制范围：130～210℃（注：此范围为设计值，具体执行时以具有时效性的工艺卡片为准）。

② 控制目标：130～200℃。

③ 相关参数：导热油量、温度，进料量，E-103 出口温度。

④ 控制方式：反应器 R-101 入口温度控制器 TIC-10302 通过切换开关 TV-10302，可选择与 E-103 的导热油量构成串级控制回路，也可以选择通过预加氢热旁路控制阀 TV-10301 的开度进行控制，在开工初期，由于 R-101 入口温度较低，此时如果 E-103 的导热油不开即可保证 R-101 的入口温度满足要求时，此时 TV-10301 相当于一个手操器，通过控制

TV-10301的开度控制R-101入口温度，处于开工末期时，即使TV-10301全关（实际生产中，冬季应保证最低5%的开度）也不能满足R-101入口温度的要求，此时通过控制E-103的导热油的量来控制R-101入口温度，预加氢热旁路控制阀TV-10301则处于手动状态。

⑤ 正常调整。

| 影响因素 | 调整方法 |
|---|---|
| R-101入口温度波动 | 调节导热油流量阀的开度 |
| 进料量波动 | 冲洗过滤器，联系上游装置，及时调整 |
| E-103出口温度波动 | 调节TV-10301稳定E-103出口温度 |

⑥ 异常处理。

| 现象 | 影响因素 | 调整方法 |
|---|---|---|
| R-101反应器入口温度大幅度降低 | 进料预热器导热油中断 | 按导热油中断事故预案处理 |
| | TV-10301故障全开 | 改副线控制，并通知仪表处理 |
| | TI-10302仪表失灵 | 手动控制，并通知仪表处理 |

⑦ 预加氢反应器R-101入口温度失控处理。当反应器入口温度TI-10302失控时，必要时按紧急停车处理。

**(4) 预加氢反应器R-101入口压力控制**　一般情况下，较高的操作压力可以促进二烯烃的加氢反应，减少聚合反应，防止结焦，有利于延长催化剂的使用寿命。同时也增加了氢气在液相中的溶解量，改善反应器内的液体分布情况，减少汽化造成的压力降问题。但反应压力过高，对设备的要求和整个装置的动力消耗都要增加，所以在日常操作中要严格按照公司给定工艺指标的操作压力进行操作。

① 控制范围：2.3～2.5MPa（注：此范围为设计值，具体执行时以具有时效性的工艺卡片为准）。

② 控制目标：2.4～2.5MPa。

③ 相关参数：新氢量、循环氢量、反应温度、进料量。

④ 控制方式：反应器压力控制通过控制V-102的压力来进行控制的。

⑤ 正常调整。

| 影响因素 | 调整方法 |
|---|---|
| 新氢量波动 | 稳定新氢量 |
| 反应温度升高 | 适当调节新氢补充量 |
| 进料量 | 稳定R-101进料量 |

⑥ 异常处理。

| 现象 | 原因 | 调整方法 |
|---|---|---|
| 反应器压力降低<br>反应器出口温度高 | 制氢K-101出现故障<br>循环氢压力故障 | 立即按停新氢、中断事故处理 |
| 压力大幅波动 | 仪表失灵 | 手动控制，并通知仪表处理 |

⑦ 反应器入口压力失控处理。

**(5) 氢油比控制**　氢油比是氢气体积除以液烃进料体积。

氢油比增大。可以加强二烯烃选择加氢的选择性，减少沉积物形成，从而增加催化剂稳定性。然而氢油比过高，会造成部分烯烃发生加氢饱和反应，从而使辛烷值损失过高。导致石脑油在分配盘处大量汽化，给切割塔压力控制带来不利影响。同时，大量轻组分损失在分馏塔顶放空气中。

氢油比下降。可以导致液相溶解氢量降低。氢气含量过低不利于二烯烃的转换，也不利于保持催化剂的活性稳定。所以应保持氢油比值不低于设计的最小值。

① 控制范围：$5m^3/h$（注：此范围为设计值，具体执行时以具有时效性的工艺卡片为准）。

② 控制目标：$5m^3/h$。

③ 相关参数：原料进料量、新氢进料量、循环氢量。

④ 控制方式：新氢、循环氢量 的量与原料进料量构成比值控制。

⑤ 正常调整。

| 影响因素 | 调整方法 |
|---|---|
| 原料进料量波动 | 稳定原料进料量 |
| 新氢进料量波动 | 稳定新氢进料 |

⑥ 异常处理。

| 现象 | 原因 | 调整方法 |
|---|---|---|
| 氢油比大幅度升高 | P-101 停或最小流量线全开 | 立即查找停泵原因，切换至备用泵运行，最小流量线手动控制 |
| 氢油比大幅度降低 | K-101 停或调控阀故障关 | 查找 K-101 停或调控阀关原因 |

⑦ 氢油比失控处理。当氢油比失控时，应立即查找原因，如果是原料中断按照原料中断处理，如果是新氢中断按照新氢中断处理。

**(6) 切割塔顶压力控制**　切割塔顶压力信号取自 C-101 顶气相馏出线上，是通过控制阀 PV-10601 调节塔顶回流罐 D-103 的含氢不凝气体的流量来实现的。在塔的馏出物产量和汽化量一定时，改变塔的压力，就改变了塔底重沸器的热负荷。反之，塔底重沸器的热负荷一定时，降低塔压力，可增加过汽化量，从而提高了切割塔馏出物的产率。降低塔压力，塔顶系统需在较低温度下操作。

① 控制范围：(0.4±0.05)MPa。

② 控制目标：(0.4±0.05)MPa。

③ 相关参数：切割塔进料量、进料性质和温度，切割塔回流量，塔底温度。

④ 控制方式：切割塔顶压力是通过控制阀 PV-10601（V-102 含氢不凝气体的流量）控制来实现的。

⑤ 正常调整。

| 影响因素 | 调整方法 |
|---|---|
| 进料温度、进料量、进料性质波动 | 稳定进料温度、进料量和进料性质 |
| 塔顶回流量变化 | FIC-10401 自动改手动，稳定塔顶回流量 |
| C-101 塔底温度波动 | 调节重沸器负荷，控稳 C-101 塔底温度 |

⑥ 异常处理。

| 现象 | 原因 | 调整方法 |
| --- | --- | --- |
| 压力大幅度波动 | PI-10402 仪表发生故障 | 改手动，并通知维护处理 |
| 压力大幅度升高 | 后路不畅 | 将不凝气改去火炬，联系调度 |

⑦ 压力失控处理。当切割塔压力失控时，如果超过安全阀定压安全阀未起跳，应立即启动紧急停车处理。

**(7) 切割塔进料温度**　切割塔进料温度指示着带入塔内热量的大小和汽化率，进料温度主要取决于预加氢进料与反应产物换热器 E-102 换热后温度，切割塔进料温度设计值为 130～150℃。

① 控制范围：(140±5)℃。

② 控制目标：(140±4)℃。

③ 相关参数：R-101 出口温度、原料流量、原料温度。

④ 控制方式：切割塔的入口温度由 TI-10203 和 TV-10203 组成串级控制回路来进行控制。

⑤ 正常调整。

| 影响因素 | 调整方法 |
| --- | --- |
| 进料量波动 | 稳定进料量 |
| 原料温度波动 | 联系调度稳定原料进装置温度 |
| R-101 出口温度波动 | 稳定 R-101 出口温度 |

⑥ 异常处理。

| 现象 | 原因 | 调整方法 |
| --- | --- | --- |
| 温度大幅增加 | R-101 飞温 | 启用 R-101 泄压连锁 |

⑦ 进料温度失控处理。当切割塔进料温度失控时，应启用 C-101 泄压。

## 二、重汽油选择性加氢脱硫

### 1. 工艺参数

重汽油选择性加氢脱硫部分主要操作条件见表 1-13。

表 1-13　重汽油选择性加氢脱硫部分主要操作条件

| 序号 | 项　目 | 单　位 | 指　标 | 备注 |
| --- | --- | --- | --- | --- |
| 1 | 加氢脱硫反应温度 | ℃ | 240～290 | |
| 2 | 加氢脱硫反应压力 | MPa | 2.4～2.53 | |
| 3 | 循环氢脱硫塔液位 | % | 50 | |
| 4 | 重汽油产品硫含量 | μg/g | ＜10 | |

### 2. 参数控制

**(1) 加氢脱硫反应温度**　反应器入口温度既应满足汽油产品硫的质量要求，也应确保烯烃的损失不要太大。然而，由于新装的催化剂活性高，开车时温度最好设定的低一些。加氢脱硫反应器内温度的升高是由烯烃含量和烯烃加氢程度决定。但是，应通过调整急冷氢和进料流量将穿过床层的 $\Delta T$ 维持在低于25℃的水平。

① 控制范围：240～300℃（注：此范围为设计值，具体执行时以具有时效性的工艺卡片为准）。

② 控制目标：240～290℃。

③ 相关参数：E-201（管程）温度、进料性质、进料量。

④ 控制方式：通过 E-201A/B 副线的开度来调节。

⑤ 正常调整。

| 影响因素 | 调整方法 |
| --- | --- |
| E-201(管程)温度 | 调整加热炉燃料气量 |
| 原料性质变化 | 调整选择加氢反应器、切割塔操作 |
| 进料量波动 | 稳定 P-103 出口流量 |

⑥ 异常处理。

| 现象 | 原因 | 调整方法 |
| --- | --- | --- |
| 反应器出口温度大幅度降低 | (1)天然气中断<br>(2)天然气控制阀故障 | (1)按天然气中断与案处理<br>(2)联系仪表处理 |
| 反应器出口温度大幅度升高 | 循环氢中断 | 按循环氢中断预案处理 |

⑦ 反应温度失控处理。当反应温度 TI-20201 失控时，应启动 R-201 紧急泄压联锁。

**(2) 加氢脱硫反应压力**　较高的操作压力可以提高加氢脱硫活性，但降低了选择性（加氢脱硫与烯烃饱和比），同时也增加了硫醇的含量。一般情况下操作压力不做调节，按公司给定工艺参数进行操作。

① 控制范围：2.3～2.6MPa（注：此范围为设计值，具体执行时以具有时效性的工艺卡片为准）。

② 控制目标 2.4～2.53MPa。

③ 关参数：循环氢量、反应温度、进料性质。

④ 控制方式：V-201 顶压力主要是通过新氢的补入量来进行控制的。

⑤ 正常调整。

| 影响因素 | 调整方法 |
| --- | --- |
| 循环氢量波动 | 稳定循氢量 |
| 反应温度变化 | 调节新氢补充量 |
| 空冷器 A-201 出口温度高 | 调整 A-201 负荷 |

⑥ 异常处理。

| 现象 | 原因 | 调整方法 |
| --- | --- | --- |
| 压力降低 | 新氢中断 | 按新氢中断预案处理 |
| | 新氢阀 PV-20601 故障 | 改手动，并通知维护处理 |
| | 循环氢中断 | 按循环氢中断预案处理 |

⑦ HDS系统压力失控处理。当HDS系统压力失控时，应立即启用R-201紧急泄压联锁。

**(3) 循环氢脱硫塔液位**

① 控制范围：C-201液位LICA-20702：40%～60%。

② 控制目标：液位稳定控制在50%。

③ 相关参数：C-201温度变化、C-201压力变化、注贫溶剂量的波动、富胺液流量的变化、界面控制变化。

④ 控制方式：C-201液位通过LICA-20702调节富胺液流量来控制。

⑤ 正常调整。

| 影响因素 | 调整方法 |
| --- | --- |
| C-201温度及压力变化 | 控制C-201温度、压力稳定 |
| 富胺液流量的变化 | 调节好富胺液的流量 |
| 注贫溶剂量的波动 | 保持注贫溶剂量稳定 |

⑥ 异常处理。

| 现象 | 原因 | 调整方法 |
| --- | --- | --- |
| 循环氢脱硫塔液位失控 | 循环氢量大幅度增大或减小 | 保持循环氢量稳定 |
| | 仪表失灵或调节阀故障 | 仪表失灵立即改手动，控制液面正常，并通知仪表处理 |

**(4) 重汽油产品质量**

① 控制范围：硫含量<10μg/g。

② 控制目标：硫含量<10μg/g。

③ 相关参数：进料组成、反应温度、催化剂活性，E-206返塔温度。

④ 控制方式：该控制没有设置控制回路，当硫含量不合格时，但可通过调整反应温度来实现。

⑤ 正常调整。

| 影响因素 | 调整方法 |
| --- | --- |
| 反应温度降低 | 调节反应器入口温度 |
| 催化剂活性降低 | 逐渐升高反应温度直至达到反应器的最高温度 |
| 进料性质变化 | 提高反应器入口温度 |
| E-206返塔温度 | 稳定E-206返塔温度，控制C-202在188℃左右 |

⑥ 异常处理。

| 现象 | 原因 | 调整方法 |
| --- | --- | --- |
| 重汽油硫含量超标 | (1)天然气中断<br>(2)天然气控制阀故障 | (1)按天然气中断与案处理<br>(2)联系仪表处理 |
| | E-202故障 | 稳定系统停工检修 |

⑦ 重汽油硫含量失控处理。当重汽油硫含量失控时，应将重汽油产品改不合格，并调整R-201反应温度。

40万吨/年汽油改质装置全馏分选择性加氢及分馏部分、加氢精制及循环氢脱硫部分、汽提部分工艺控制见图1-14～图1-16。

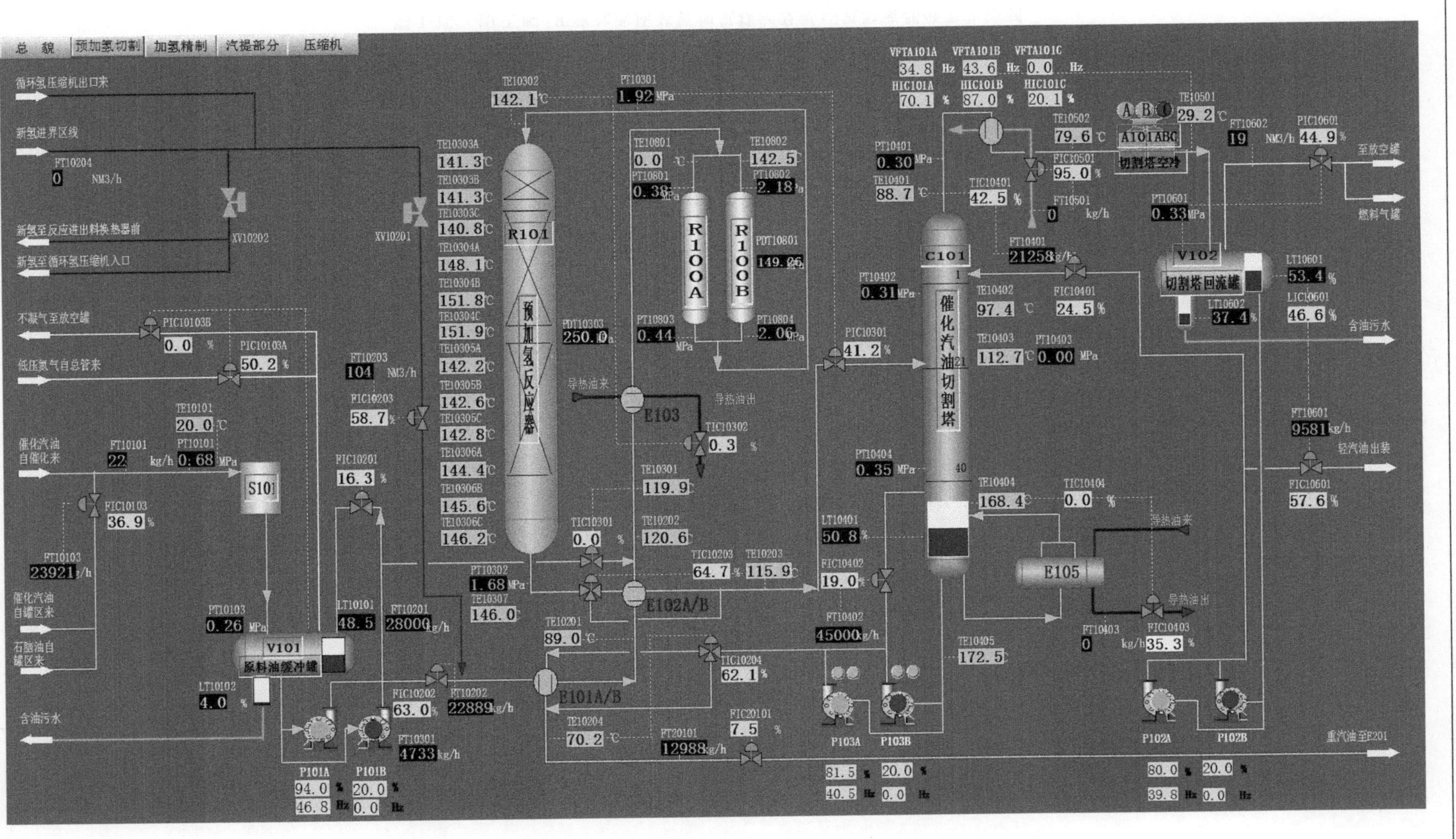


图 1-14　40 万吨/年汽油改质装置全馏分选择性加氢及分馏部分工艺控制

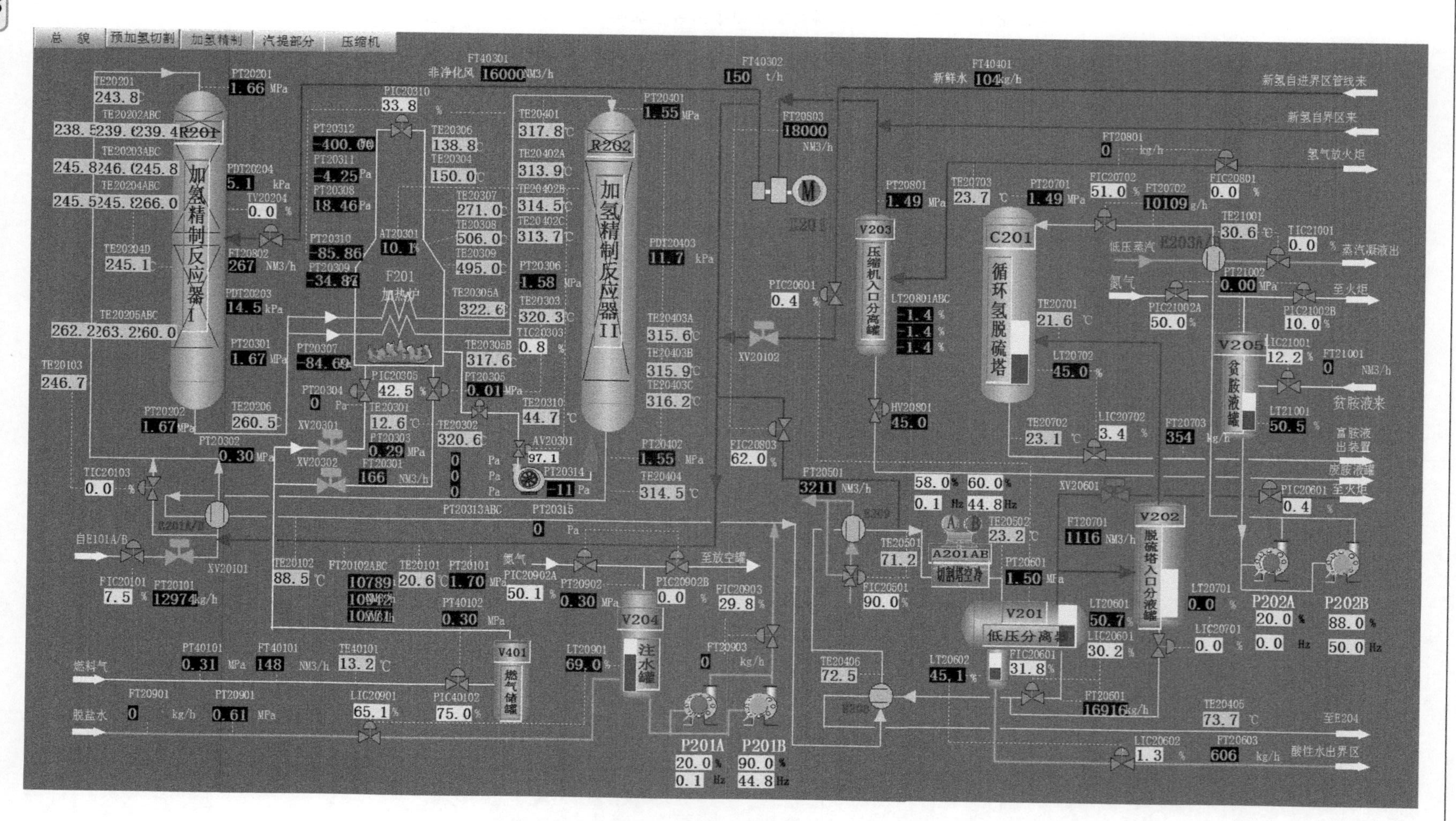


图 1-15 40 万吨/年汽油改质装置加氢精制及循环氢脱硫部分工艺控制

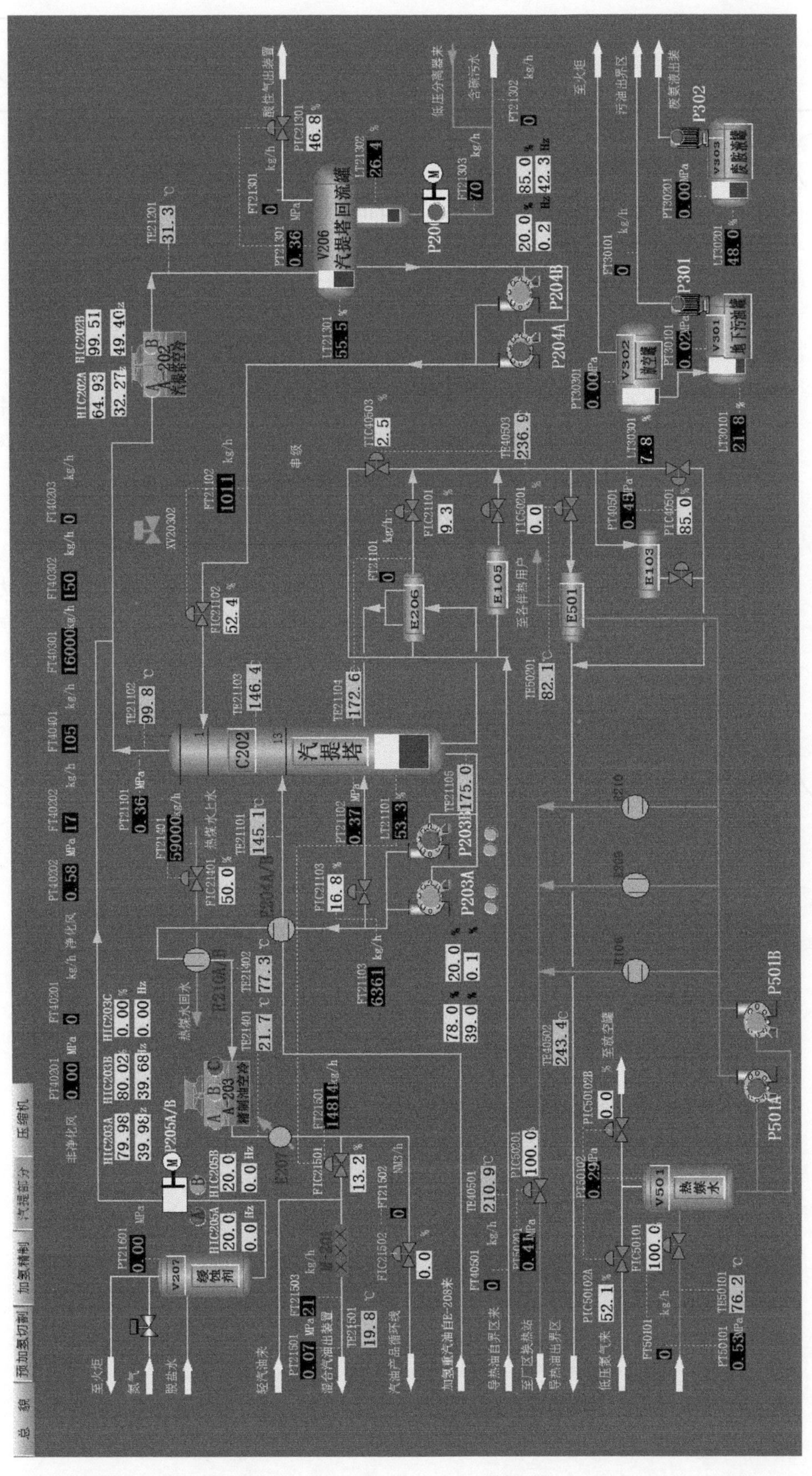


图 1-16　40 万吨/年汽油改质装置汽提部分工艺控制

## 学一学　石油企业企业文化

### 魅力篇

走进一个优秀的企业，你能感受到一种气氛，一种鼓舞人心的力量，这就是企业文化。用理性的词语来表述，企业文化是企业在长期的生产经营中，经过企业经营者倡导，全体员工认同、实践而形成的管理思想、管理作风、价值标准、行为规范、规章制度、传统习惯的综合反映，是一种以“人”为中心所建立起来，上下一致、共同遵守的价值体系。其出发点和归宿点是尊重和坚持员工的主人翁地位，提高员工的思想道德水平和科学文化素质，从各个环节调动并合理配置有助于企业全面发展的积极因素，使之形成合力，从而促进企业整体竞争能力和盈利能力的提高。“没有人规定你该如何如何，你却自然而然地去身体力行，这就是企业文化的魅力所在。”

·项目五·

# 汽油加氢装置应急处理

## 一、应急响应准则

### 1. 目的

本准则的目的是规范化工企业推行“责任关怀”而实施的应急响应管理，使企业能对事故进行快速应变与有效处理，将事故造成的危害降至最低程度。

### 2. 范围

本准则适用于化工企业在生产经营等活动中对事故的应急响应管理。

### 3. 应急组织与队伍

① 以生产运行部调度室为主的应急响应中心和公司主要领导组织的应急领导小组，对各类紧急情况和突发事件进行处理和统一指挥。

② 应急组织包括对突发事件或事故的上报、抢险受伤害人员的救治、恢复生产、事故调查、对员工进行必要的传达和对外披露等。

③ 应急指挥中心总指挥或其他应急小组组长由相应管理层行政一把手担任，副指挥或副组长由其相关职能部门负责人或其他管理人员组成。

④ 应加强应急队伍的建设，保持与社区及当地应急救援力量的联络沟通，保证应急指挥人员、抢险救援人员、现场操作人员的应急能力满足应急救援要求。

### 4. 应急设施与物资

① 公司所属各单位应按照国家有关法律要求，配备必要的急救、通信、运输、灭火等各类应急设施。新建、改建、扩建工程项目应按照国家有关设计标准，配备连锁自保、泄压排放、自动报警、消防等应急设施，并严格执行“三同时”要求，确保应急设施与主体工程同时设计、同时施工，同时投用。

② 企业所属各单位应按时完成对各类应急设施的维护和保养，即属地车间每个班组按照车间下发的应急器材检查表完成例行检查（或由车间安全人员按照检查表例行检查），确

保各类应急设施完好备用。同时在每次交接班前要再次确认应急器材处于完好备用状态。对装置因故障暂不能投用联锁自保、泄压排放、自动报警、消防等应急设施时，应采取相应的防范措施。

③ 任何单位和个人不能随意拆除、停用、变更和挪用应急设施。特殊情况下，需拆除、停用、变更、挪用关键应急设施，事前由主管部门经过充分的评价论证，并留有相应的评价论证和审批记录。

④ 各属地的车间人员和操作工应知晓全部应急器材的存放位置，并掌握其使用方法。

⑤ 在应急演练前必须确认演练过程中所使用的通信器材、防护器材完好可用，并做书面记录。

⑥ 企业应按国家有关规定配备一定的应急救援器材，并保持完好。建立应急通信网络，并保证畅通。

⑦ 在存在有毒有害因素岗位配备救援器材，并进行经常性的维护保养，保证其处于良好状态。

**5. 应急响应与处置**

① 各类应急情况和突发事件发生时，所在单位应结合具体情况，按照应急方案，迅速有序采取应急措施。同时应根据现场情况迅速对紧急情况和突发事件的严重性做出准确的判断，确定是否需要上报到上级部门。需要上报时，所在单位应尽快将情况报告到上级部门。

② 应急响应中心设在调度室，应急响应中心是各类应急情况和突发事件信息的接受部门，接到下级单位的报告后，应做好记录，并按照应急计划的要求迅速报告应急指挥中心或各应急小组。各应急小组成员接到报告后，应在尽可能短的时间内赶赴事发现场或指挥现场，确保将损失和社会影响降低到最小程度。

③ 各类紧急情况和突发事件的应急行动结束后，相应主管部门应组织对应急行动的过程和效果进行分析评价，写出评价报告，并对存在的问题和缺陷进行整改，不断完善本单位的应急管理系统。

④ 在发生突发事件的状况下，企业应迅速启动相应的应急预案，并进行以下工作：事故报告；报警、通信联络；人员紧急疏散、撤离；危险区的隔离；检测、抢险、救援及控制；受伤人员现场救护、救治与医院救治；现场保护与现场洗消等。

⑤ 建立明确的事故报告制度和程序。发生职业病、安全、环保及生产事故后，在组织处理事故的同时，应按照国家有关规定立即如实报告当地政府主管部门，并进行事故调查 。

**6. 信息披露**

① 企业所属各单位应充分考虑公司的整体社会影响，采取有效措施，防止各类新闻媒体和社会对紧急情况和突发事件的失真报道和传播。

② 在紧急情况和突发事件发生后，各单位应根据事态的情况，在保证外界人员人身安全的情况下，经过批准方可进入事发现场，有事件的对外披露一般由单位确定的新闻发言人统一对外发布。事件发生的单位负责人要及时向本单位职工公布事件情况，正确客观地回答外界提出的询问，避免职工因不了解情况，主观臆测地向外披露，造成外界报道之间的混乱。

③ 总经理办公室是各类紧急情况和突发事件对外信息披露的主管部门，根据紧急情况和突发事件的原因、性质和严重性，分析并请示有关领导，确定是否需对外进行信息披露。

④ 对生产性事故及社会性突发事件，所在单位需经请示总经理办公室并报请企业主要

领导同意后，确定是否对外进行信息披露以及对外信息披露的时间和方式。

⑤ 企业所属各单位及全体员工在未获得上级部门和领导明确指示的情况下，不得随意根据主观臆测，对外披露有关紧急情况和突发事件的相关信息，造成严重后果者，将按照有关规定严肃处理。

**7. 原因分析和调查**

生产性紧急情况及突发事件，在紧急行动结束后，应尽快开展事故调查，具体执行《事故事件管理规定》的有关要求。社会性突发事件在应急行动结束后，也应尽快开展调查分析，编写分析报告，并报上级单位和部门。

**8. 应急管理**

① 企业应评价事故或其他紧急状况对员工和周围社区造成危害的潜在风险，并制定包括应急预案在内的各种有效风险防范措施。

② 企业应根据有关法律、法规的规定，针对本企业可能发生的突发事件的类型和程度，明确应急组织机构、组成人员和职责划分，规定应急状况下的预防与预警机制、处置程序、应急保障措施以及事后恢复与重建措施等内容。

③ 根据风险评估的结果，针对各类、各级可能发生的事故，制订本企业综合应急预案、专项应急预案及现场应急预案。应将应急救援预案报当地安全生产监督管理部门和有关部门备案，并通报当地应急协作单位。

④ 参与建立完善的社区应急响应计划，使社区公众知晓在企业紧急情况下的应急措施以及可能获得的援助。

⑤ 将企业的各种应急预案与社区进行交流和沟通。

⑥ 对负责和社区交流的相关人员提供培训，提高其与社区公众就健康、安全和环保以及应急响应方面进行交流沟通的能力。

⑦ 定期开展应急演练，并配合和参与社区的相关应急演习。

**9. 应急演练**

① 应急演练计划应包括对应急演练的频率、种类、内容和场景的选择等作出详细的安排，以保证演练能够安全顺利地进行并具有实效。

② 演练频率：企业级综合应急演练每年至少一次（多部门联合演练）；现场处置专项方案每季度至少一次（车间级应急演练）。

③ 演练种类：各单位应在危害分析的基础上，确定危险源和危害种类，选择不同类型的演练，包括但不仅限于以下规定的几种演练种类：火灾、爆炸、泄漏、溢出、中毒、窒息、撤离、搜救、恶劣天气、其他。

④ 培训：每次演练前编制相关的培训教材，在计划中安排培训的时间，接受培训的人员应是所有与演练相关的人员，培训的内容应包括现场危害识别与控制措施、关键隔离点（阀）的位置和操作方法、本次应急响应计划、演练中各自的职责以及有关安全注意事项等。同时，所有培训资料以及现场处置方案应放置在操作室内，方便操作人员随时取用学习。

⑤ 演练的形式：实际发生的应急演练，从规模上分为全范围的、局部区域的、从形式上分为事先告之的或不事先告之的演练；不实际发生的演练分为桌面演练和视频讨论，既演练人员只是按照计划的内容口头讨论，回顾演练程序和步骤而不进行实际的演练操作。

⑥ 现场处置方案的选择：各单位应根据实际情况，并结合工艺危害分析（PHA）的后果分析（CA），事先选择设计好演练所用的现场处置方案，并将其列入年度计划逐步实施，

在每次演练评估时，应再次讨论现场处置方案的可操作性，及时加以完善。现场处置方案应针对某一个区域或一个作业。现场处置方案应设计出各种各样的问题，包括，模拟电话繁忙、关键领导不在，模拟员工失踪，受伤、风向变化、群体伤亡、模拟火灾、爆炸和毒性物质释放。演练也应包括外界组织和机构如警察、消防、医疗、地方急救组织的参加。

⑦ 应急小分队成员分成四组，保证全厂每个班次在出现紧急情况时，立即进入救援状态。同时考虑社区的影响，地方组织和人员的观察等。

⑧ 应急演练评估：演练过程中设观摩评估人员，由生产部人员联合安环部人员，并邀请各车间安全人员和主管人员参加。演练结束后，主管领导应组织完成演练小结报告，应按企业应急演练评估程序要求进行小结，报告应附上所有现场活动的资料，包括演练计划、培训、过程记录等。按照公司应急演练评估程序要求，填写评估表，总结好的方面和需要改善的内容，并针对不足，提出整改方案、整改责任人和完成期限，及时进行整改。整改完毕后车间将演练过程中的书面记录与评估报告存档。

## 二、装置紧急停工

装置紧急停工应急操作卡见表 1-14。

**表 1-14　装置紧急停工应急操作卡**

| 事故名称 | 装置紧急停工 |
|---|---|
| 事故现象 | (1)本装置内发生重大着火、爆炸事故<br>(2)加热炉管严重烧穿、漏油着火<br>(3)切割塔或转油线等主要设备严重漏油着火<br>(4)主要机泵如汽提塔底泵、塔底泵等严重故障无法运行或泄漏着火<br>(5)公用系统如水、电、汽、风等长时间中断<br>(6)重大自然灾害如地震、飓风等<br>(7)其他装置发生重大事故，严重威胁本装置安全 |
| 危害描述 | (1)温度大幅度变化，设备管线热胀冷缩，易出现法兰泄漏、炉管弯曲、密封泄漏、管线破裂、着火等情况<br>(2)压力变化大，会有超压情况发生，造成设备泄漏、安全阀起跳等<br>(3)操作变化大，液面控制不稳，易出现冲塔、污染成品罐、罐满溢油等现象<br>(4)由于思想紧张、动作不协调，易出错、易发生碰伤、摔伤、烫伤等人身事故 |
| 事故原因 | (1)反应器飞温<br>(2)装置出现爆炸、火灾 |
| 事故确认 | 现场发生上述事故 |
| 事故处理 | (1)预加氢部分操作<br>[M]—立即汇报调度、车间值班干部，车间值班干部按照应急网络通知车间主任、生产副主任、设备副主任<br>[I]—手动启动预加氢反应部分紧急泄压按钮<br>(P)—现场确认预加氢进料泵 P-101 联锁停<br>[P]—现场关闭预加氢进料泵 P-101 出口阀<br>(P)—现场确认预加氢进料流量控制阀 FV-10202 关闭<br>[M]—联系调度停催化汽油进装置<br>[M]—联系调度将汽油产品改不合格线<br>(P)—现场确认预加氢部分新氢进料流量控制阀 XV-10201 联锁关闭<br>(P)—现场确认预加氢反应进出料换热器 E-102 至切割塔 C101 泄压阀 PV-10301 全开<br>(P)—现场确认导热油进预加氢进料预热器 E-103 温度控制阀 V-10302 关闭<br>(P)—现场确认导热油进切割塔底重沸器控制阀 FV-10403 关闭<br>(P)—现场确认轻汽油产品泵 P-103 停<br>[P]—现场关闭轻汽油产品泵 P-103 口阀<br>(P)—现场确认切割塔顶回流罐不凝气去放空罐 PV-10601 全开<br>(P)—现场确认加氢脱硫进料泵 P-103 联锁停<br>[P]—现场关闭加氢脱硫进料泵 P-103 出口阀 |

续表

| 事故名称 | 紧急停工 |
| --- | --- |
| 事故处理 | (P)—现场确认加氢脱硫部分进料流量控制阀 XV-20101 联锁关闭<br>(P)—现场确认加氢脱硫反应产物加热炉主燃料气自保阀 XV-20302 联锁关闭<br>(2)加氢脱硫反应部分操作<br>[M]—立即汇报调度、车间值班干部，车间值班干部按照应急网络通知车间主任、生产副主任、设备副主任<br>[I]—手动启动加氢脱硫反应部分紧急泄压按钮<br>(P)—现场确认加氢脱硫部分紧急泄压阀 XV-20601 打开<br>(P)—现场确认预加氢进料泵 P-101 联锁停<br>[P]—现场关闭预加氢进料泵 P-101 出口手阀<br>[M]—联系调度停催化汽油进装置<br>[M]—联系调度将汽油产品改不合格线<br>(P)—现场确认预加氢反应部分新氢控制阀 XV-10201 联锁关闭<br>(P)—现场确认预加氢进料预热器 E-103 导热油控制阀 TV-10302 关闭<br>(P)—现场确认加氢脱硫进料泵 P-103 联锁停<br>[P]—现场关闭预加氢进料泵 P-103 出口手阀<br>(P)—现场确认加氢脱硫进料控制阀 XV-20101 关闭<br>(P)—现场确认加氢脱硫反应产物加热炉 F-201 主燃料气自保阀 XV-20302 联锁关闭<br>[P]现场关闭加氢脱硫反应产物加热炉 F-201 主火嘴手阀<br>[P]—现场关闭加氢脱硫反应产物加热炉主火嘴手阀<br>[I]—停空冷注水<br>(P)—现场确认低压分离器 V-201 酸性水排放阀 LDV-20602 关闭<br>(P)—现场确认循环氢脱硫塔 C-201 富胺液出口阀门 LV-20702 关闭<br>(P)—现场确认循环氢脱硫塔入口分液罐 V-202 排液阀 LV-20701 关闭<br>(P)—现场确认贫胺液泵 P-202 停<br>[P]—现场关闭贫胺液泵 P-202 出口手阀<br>(P)—现场确认循环氢压缩机 K-201 联锁停机<br>(P)—现场确认加氢脱硫反应部分新氢进料控制阀 XV-20102 联锁关闭 |
| 退守状态 | (1)预加氢反应系统紧急泄压<br>(2)加氢脱硫反应系统紧急泄压<br>(3)装置紧急停工事故处理预案 |

## 三、进料部分中断事故

进料部分中断应急操作卡见表 1-15。

表 1-15 进料部分中断应急操作卡

| 事故名称 | 进料部分中断 |
| --- | --- |
| 事故现象 | (1)原料缓冲罐 V-101 液位 LT-10100 迅速降低<br>(2)进料流量 FIQ-10101 迅速降低 |
| 危害描述 | (1)预加氢反应器入口超温<br>(2)加热炉出口超温<br>(3)切割塔底超温 |
| 事故原因 | (1)上游装置故障引起进料部分中断<br>(2)进料管线发生泄漏 |
| 事故确认 | (1)原料缓冲罐 V-101 液位迅速降低<br>(2)进料流量 FIQ-10101 迅速降低 |
| 事故处理 | [M]—立即向调度汇报，确认原料部分中断的原因和持续时间<br>[M]—汇报车间值班及事故应急小组成员<br>[M]—立即联系调度查明原因、汇报车间值班干部及事故应急小组成员<br>[I]—根据实际情况降低预加氢进料量<br>[I]—关小预加氢进料预热器 E-103 导热油控制阀 TV-10302，降低预加氢反应器入口温度 |

续表

| 事故名称 | 进料部分中断 |
| --- | --- |
| 事故处理 | [I]—开大重汽油/催化汽油换热器 E-101 和预加氢反应进出料换热器 E-102 原料副线控制阀 TV-10203、TV-10204，继续降温<br>[P]—逐渐关小加热炉主火嘴瓦斯流量，降低辛烷值恢复反应器入口温度<br>[I]—关小切割塔底重沸器 E-105 导热油控制阀 FIC-10403，降低切割塔底温度<br>[I]—适当降低切割塔顶回流<br>[I]—适当降低加氢脱硫和辛烷值恢复单元的氢气循环量，维持正常操作氢油比，同时保持预加氢单元的新鲜氢量<br>[P]—导通开工大循环流程，关小产品外送阀门<br>[I]—打开开工大循环控制阀 FV-21502，保证预加氢进料量<br>[P]—确认装置产品质量无法保证，通知外操将产品改至不合格产品线<br>[P]—打开循环氢脱硫塔 C-201 副线手阀，关闭入口手阀<br>[I]—关闭循环氢排废氢控制阀 FIC-20801<br>[I]—如果罐区催化汽油进装置流量中断，关闭罐区催化汽油进装置控制阀 FV-10103<br>(M)—确认装置维持各反应器温度全循环 2h，装置进料仍无法恢复正常 |
| 退守状态 | (1)装置大循环正常<br>(2)预加氢反应器新氢补入正常<br>(3)加氢脱硫反应及辛烷值恢复单元氢气循环正常<br>(4)切割塔 C-101、汽提塔 C-202 液面、压力正常 |

## 四、预加氢进料泵 P-101 自停事故

预加氢进料泵 P-101 自停应急操作卡见表 1-16。

**表 1-16　预加氢进料泵 P-101 自停应急操作卡**

| 事故名称 | 预加氢进料泵 P-101 自停 |
| --- | --- |
| 事故现象 | (1)原料缓冲罐 V-101 液位 LT-10101 迅速上升<br>(2)预加氢进料流量 FIC-10202 显示无流量<br>(3)DCS 画面 P-101 显红 |
| 危害描述 | (1)预加氢反应器超温<br>(2)切割塔底超温，切割塔超压<br>(3)产品污染大罐 |
| 事故原因 | (1)预加氢进料泵 P-101 故障停<br>(2)晃电造成 P-101 停 |
| 事故确认 | (1)预加氢进料泵故障停<br>(2)预加氢进料流量 FIC-10202 显示无流量<br>(3)DCS 画面 P-101 显红 |
| 事故处理 | [I]—确认预加氢进料泵 P-101 停，立即通知外操重启机泵，如果无法重启，则启动备用泵<br>[I]—如果双泵均无法正常启动，立即汇报班长，并关闭预加氢进料控制阀 FV-10202<br>[M]—立即判断 P-101 自停原因，并向调度汇报<br>[M]—汇报车间值班及事故应急小组成员<br>[M]—联系电修、钳工，对机泵、电机进行检查<br>[I]—联系调度关闭罐区催化汽油进装置控制阀 FIC-10103<br>[I]—联系调度关闭Ⅱ催化汽油进装置手阀<br>[P]—关闭 P-101 出口手阀<br>[I]—关闭预加氢进料预热器 E-103 导热油控制阀 TV-10302<br>[I]—关闭切割塔底重沸器 E-105 导热油控制阀 FV-10403<br>[I]—降低加氢脱硫及辛烷值恢复反应器温度，降低加热炉出口温度<br>[P]—将汽油产品改不合格线<br>[P]—停轻汽油泵 P-102<br>[I]—关闭轻汽油外送控制阀 FIC-10601 |

续表

| 事故名称 | 预加氢进料泵 P-101 自停 |
|---|---|
| 事故处理 | [P]—导通不合格汽油返切割塔 C-101 流程，关闭汽油出装置手阀<br>[I]—调整操作，维持各塔、容器液面正常，重汽油循环正常<br>[I]—打开循环氢脱硫塔 C-201 副线手阀，关闭入口手阀<br>[I]—关闭循环氢排废氢控制阀 FIC-20801<br>[I]—维持循环氢正常循环，控制正常氢油比<br>[P]—加强现场设备检查<br>[P]—配合维修单位对预加氢进料泵 P-101 进行检修 |
| 退守状态 | (1)预加氢反应器无超温，预加氢系统正常补入新氢<br>(2)加氢脱硫及辛烷值恢复单元、汽提塔重汽油循环正常<br>(3)循环氢脱硫塔切出循环氢系统<br>(4)循环氢正常循环 |

## 五、循环机故障停机事故

循环机故障停机应急操作卡见表 1-17。

**表 1-17　循环机故障停机应急操作卡**

| 事故名称 | 循环机故障停机 |
|---|---|
| 事故现象 | (1)主控室和现场控制盘停机联锁报警，DCS 和 SIS 报警<br>(2)加氢脱硫和辛烷值恢复反应部分压力降低<br>(3)循环氢流量指示为零 |
| 危害描述 | (1)加氢脱硫反应器及辛烷值恢复反应器超温<br>(2)加热炉超温 |
| 事故原因 | 循环氢压缩机自身故障联锁停车 |
| 事故确认 | (1)主控室和现场控制盘停机联锁报警，DCS 和 SIS 报警<br>(2)加氢脱硫反应器压力降低<br>(3)循环氢流量指示为零 |
| 事故处理 | [M]—立即判断循环机自停原因，并向调度汇报<br>[I]—发现 DCS 循环氢流量低报，立即派外操现场检查确认<br>[M]—汇报车间值班及事故应急小组成员<br>[M]—联系电修、钳工，对循环机及其电机进行检查，查明机组自停原因<br>[M]—立即通知调度及车间值班人员，循环机故障停<br>(P)—现场确认加氢脱硫部分进料控制阀 XV-20101 联锁关闭<br>(P)—现场确认加氢脱硫反应产物加热炉主燃气自保阀 XV-20302 联锁关<br>[P]—现场关闭加氢脱硫反应产物加热炉 F-201 各主火嘴手阀<br>[P]—将装置汽油产品改至不合格产品线<br>[I]—联系外操切换循环机至备用机<br>[I]—恢复加氢脱硫反应进料<br>[I]—联系外操对加氢脱硫反应产物加热炉 F-201 进行重新点火升温<br>(M)—确认 20min 内备机切换不成功，循环氢无法立即恢复，联系外操装置停工<br>[I]—按下加热炉停炉按钮，安排外操现场确认加热炉停炉<br>[P]—现场关闭加热炉长明灯手阀，拔出长明灯火嘴<br>[P]—停预加氢进料泵 P-101<br>[I]—关闭预加氢进料控制阀 FIC-10202<br>[I]—关闭罐区催化汽油进装置控制阀 FIC-10103<br>[P]—关闭Ⅱ催化汽油进装置手阀<br>[I]—关闭预加氢反应进料预热器 E-103 导热油控制阀 TV-10302 降低预加氢反应器 R-101 入口温度至 100℃以下<br>[I]—关闭切割塔底重沸器 E-105 切割控制阀 FIC-10403<br>[P]—停轻汽油产品泵 |

续表

| 事故名称 | 循环机故障停机 |
| --- | --- |
| 事故处理 | [P]—停加氢脱硫反应进料泵 P-102<br>[I]—关闭新氢进预加氢反应器控制阀 FIC-10203<br>[P]—停新氢压缩机<br>[I]—关闭加氢脱硫反应产物空冷器前注水阀<br>[I]—关闭低压分离器罐界位控制阀 LDICA-20602<br>[I]—打开排废氢阀对加氢脱硫部分缓慢泄压至微正压<br>[P]—导通循环机出口中压氮气盲板，向加氢脱硫及辛烷值恢复单元导入中压氮气，对反应器向火炬系统置换和降温<br>[I]—联系调度停贫胺液，将循环氢脱硫塔 C-201 液面放至 10%后关闭富胺液外放控制阀 LV-20702<br>[P]—现场检查确认，根据操作停各机泵 |
| 退守状态 | (1)循环机停机<br>(2)新氢机停机<br>(3)反应器温度降低<br>(4)加热炉停炉<br>(5)装置正常停工 |

## 六、新氢降量及中断事故

新氢降量及中断应急操作卡见表 1-18。

**表 1-18 新氢降量及中断应急操作卡**

| 事故名称 | 新氢降量及中断 |
| --- | --- |
| 事故现象 | (1)新氢进装置流量表读数降低<br>(2)新氢机入口压力下降 |
| 危害描述 | (1)各反应器超温，催化剂床层结焦<br>(2)合格产品罐不受污染<br>(3)氢油比无法保证 |
| 事故原因 | (1)新氢管网压力下降<br>(2)新氢管线大量泄漏 |
| 事故确认 | (1)反应系统压力下降<br>(2)新氢流量指示减小 |
| 事故处理 | [M]—立即联系调度，查明新氢量减少的原因和持续时间<br>[M]—汇报车间值班及事故应急小组成员<br>[I]—根据系统新氢压力逐渐降低装置负荷至 60%，反应温度相应降低，维持生产<br>(I)—确认预加氢反应器氢油比无法保证，关闭预加氢进料控制阀 FV-10202<br>[P]—停预加氢进料泵 P-101<br>[I]—关闭预加氢进料预热器 E-103 导热油控制阀 V-10302<br>[I]—关闭分馏塔底重沸器 E-105 导热油控制阀 FV-10403<br>[I]—降低预加氢反应器入口温度至 100 ℃以下<br>[I]—关闭罐区催化汽油进装置控制阀 FIC-10103<br>[P]—关闭Ⅱ催化汽油进装置手阀<br>[P]—汽油产品改至不合格线<br>[P]—停轻汽油泵 P-102<br>[P]—将加氢脱硫反应及辛烷值恢复单元改重汽油循环流程，关闭产品外放<br>[I]—关闭排废氢阀<br>[P]—用氮气补充切割塔压力，维持切割塔正常操作<br>[I]—适当降低加热炉出口温度，保持循环机正常循环维持正常氢油比<br>[P]—打开循环氢脱硫化氢塔 C-201 循环氢副线阀<br>[P]—关闭循环氢进循环氢脱硫塔 C-201 阀门<br>[I]—联系化验室对每 2h 对循环氢取样分析，保证硫化氢含量在 50μg/g 以上<br>(M)—确认新氢中断超过 8h，或者反应压力在正常操作压力的 70%时仍不能恢复氢气供应，装置按正常停工处理 |

续表

| 事故名称 | 新氢降量及中断 |
| --- | --- |
| 退守状态 | (1)预加氢进料停<br>(2)轻汽油泵停<br>(3)加氢脱硫部分循环氢脱硫塔改副线循环<br>(4)装置正常停工 |

## 七、停电事故

停电应急操作卡见表1-19。

**表1-19　停电应急操作卡**

| 事故名称 | 停　电 |
| --- | --- |
| 事故现象 | (1)照明灯灭,操作室应急照明启用<br>(2)装置噪声明显减小,所有用电设备停运<br>(3)DCS部分流量显示为零<br>(4)DCS、ESD辅助操作台声光报警 |
| 危害描述 | (1)反应器床层温度失控,各反应器超温<br>(2)高压泵出口单向阀不严,造成各设备管线之间串压 |
| 事故原因 | 装置供电系统故障 |
| 事故确认 | (1)照明灯是否灭,操作室应急照明是否启用<br>(2)装置用电设备是否停运<br>(3)DCS部分流量是否显示为零<br>(4)DCS、ESD辅助操作台是否声光报警 |
| 事故处理 | [I]—发现DCS各参数异常,判断装置停电,立刻汇报班长<br>[M]—立即联系调度,确认停电原因、范围和持续时间<br>[M]—汇报车间值班及事故应急小组成员<br>[P]—现场确认循环机停,将循环机电源打锁停<br>(I)—确认循环氢流量低低联锁发生,确认加氢脱硫反应进料控制阀FV-20101关闭<br>[P]—现场关闭加氢脱硫进料泵P-102出口阀,电源打锁停<br>[P]—现场确认加热炉主燃气切断阀联锁关闭,关闭现场主火嘴手阀<br>[P]—确认加热炉鼓风机停,将鼓风机、引风机电源打锁停<br>[P]—确认加热炉空气预热器烟气入口切断阀联锁关闭<br>(P)—确认加热炉空气预热器烟气出口切断阀联锁关闭<br>(P)—确认加热炉烟道挡板全开<br>(P)—现场确认加热炉火嘴快开风门全开<br>[P]—现场查看加热炉长明灯,根据燃烧情况适当调整,防止被抽灭<br>[P]—现场检查,将停运机泵电源打锁停,关闭各停运机泵出口手阀<br>[I]—关闭罐区催化汽油进装置控制阀FIC-10103<br>[P]—关闭Ⅱ催化汽油进装置手阀<br>[P]—关闭汽油产品出装置手阀<br>[I]—观察预加氢反应器R-101各温度,温度异常上升手动启动预加氢反应部分紧急泄压按紧急停工处理<br>[I]—观察加氢脱硫反应器R-201和辛烷值恢复反应器R-2002各温度,温度异常上升手动启动加氢脱硫反应部分紧急泄压按紧急停工处理<br>[I]—观察各塔、容器液面、界面,防止过高或过低<br>[I]—若供电恢复后,指导岗位按氢气气密完成后的正常开工步骤开工<br>[I]—如停电持续时间超过20min,加氢脱硫及辛烷值恢复单元通过排废氢控制阀缓慢向火炬系统泄压 |
| 退守状态 | (1)加热炉停<br>(2)新氢机停<br>(3)循环机停<br>(4)所有机泵停<br>(5)装置停车 |

## 八、晃电事故

晃电应急操作卡见表1-20。

表1-20 晃电应急操作卡

| 事故名称 | 晃 电 |
|---|---|
| 事故现象 | (1)操作室照明闪烁后恢复正常<br>(2)DCS、SIS辅助操作台声光报警<br>(3)现场部分机组、机泵、空冷风机停运<br>(4)部分流量回零 |
| 危害描述 | (1)装置停工<br>(2)设备超温、超压<br>(3)晃停设备无法正常启用<br>(4)高压泵晃停而出口阀未及时关闭造成串压 |
| 事故原因 | 系统晃电 |
| 事故确认 | (1)室内照明是否闪烁<br>(2)DCS上预加氢进料泵P-101出口流量FIC-10202、循环机出口流量是否下降<br>(3)根据A-201出口温度TIC-20502等参数判断各主要机组是否停机<br>(4)现场确认机泵的运行情况并准确及时汇报主操室 |
| 事故处理 | [I]—翻看DCS画面,关注各关键流量、压力等参数判断有无设备晃停,并及时报告班长<br>[M]—立即联系调度,汇报装置设备晃停情况<br>[M]—汇报车间值班及事故应急小组成员<br>[I]—发现参数异常后立刻安排外操现场确认<br>[P]—确认循环机K-201晃停,现场确认并将电源打锁停<br>(I)—确认循环氢流量低低联锁发生,确认加氢脱硫反应进料控制阀XV-20101联锁关闭<br>[P]—现场确认加热炉主燃气切断阀XV-20302联锁关闭,关闭现场主火嘴手阀<br>[I]—联系外操人员按照专用设备操作规程重启循环机K-201或启用备机<br>[P]—确认循环机K-201运行正常后复位循环氢流量低低联锁,逐一恢复操作<br>(I)—确认两台循环机均无法正常启用,按循环机故障停机事故处理操作卡处理<br>[P]—确认预加氢进料泵P-101晃停,现场确认并将电源打锁停<br>[I]—关闭预加氢进料流量控制阀FV-10202<br>[P]—关闭预加氢进料泵P-101出口阀<br>[P]—按照离心泵开启规程重启预加氢进料泵或启用备用泵<br>[P]—确认预加氢进料泵P-101运行正常后逐一恢复操作<br>[I]—若两台预加氢进料泵均无法正常启用,按照预加氢进料泵自停事故处理操作卡处理<br>[P]—确认预加氢进料泵P-102晃停,现场确认并将电源打锁停<br>[I]—关闭加氢脱硫反应进料流量控制阀FV-20101<br>[P]—关闭加氢脱硫进料泵P-102出口阀<br>[P]—现场确认加热炉主燃气切断阀XV-20302联锁关闭,关闭现场主火嘴手阀<br>[P]—按照离心泵开启规程重启加氢脱硫进料泵或启用备用泵<br>(I)—确认加氢脱硫进料泵P-102运行正常后复位加氢脱硫进料流量低低,逐一恢复操作<br>(I)—确认加热炉鼓风机晃停,立即安排外操去现场确认并将其电源打锁停<br>(P)—确认现场引风机停机<br>(P)—确认现场空气预热器烟气入口切断阀联锁关闭<br>(P)—确认现场空气预热器烟气出口切断阀联锁关闭<br>(P)—确认现场加热炉烟道挡板全开<br>(P)—确认现场加热炉火嘴快开风门全开<br>[P]—重启加热炉鼓风机<br>(I)—确认加热炉鼓风机运行正常后复位加热炉鼓风机出口压力低低联锁,逐一恢复操作<br>[P]—确认加热炉引风机晃停,现场确认并将其电源打锁停<br>[P]—确认新氢机晃停,现场确认并将其电源打至锁停<br>[I]—将晃停新氢机负荷泄至零负荷<br>[I]—联系外操按照专用设备操作规程重启新氢机或启用备机,保证反应压力不低于操作压力的70%<br>[P]—检查确认各空冷运行情况,若发现晃停,先将变频给至20%~30%再进行启用,防止变频器烧坏<br>[P]—检查确认各回流泵、外送泵运行情况,发现晃停立即重启或启用备机 |
| 退守状态 | (1)关键设备无法重新启用<br>(2)装置进入停车状态 |

## 九、装置泄漏事故

装置泄漏应急操作卡见表1-21。

**表1-21　装置泄漏应急操作卡**

| 事故名称 | 装置泄漏 |
|---|---|
| 事故现象 | (1)现场有较大的泄漏声<br>(2)泄漏点周围氢气、硫化氢及可燃气体报警仪报警<br>(3)现场闻到浓重的异味 |
| 危害描述 | (1)装置设备、催化剂受损坏<br>(2)氢气大量泄漏发生闪爆、着火<br>(3)含硫化氢气体泄漏造成人员硫化氢中毒 |
| 事故原因 | (1)管线阀门或法兰泄漏<br>(2)容器、机泵及塔器发生泄漏 |
| 事故确认 | (1)现场有较大的泄漏声<br>(2)泄漏点周围氢气、硫化氢及可燃气体报警仪报警<br>(3)现场闻到浓重的异味 |
| 事故处理 | [M]—立即联系调度、通知相邻单位做好防 $H_2S$ 及火灾爆炸的准备工作<br>[M]—汇报车间值班及打车间应急电话通知车间事故应急小组成员<br>[M]—联系120,说明人员伤亡情况<br>[M]—联系119报火警,说明装置泄漏介质、泄漏大小,需进行火灾预防<br>[M]—立即清点班组人数,确定班组成员齐全且不在泄漏区<br>[M]—派两人背正压式呼吸器、携带四合一、对讲机到现场检查确认,其中一人监护,判断泄漏位置、泄漏介质、泄漏大小等<br>[P]—汇报调度及值班干部,说明泄漏介质及泄漏大小<br>[P]—根据泄漏大小对泄漏区域进行警戒<br>(M)—确认泄漏可控,对泄漏点进行工艺隔离,对泄漏点周围进行蒸汽掩护<br>[P]—产品质量无法保证时将汽油产品改至不合格产品线<br>[P]—执行技术人员出示的处理方案对泄漏点进行消漏处理<br>(I)—确认泄漏较大不可控,加热炉停炉<br>[P]—对泄漏点进行隔离<br>[I]—停运泄漏的设备,必要时联系电修从配电室对泄漏设备进行断电<br>[P]—接蒸汽对泄漏区域进行稀释、掩护<br>[I]—排尽泄漏容器、管线内介质<br>[M]—联系调度装置切断进料,紧急停工 |
| 退守状态 | (1)泄漏点工艺隔离<br>(2)泄漏点周围蒸汽掩护<br>(3)装置切断进料<br>(4)紧急停工 |

## 十、装置停循环水

装置停循环水应急操作卡见表1-22。

**表1-22　装置停循环水应急操作卡**

| 事故名称 | 装置停循环水 |
|---|---|
| 事故现象 | (1)循环水压力快速下降<br>(2)各循环水换热器出口温度升高<br>(3)机泵轴承温度上升<br>(4)压缩机填料及气缸温度升高<br>(5)切割塔C-101、汽提塔C-202顶压力升高 |
| 危害描述 | (1)各反应器超温<br>(2)机组、机泵填料、密封超温刺漏<br>(3)各塔、容器超压安全阀起跳 |

续表

| 事故名称 | 装置停循环水 |
| --- | --- |
| 事故原因 | (1)循环水厂故障<br>(2)系统管线破裂 |
| 事故确认 | (1)循环水压力低于0.2MPa,且继续下降<br>(2)各循环水冷却器出口温度快速上升<br>(3)机泵轴承温度上升<br>(4)压缩机填料及气缸温度升高<br>(5)切割塔C-101、汽提塔C-202顶压力升高 |
| 事故处理 | [M]—立即联系调度,查明循环水中断原因及持续时间<br>[M]—汇报车间值班干部及事故应急小组成员<br>[I]—监测新氢机排气温度,任一排气温度超过80℃则联系外操卸荷至75%,若排气温度持续上升则卸荷至50%<br>[P]—确认新氢机卸至零负荷,停新氢机<br>[I]—监测循环机排气温度,任一排气温度超过130℃则联系外操卸荷至75%,若排气温度持续上升则卸荷至50%<br>[P]—确认循环机卸至零负荷,停机<br>[I]—产品质量无法保证时联系调度将产品改至不合格罐<br>[I]—降低处理量至70%,适当降低反应温度和加热炉出口温度<br>[P]—全开空冷百叶窗,全开空冷风机变频<br>[I]—关闭分馏塔底重沸器E-105导热油控制阀FV-10403,降低切割塔顶冷却负荷<br>[I]—降低汽提塔底温度,降低汽提塔顶冷却负荷<br>[P]—现场检查各机泵,发现密封刺漏立即停泵<br>(M)—确认工艺、设备无法维持装置生产,按装置停工处理 |
| 退守状态 | (1)装置降低负荷至70%<br>(2)正常生产无法保证<br>(3)正常停 |

## 十一、装置停除盐水事故

装置停除盐水应急操作卡见表1-23。

**表1-23 装置停除盐水应急操作卡**

| 事故名称 | 装置停除盐水 |
| --- | --- |
| 事故现象 | (1)除盐水罐液面LIC-/20901快速下降<br>(2)使用除盐水冷却的机泵密封温度迅速升高造成密封泄漏<br>(3)加氢脱硫反应产物空冷器A-201前注水中断 |
| 危害描述 | (1)反应器超温<br>(2)分馏塔冲塔、超压<br>(3)机泵密封刺漏着火 |
| 事故原因 | (1)除盐水系统故障停除盐水<br>(2)系统管线大量泄漏 |
| 事故确认 | (1)进装置除盐水压力、流量表指示回零<br>(2)加氢脱硫反应产物空冷器A-201前注水流量表FG-20501回零<br>(3)现场部分机泵密封刺漏 |
| 事故处理 | [I]—发现除盐水中断,立刻汇报班长<br>[M]—立即联系调度,查明除盐水中断原因及持续时间<br>[M]—汇报车间值班干部及事故应急小组成员<br>[P]—现场检查各机泵密封有无刺漏,发现刺漏则停泵 |

续表

| 事故名称 | 装置停除盐水 |
| --- | --- |
| 事故处理 | [I]—关闭加氢脱硫反应产物空冷器 A-201 前注水阀<br>[P]—停除盐水增压泵 P-201<br>[P]—产品质量无法保证时将汽油产品改至不合格汽油线<br>[P]—安排外操停轻汽油产品泵 P-102<br>[I]—根据操作适当降低切割塔顶回流量<br>(M)—确认生产无法维持,装置正常停工处理 |
| 退守状态 | (1)除盐水长时间无法恢复<br>(2)机泵密封温度过高<br>(3)生产无法保证<br>(4)装置停工 |

## 十二、装置停净化风事故

装置停净化风应急操作卡见表 1-24。

**表 1-24　装置停净化风应急操作卡**

| 事故名称 | 装置停净化风 |
| --- | --- |
| 事故现象 | (1)净化风压力迅速下降并报警<br>(2)各控制阀无法调节,DCS 多参数报警 |
| 危害描述 | (1)低压分离器界面压空,汽油带入下游装置<br>(2)反应器超温<br>(3)切割塔冲塔、超压<br>(4)机泵密封刺漏着火 |
| 事故原因 | (1)动力车间设备问题<br>(2)人为停仪表风<br>(3)现场仪表阀管线泄漏 |
| 事故确认 | (1)DCS 确认净化风压力低于 0.4MPa 且迅速下降并报警<br>(2)现场确认净化风来压力低于 0.4MPa 且迅速下降 |
| 事故处理 | [M]—立即汇报生产调度并确定净化风恢复时间<br>[I]—立即查清原因<br>[I]—向班长或车间汇报<br>(M)—确认长时间停仪表风系统<br>[I]—按下加氢脱硫反应产物加热炉紧急停炉按钮<br>[P]—现场确认主火嘴燃料气切断阀动作情况,关闭主火嘴瓦斯线阻火器前手阀<br>[P]—现场确认长明灯燃料气切断阀动作情况,关闭长明灯瓦斯线阻火器前手阀<br>[P]—确认加热炉 F-201 熄火,关闭火嘴手阀<br>[P]—关闭长明灯手阀<br>[P]—拔出主火嘴和长明灯<br>[P]—汽油产品改走不合格线<br>[I]—控制低压分离器 V-201 液面 10%时关闭低压分离器 V-201 液控阀 LDY-20602 手阀<br>[P]—关闭低压分离器 V-201 界位控制阀前手阀<br>[M]—装置按照停工处理 |
| 退守状态 | (1)加热炉停炉,新氢机<br>(2)循环氢机停<br>(3)各进料泵停<br>(4)装置停工 |

## 十三、装置停导热油事故

装置停导热油应急操作卡见表1-25。

表1-25 装置停导热油应急操作卡

| 事故名称 | 装置停导热油 |
| --- | --- |
| 事故现象 | (1)导热油温度指示、压力指示低报警<br>(2)预加氢反应器入口温度TIC-10302降低<br>(3)切割塔C-101底温度、顶压力降低 |
| 危害描述 | 塔、容器液面压空,压力互串 |
| 事故原因 | (1)锅炉车间故障<br>(2)系统导热油管线大量泄漏造成导热油中断 |
| 事故确认 | (1)导热油温度指示、压力指示低报警<br>(2)预加氢反应器入口温度降低<br>(3)切割塔温度、压力降低 |
| 事故处理 | [I]—发现导热油温度指示、压力指示低报警,立即汇报班长<br>[M]—立即联系调度,查明导热油中断原因及持续时间<br>[M]—汇报车间值班干部及事故应急小组成员<br>[I]—适当降低切割塔顶回流量<br>[P]—停轻汽油产品泵P-102<br>[P]—确认产品质量无法保证,将产品改至不合格产品线<br>[P]—装置改开工大循环流程,关闭汽油出装置手阀<br>[I]—打开开工打循环线控制阀FV-21502<br>[I]—关闭罐区汽油进装置控制阀FV-10103<br>[P]—关闭Ⅱ催化汽油进装置手阀<br>[I]—适当降低加热炉出口温度<br>[P]—打开循环氢脱硫塔C-201循环氢副线,关闭循环氢进循环氢脱硫塔C-201手阀<br>[I]—关闭排废氢阀<br>[P]—停除盐水泵P-201<br>[I]—降低预加氢反应器R-101入口温度至100℃以下<br>[I]—维持各塔、容器液面和压力,加氢脱硫系统保持氢气循环并保压<br>[I]—等待操作恢复 |
| 退守状态 | (1)预加氢反应器入口温度降至100℃以下<br>(2)加氢脱硫及辛烷值恢复单元维持氢气循环<br>(3)装置汽油改开工大循环<br>(4)循环氢脱硫塔C-201切出循环氢系统<br>(5)等待操作恢复 |

## 十四、装置停燃料气事故

装置停燃料气应急操作卡见表1-26。

表1-26 装置停燃料气应急操作卡

| 事故名称 | 装置停燃料气 |
| --- | --- |
| 事故现象 | (1)燃料气压力迅速下降并报警<br>(2)加热炉出口温度下降<br>(3)加热炉主火嘴和长明灯燃料气压力低低联锁 |
| 危害描述 | 塔、容器液面压空,压力互串 |
| 事故原因 | 系统管线泄漏 |
| 事故确认 | (1)燃料气压力迅速下降并报警<br>(2)加热炉出口温度下降<br>(3)加热炉主火嘴和长明灯燃料气压力低低联锁 |

续表

| 事故名称 | 装置停燃料气 |
| --- | --- |
| 事故处理 | [I]—发现燃料气压力持续下降，汇报班长<br>[M]—立即联系调度，查明燃料气中断原因及持续时间<br>[M]—汇报车间值班干部及事故应急小组成员<br>[I]—装置降量至设计值的70%，适当降低反应温度，尽量维持生产<br>[I]—适当降低加热炉出口温度<br>[P]—汽油产品质量无法保证时将汽油产品改不合格线<br>[P]—确认瓦斯压力低造成加氢脱硫反应产物加热炉F-201主火嘴燃料气切断阀联锁，并关闭现场主火嘴手阀<br>[P]—确认瓦斯压力低造成加氢脱硫反应产物加热炉F-201长明灯燃料气切断阀联锁，并关闭现场长明灯手阀，拔出长明灯火嘴<br>[I]—维持各塔、容器液面和压力<br>[I]—保持各反应器正常氢油比<br>[I]—确认加氢脱硫系统保持氢气循环<br>[I]—等待操作恢复<br>[M]—确认燃料气长时间不能恢复，装置正常停工处理 |
| 退守状态 | (1)装置降温降量<br>(2)加热炉停炉<br>(3)加氢脱硫部分氢气循环正常<br>(4)燃料气长时间无法恢复对<br>(5)装置进行停工 |

## 十五、新氢机自停事故

新氢机自停应急操作卡见表1-27。

**表1-27　新氢机自停应急操作卡**

| 事故名称 | 新氢机自停 |
| --- | --- |
| 事故现象 | (1)预加氢新氢进料流量归零<br>(2)新氢去循环机流量归零<br>(3)反应压力下降 |
| 危害描述 | (1)反应压力低于设计值的70%<br>(2)反应器氢油比无法保证，催化剂床层结焦 |
| 事故原因 | (1)新氢机电机故障<br>(2)晃电造成新氢机停 |
| 事故确认 | (1)预加氢新氢进料流量归零<br>(2)新氢去循环机流量归零<br>(3)反应压力下降 |
| 事故处理 | [I]—确认新氢机突然自停，立即汇报班长<br>[M]—立即汇报调度，装置新氢机停<br>[M]—汇报车间值班干部及事故应急小组成员<br>[P]—现场检查确认，初步查明原因<br>[P]—将新氢机卸为零负荷，重启新氢机<br>[I]—确认原新氢机无法重启，则切换至备用机<br>[I]—新氢机启用正常，逐步恢复操作<br>[P]—确认两台新氢机均无法启用，将电机打锁停，汇报班长联系维修单位前来检查<br>[I]—降低处理量至设计值70%，适当降低反应温度和加热炉出口温度<br>[I]—关闭装置排废氢阀<br>[I]—关闭预加氢进料预热器E-103导热油阀门TV-10302<br>[I]—关小切割塔底重沸器E-105导热油阀门FV-10403<br>[I]—适当降低切割塔顶回流量 |

续表

| 事故名称 | 新氢机自停 |
| --- | --- |
| 事故处理 | [P]—产品质量无法保证时将产品改至不合格线<br>[P]—停轻汽油泵 P-102<br>[P]—打开循环氢脱硫塔 C-201 循环氢副线阀<br>[P]—关闭循环氢进循环氢脱硫塔 C-201 阀门<br>(M)—确认反应压力低于设计值 70%，反应器氢油比无法保证，装置停工 |
| 退守状态 | (1)装置降温降量<br>(2)新氢机无法启动<br>(3)循环氢脱硫塔切出循环氢系统<br>(4)反应器氢油比无法保证<br>(5)装置停工 |

## 十六、 DCS蓝屏事故

DCS蓝屏应急操作卡见表1-28。

**表 1-28　DCS 蓝屏应急操作卡**

| 事故名称 | DCS 蓝屏 |
| --- | --- |
| 事故现象 | (1)DCS 上所有调节器的参数无法进行调节<br>(2)DCS 上液面、流量、温度、压力指示划横杠或出现乱码<br>(3)所有画面无法调出，显示器蓝屏 |
| 危害描述 | 产品质量不合格没有及时发现，污染大罐 |
| 事故原因 | 处理器硬件故障 |
| 事故确认 | (1)DCS 所有画面数据不刷新<br>(2)DCS 画面不能更新 |
| 事故处理 | [M]—立即汇报调度，装置 DCS 蓝屏<br>[M]—汇报车间值班干部及事故应急小组成员<br>[I]—立即检查 DCS 工程师站是否正常<br>(I)—确认 DCS 工程师站正常，通过 DCS 工程师站维持生产，联系仪表工进行检查处理<br>[P]—现场巡回检查，关注加热炉炉火、各塔容器液面和压力，并与工程师站核对<br>(I)—确认仪表工将 DCS 处理好，恢复正常生产<br>(M)—确认仪表工无法处理好 DCS 蓝屏问题，装置按正常停工处理<br>(M)—确认 DCS 工程师站同样蓝屏，装置按紧急停工处理 |
| 退守状态 | (1)所有 DCS 蓝屏<br>(2)装置紧急停工 |

## 十七、 UPS故障事故

UPS故障应急操作卡见表1-29。

**表 1-29　UPS 故障应急操作卡**

| 事故名称 | UPS 故障 |
| --- | --- |
| 事故现象 | (1)DCS 画面全部黑屏<br>(2)ESD 画面黑屏<br>(3)所有仪表机柜失电<br>(4)室内照明正常 |
| 危害描述 | 各容器、塔液面满或者空，造成超压或串压 |
| 事故原因 | 两台 UPS 同时故障 |
| 事故确认 | (1)DCS 画面全部黑屏<br>(2)ESD 画面黑屏<br>(3)所有仪表机柜失电<br>(4)室内照明正常 |

续表

| 事故名称 | UPS故障 |
| --- | --- |
| 事故处理 | [M]—立即汇报调度，装置UPS故障，DCS黑屏，装置紧急停工<br>[M]—汇报车间值班干部及事故应急小组成员<br>[P]—立即现场检查预加氢部分和加氢脱硫部分紧急泄压阀是否打开，如果没有打开手动启动<br>[I]—联系调度停催化汽油<br>[P]—去现场核对各塔容器液面和压力，防止满或空<br>[I]—停加氢脱硫反应产物空冷前注水，确认冷高压分离器酸性水外放阀联锁关闭<br>[P]—汽油产品外放改至不合格线 |
| 退守状态 | (1)所有DCS黑屏<br>(2)装置紧急停工 |

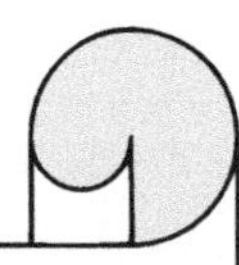

## 学一学　石油企业企业文化

### 思考篇

独特的企业文化是推动企业生产力发展的催化剂，是更深层次的企业核心竞争力，是企业持久生命力的源泉。思想观念就是竞争力：思想决定我们营造什么样的文化，采取什么样的制度、体制和机制，文化决定我们培育什么样的人，制度、体制和机制决定我们采取什么样的具体的管理和技术，“人”决定“物”的潜能能否充分发挥，管理和技术决定产品和服务，产品和服务决定竞争力，但根源是思想。一切创新都源于思想的创新。企业持续、健康地发展关键是靠全体员工素质的提高，靠思想、信念和精神的力量，靠优秀的文化。面对新的市场竞争环境，以及企业发展过程中的各种实际问题，如何继承和发扬优良传统，创建与现代企业制度相适应、具有持久生命力的企业文化，是诸多石油企业的当务之急。

# 模块二 柴油加氢

· 项目六 ·

# 柴油加氢认知

## 一、柴油加氢作用

加氢裂化是石油炼制过程之一，是在加热、高压氢气和催化剂存在的条件下，使重质油发生裂化反应，转化为气体、汽油、喷气燃料、柴油等产品的过程。加氢裂化原料通常为原油蒸馏所得到的重质馏分油，包括减压渣油经溶剂脱沥青后的轻脱沥青油。其主要特点是生产灵活性大，产品产率可以用不同操作条件控制，或以生产汽油为主，或以生产低冰点喷气燃料、低凝点柴油为主，或用于生产润滑油原料，产品质量稳定性好（含硫、氧、氮等杂质少），汽油通常需再经催化重整才能成为高辛烷值汽油。

油品向着两个趋势发展，一个是油品的安全环保性；一个是油品的功能性。柴油加氢改质工艺解决了柴油馏分的环保指标和功能指标。在柴油加氢精制改质装置中，除了发生了加氢脱除杂质的反应，还发生了改质反应，柴油中低十六烷值的组分在高压氢气和催化剂存在的条件下转化成较高十六烷值的组分，进而提高整体柴油的十六烷值。

柴油加氢工艺流程如图 2-1 所示。

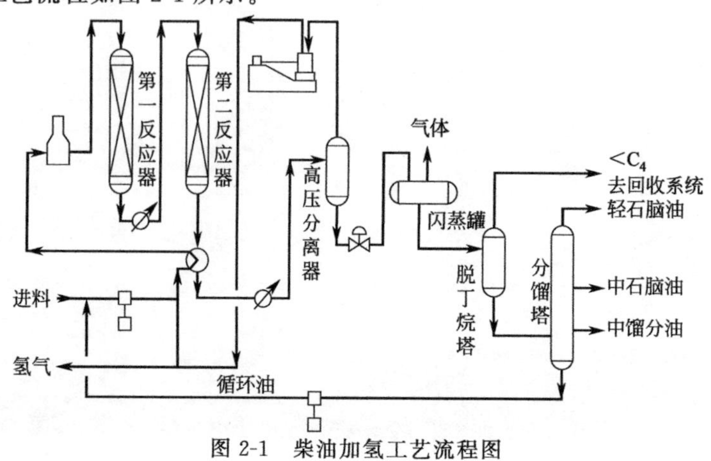


图 2-1　柴油加氢工艺流程图

## 二、柴油加氢原料与产品

柴油加氢的原料为催化裂化柴油、直馏柴油和焦化柴油。

**1. 原料**

**(1) 催化裂化柴油**

理化性质：沸点为250～350℃，密度（20℃）为0.8625g/$cm^3$，硫含量为5341μg/g，氮含量为911μg/g，乙类火灾，易燃易爆液体。

主要用途：一般和其他优级柴油调和出厂，或去加氢装置进行精制成高等级柴油出厂。

**(2) 焦化柴油**

理化性质：沸点为250～350℃，密度（20℃）为0.8419g/$cm^3$，硫含量为1500μg/g，氮含量为848μg/g，乙类火灾，易燃易爆液体。

主要用途：焦化柴油烷烃含量、十六烷值均高于催化裂化柴油，但低于加氢裂化柴油，加氢后是较好的车用柴油组分。从柴油族组成看，焦化柴油烷烃含量居中；加氢裂化柴油的烷烃含量最高，十六烷指数也最高；催化柴油芳烃含量高，十六烷指数最低。从烷烃含量和十六烷指数看，焦化柴油的质量都要优于催化柴油，但杂质含量高，需要加氢精制。

**2. 产品**

柴油加氢工艺主要目的产品为加氢柴油，加氢精制柴油质量达到国Ⅳ或国Ⅴ标准，同时副产少量石脑油和气体。

**(1) 石脑油**

理化性质：石脑油在常温、常压下为无色透明或微黄色液体，有特殊气味，不溶于水，甲类火灾，易燃易爆液体。密度为650～750kg/$m^3$。硫含量不大于0.08%，烷烃含量不超过60%，芳烃含量不超过12%，烯烃含量不大于1.0%。

主要用途：作为产品销售或调和汽油组分（石脑油一般用于乙烯装置，作为裂解原料，辛烷值低不调和汽油）。

**(2) 改质柴油**

理化性质：稍有黏性的棕色液体。沸点为280～370℃，熔点为－35～20℃，闪点为45～63℃，自燃温度为257℃，相对密度为0.87～0.9，乙类火灾，易燃易爆液体。

主要用途：柴油机燃料。

## 三、典型柴油加氢生产工艺

### (一) 典型工艺

加氢裂化工艺根据原料、目的产品及操作方式的不同，可分为单段加氢裂化工艺、二段加氢裂化工艺和串联加氢裂化工艺。

**1. 单段加氢裂化工艺**

单段加氢裂化流程中只有一个反应器，原料油加氢精制和加氢裂化在同一反应器内进行。反应器上部为精制段，下部为裂化段。单段加氢裂化尾油可用三种方案操作：尾油一次通过、尾油部分循环和尾油全部循环。

单段一次通过流程的加氢裂化装置主要是以直馏减压馏分油为原料生产喷气燃料、低凝柴为主，裂化尾油作高黏度指数、低凝点润滑油料。

**(1) 工艺流程**　单段一次通过加氢聚化工艺流程如图 2-2 所示。

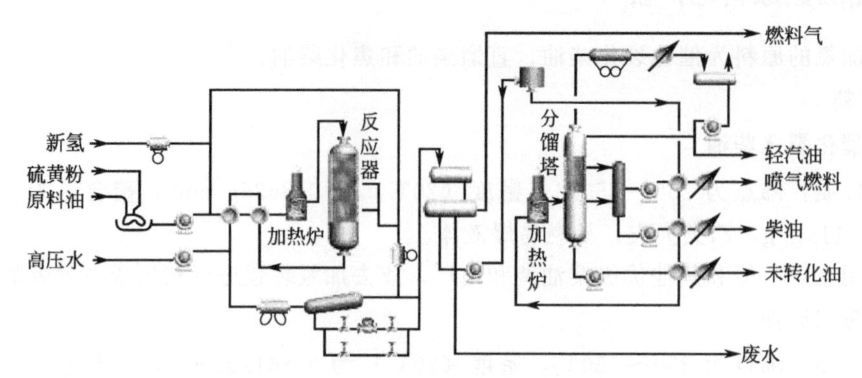


图 2-2　单段一次通过加氢裂化工艺流程图

**(2) 工艺特点**

① 工艺流程简单，体积空速相对较高。

② 所采用的催化剂应具有较强的耐 S、N、O 等化合物的性能。

③ 原料油的氮含量不宜过高，馏分不能太重，以加工 AGO（常压瓦斯油）/LVGO（轻减压瓦斯油）为宜。

④ 反应温度相对较高，运转周期相对较短。

**2. 二段加氢裂化**

二段加氢裂化流程中有两个反应器，分别装有不同性能的催化剂。第一个反应器中主要进行原料油的精制；第二个反应器中主要进行加氢裂化反应，形成独立的两段流程体系。二段加氢裂化工艺适合处理高硫、高氮减压蜡油，催化裂化循环油，焦化蜡油或这些油的混合油。

**(1) 工艺流程**　二段加氢裂化的工艺流程如图 2-3 所示。

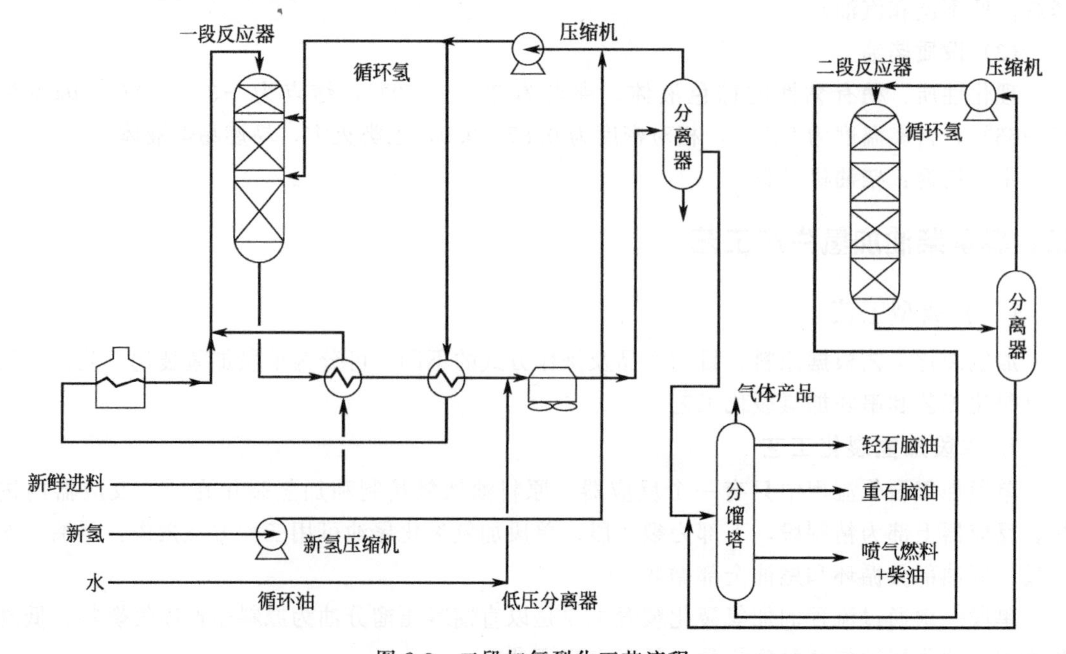


图 2-3　二段加氢裂化工艺流程

**(2) 工艺特点**

① 第一、二段的反应器、高压分离器和循环氢（含循环压缩机）自成体系。

② 补充氢增压机、产品分馏塔两段公用。

③ 工艺流程较复杂、投资及能耗相对较高。

④ 对原料油的适应性强，生产灵活性大，操作运转周期长。

⑤ 与一段工艺相比，气体产率低、干气少、目的产品收率高、液体总收率高；产品质量好，特别是产品中芳烃含量非常低；氢耗较低。

### 3. 串联加氢裂化工艺

串联流程是两段流程的发展，其主要特点在于：使用了抗硫化氢抗氨的催化剂，因而取消了两段流程中的汽提塔（即脱氨塔），使加氢精制和加氢裂化两个反应器直接串联起来，省掉了一整套换热、加热、加压、冷却、减压和分离设备。

**(1) 工艺流程**　串联循环流程的工艺流程如图 2-1 所示。

**(2) 工艺特点**

① 精制段催化剂应具有较高的加氢活性，尤其是 HDN（加氢脱氮）活性。

② 裂化段催化剂应具有耐 $H_2S$ 和 $NH_3$ 的能力。

③ 产品质量好，生产灵活性大，一次运转周期长。

④ 与一段法加氢裂化相比，其原料油适应性较强，体积空速、反应温度相对较低。

⑤ 与两段法加氢裂化相比，其投资和能耗相对较低。

## (二) 典型设备

加氢裂化生产装置的主要设备是在高温、高压及有氢气和硫化氢存在的条件下运行的，故其设计、制造和材料的选用等要求都很高，对生产操作的控制也极严格。加氢裂化装置主要由加氢反应器、高压换热器、高压分离器、低压分离器、反应加热炉、新氢压缩机、循环氢压缩机组成。

### 1. 加氢反应器

加氢反应器的操作条件为高温、高压、临氢，操作条件苛刻，是加氢装置最重要的设备之一。加氢反应器多为固定床反应器，加氢反应属于气-液-固三相涓流床反应，根据介质是否直接接触金属器壁，分为冷壁反应器和热壁反应器两种结构。反应器由筒体和内部结构两部分组成。加氢反应器内的催化剂需分层装填，中间使用急冷氢，因此加氢反应器的结构复杂，反应器入口设有扩散器，内有进料分配盘、集垢篮筐、催化剂支承盘、冷氢管、冷氢箱、再分配盘、出口集油器等内构件。

### 2. 高压换热器

高压换热器的操作条件为高温、高压、临氢，静密封点较多，易出现泄漏，是加氢装置的重要设备。反应器出料温度较高，具有很高热焓，应尽可能回收这部分热量，因此加氢装置都设有高压换热器，用于反应器出料与原料油及循环氢换热。现在的高压换热器多为 U 形管式双壳程换热器，该种换热器可以实现纯逆流换热，提高换热效率，减小高压换热器的面积。管箱多用螺纹锁紧式端盖，其优点是结构紧凑、密封性好、便于拆装。

### 3. 高压分离器与低压分离器

高压分离器的工艺作用是进行气-油-水三相分离，高压分离器的操作条件为高压、临氢，操作温度不高，在水和硫化氢存在的条件下，物料的腐蚀性增强，在使用时应引起足够重视。高压分离器与低压分离器的区别只是操作压力的不同。

**4. 反应加热炉**

加氢反应加热炉的操作条件为高温、高压、临氢，而且有明火，操作条件非常苛刻，是加氢装置的重要设备。加氢反应加热炉炉管材质一般为高 Cr、Ni 的合金钢，如 TP347。

加氢反应加热炉的炉型多为纯辐射室双面辐射加热炉，这样设计的目的是为了增加辐射管的热强度，减小炉管的长度和弯头数，以减少炉管用量，降低系统压降。为回收烟气余热，提高加热炉热效率，加氢反应加热炉一般设余热锅炉系统。

**5. 新氢压缩机**

新氢压缩机的作用就是将原料氢气增压送入反应系统，这种压缩机一般进出口的压差较大，流量相对较小，多采用往复式压缩机。往复式压缩机的每级压缩比一般为 2～3.5，根据氢气气源压力及反应系统压力，一般采用 2～3 级压缩。往复式压缩机的多数部件为往复运动部件，气流流动有脉冲性，因此往复式压缩机不能长周期运行，多设有备机。往复式压缩机一般用电动机驱动，通过刚性联轴器连接，电动机的功率较大、转速较低，多采用同步电机。

**6. 循环氢压缩机**

循环氢压缩机的作用是为加氢反应提供循环氢。循环氢压缩机是加氢装置的“心脏”。如果循环氢压缩机停运，加氢装置只能紧急泄压停工。

循环氢压缩机在系统中是循环做功，其出入口压差一般不大，流量相对较大，一般使用离心式压缩机。由于循环氢的分子量较小，单级叶轮的能量头较小，所以循环氢压缩机一般转速较高（8000～10000r/min），级数较多（6～8 级）。

循环氢压缩机除轴承和轴端密封外，几乎无相对摩擦部件，而且压缩机的密封多采用干气式密封和浮环密封，再加上完善的仪表监测、诊断系统，所以，循环氢压缩机一般能长周期运行，无需使用备机。循环氢压缩机多采用汽轮机驱动，这是因为蒸汽汽轮机的转速较高，而且其转速具有可调节性。

## 四、柴油加氢生产安全与环保

加氢裂化是石油化工重要的生产装置之一。生产具有易燃易爆，有毒有害、高温高压、高真空、腐蚀性强、污染大等许多潜在危害因素，而且生产过程具有连续性，这给安全生产带来很大压力。因此，安全与环保工作在石油化工生产中具有非常重要的作用，是石油化生产的前提和关键。按国家有关规范规定柴油加氢装置属于甲类防火装置，因此必须遵守和执行国家相应的法律法规和上级单位的各项安全管理规定。

### （一）安全知识

**1. 防硫化氢中毒常识**

**（1）硫化氢的理化性质**　相对密度为 1.189（气体）；爆炸极限为 4.3%～46%；自燃点为 260℃。

毒性：强烈神经毒物，对黏膜有明显刺激作用，浓度越高，全身作用越明显，表现为中枢神经系统症状和窒息症状，在空气中最高允许浓度为 10mg/m$^3$。

**（2）硫化氢来源**　石油中的硫主要以有机硫化物的形式存在，部分高含硫石油还以元素形式存在，炼制石油过程中一般以原有结构形式聚集在蜡油、渣油和其他重质馏分油内，在

400℃以上特别是在催化剂伴随下高分子有机硫化物即被分解还原为硫化氢，主要集中在石油气和汽油馏分内。在炼油厂的催化裂化、催化重整、加氢精制、焦化、气体分馏等装置的石油气、酸性水中都含有硫化氢。柴油加氢装置中的硫化氢一般分布在高压分离器、低压分离器区、塔顶回流罐、冷油泵房等。硫化氢不仅来源于生产区域，在日常生活中也以不同形式分布，如下水系统、生活污水、化粪池等部位。

**(3) 硫化氢的危害** 硫化氢是一种恶臭性很大的无色气体，低浓度中毒要经过一段时间后，才感到头痛、流泪、恶心、气喘等症状，当吸入大量硫化氢时，会使人立即昏迷，硫化氢浓度高达1000mg/m$^3$ 时，会使人失去知觉，直接麻痹呼吸中枢而立即引起窒息，造成“电击式”死亡。硫化氢起初臭味的增强与浓度升高成正比，但当浓度超过10mg/m$^3$ 之后，浓度继续升高臭味反而减弱。在高浓度时因很快引起嗅觉疲劳，而不能察觉硫化氢的存在，故不能依靠其臭味强烈与否来判断有无危险浓度的出现。另外，硫化氢浓度达到一定时会引起火灾爆炸。

**(4) 硫化氢中毒处理** 一旦发生硫化氢中毒应迅速将中毒者移至新鲜空气处，立即施行人工呼吸（禁止口对口法）及吸氧，病情未改善不可轻易放弃。

现场处理基本原则如下。

① 抢救别人，保护自己。迅速切断毒源，尽快把中毒者移至空气新鲜处，松解衣扣和腰带，清除口腔异物，维持呼吸道通畅，注意保暖。

② 移离现场后的处理。对呼吸困难或面色青紫者要立即进行氧气吸入。

③ 进行边抢救，边转至医院治疗。

**(5) 防护措施**

① 熟知硫化氢分布场所，含硫化氢的作业场所要有防中毒注意事项。

② 进入硫化氢场所作业，要经过可靠的气体检测分析，并有人监护，作业人员必须戴供气式和适宜的过滤式防毒面具，监护人要准备救生设备。

③ 工作场所安装硫化氢报警器，工作人员配备便携式硫化氢检测仪。

④ 生产过程较密闭处，加强通风排气。

⑤ 强化防硫化氢中毒知识教育。

**2. 触电急救**

**(1) 紧急处置** 迅速拉开电源，使触电者迅速脱离触电状态。

**(2) 就地抢救** 轻微触电者，神志清楚，触电部位感到疼痛、麻木、抽搐，应使触电者就地安静、舒适地躺下来，并注意观察；中度触电者，有知觉且呼吸和心脏跳动还正常，瞳孔不放光，对光反应存在，血压无明显变化，此时，应使触电者平卧，四周不要围人，使空气流通，衣服解开，以利呼吸；重度触电者，触电者有假死现象。呼吸时快时慢，长短不一，深度不等，贴心听不到心音，用手摸不到脉搏，证明心脏停止跳动，此时应马上不停地进行人工呼吸及胸外人工挤压，抢救工作不能间断，动作应准确无误。

**(3) 触电急救法** 可采用人工呼吸与心脏复苏方法。

**3. 烧伤救护知识**

① 迅速移去热力对身体的伤害，采取用水冷却表面的方法。若是化学烧伤，应立即脱去被污染的衣服，立即用大量清水冲洗，时间一般为20～30min。

② 用湿纱布包好创面。

③ 烧伤严重，可采取人工呼吸和心脏复苏法。

**注意**

烧伤病人应尽量不喝水或喝少许盐水，注意创面保护。

**4. 人工呼吸与心脏复苏的操作方法**

**(1) 准备工作**

① 现场人员将伤者移至上风阴凉处呈仰卧状。

② 在离伤者鼻孔的5mm处，用指肚检查是否有呼吸，同时轻按伤者颈部，观察是否有搏动。

③ 现场人员可脱下上装叠好，置于伤者颈部，将颈部垫高，让呼吸道保持畅通。

④ 检查并清除伤者口腔中异物，若伤者带有假牙，则必须将假牙取出，防止阻塞呼吸道。

**(2) 人工呼吸法**

① 将手帕置于伤者口唇上，施救者先深吸一口气。

② 一手捏住伤者鼻孔，以防漏气，另一手托起伤者下颌，嘴唇封住伤者张开的嘴巴，用口将气经口腔吹入伤者肺部。

③ 松开捏鼻子的手使伤者将气呼出。注意此时施救者人员，必须将头转向一侧，防止伤者呼出的废气造成再伤害。

④ 救护换气时，放松触电者的嘴和鼻，让其自动呼吸，此时触电者有轻微自然呼吸时，人工呼吸与其规律保持一致。当自然呼吸有好转时，人工呼吸可停止，并观察触电者呼吸有无复原或呼吸梗阻现象。人工呼吸每分钟进行14～16次，连续不断地进行，直至恢复自然呼吸为止，做人工呼吸同时，要为伤者施行心脏挤压。

**(3) 心脏挤压方法**

① 挤压部位为胸部骨中心下半段，即心窝稍高，两乳头略低，胸骨下1/3处。

② 救护人两臂关节伸直，将一只手掌根部置于挤压部分，另一只手压在该手背上，五指翘起，以免损伤肋骨，采用冲击式向脊椎方向压迫，使胸部下陷3～4cm，成人5min做60～80次挤压后，随即放松。

③ 二人操作对心脏每挤压4次，进行一次口对口人工呼吸；一人操作时，则比例为15∶2，当观察到伤者颈动脉开始搏动，就要停止挤压，但应继续做口对口人工呼吸。在施救过程中，要注意检查和观察伤者的呼吸与颈动脉搏动情况。一旦伤者心脏复苏，立即转送医院做进一步的治疗。

**5. 创伤急救知识**

**(1) 人员自保**

① 若作业人员从高空坠落的紧急时刻，应立即将头前倾，下颌紧贴胸骨。

② 下坠时，应尽可能地去抓住附近可能被抓住的物体，当被抓的某一物体松脱时，应迅速抓住另一物体，以减缓下坠速度。

③ 凡有可能撞到构筑物和坠地时，坠落者应紧急弯脚屈腿以缓和撞击。

**(2) 急救措施**

① 创伤急救原则上是先抢救，后固定，再搬运，并注意采取措施，防止伤情加重或污染。需要送医院救治的，应立即做好保护伤员措施后送医院救治。

② 抢救前先使伤员安静躺平，判断全身情况和受伤程度，如有无出血、骨折和休克等。

③ 外部出血立即采取止血措施，防止失血过多而休克。外观无伤，但呈休克状态，神

志不清，或昏迷者，要考虑胸腹部内脏或脑部受伤的可能性。

④ 为防止伤口感染，应用清洁布片覆盖。救护人员不得用手直接接触伤口，更不得在伤口内填塞任何东西或随便用药。

⑤ 搬运时应使伤员平躺在担架上，腰部束在担架上，防止跌下。平地搬运时伤员头部在后，上楼、下楼、下坡时头部在上，搬运中应严密观察伤员，防止伤情突变。

⑥ 伤口渗血：用较伤口稍大的消毒纱布数层覆盖伤口，然后进行包扎。若包扎后仍有较多渗血，可再加绷带适当加压止血。

⑦ 伤口出血呈喷射状或鲜红血液涌出时，立即用清洁手指压迫出血点上方（近心端），使血流中断，将出血肢体抬高或举高，以减少出血量。

⑧ 用止血带或弹性较好的布带等止血时，应先用柔软布片或伤员的衣袖等数层垫在止血带下面，再扎紧止血带以刚使肢端动脉搏动消失为度。上肢每 60min，下肢每 80min 放松一次，每次放松 1～2min。开始扎紧与每次放松的时间均应书面标明在止血带旁。扎紧时间不宜超过 4h。不要在上臂中 1/3 处和腋窝下使用止血带，以免损伤神经。若放松时观察已无大出血可暂停使用。严禁用电线、铁丝、细绳等作止血带使用。

⑨ 高处坠落、撞击、挤压可能有胸腹内脏破裂出血。受伤者外观无出血但常表现面色苍白，脉搏细弱，气促，冷汗淋漓，四肢厥冷，烦躁不安，甚至神志不清等休克状态，应迅速躺平，抬高下肢，保持温暖，速送医院救治。若送院途中时间较长，可给伤员饮用少量糖盐水。

**6. 骨折急救知识**

① 肢体骨折可用夹板或木棍、竹竿等将断骨上、下两个关节固定，也可利用伤员身体进行固定，避免骨折部位移动，以减少疼痛，防止伤势恶化。

② 开放性骨折，伴有大出血者，先止血，再固定，并用干净布片覆盖伤口，然后速送医院救治。切勿将外露的断骨推回伤口内。

③ 疑有颈椎损伤，使伤员平卧后，用沙土袋（或其他代替物）放置头部两侧。

④ 使颈部固定不动。必须进行口对口呼吸时，只能采用抬头使气道通畅，不能再将头部后仰移动或转动头部，以免引起截瘫或死亡。

⑤ 腰椎骨折应将伤员平卧在平硬木板上，将腰椎躯干及二侧下肢一同进行固定预防。搬动时应数人合作，保持平稳，不能扭曲。

**7. 颅脑外伤急救知识**

① 应使伤员采取平卧位，保持气道通畅，若有呕吐，应扶好头部和身体，使头部和身体同时侧转，防止呕吐物造成窒息。

② 耳鼻有液体流出时，不要用棉花堵塞，可轻轻拭去，以利降低颅内压力。也不可用力擤鼻，排除鼻内液体，或将液体再吸入鼻内。

③ 颅脑外伤时，病情可能复杂多变，禁止给予饮食，速送医院诊治。

**8. 火场伤员急救知识**

**(1) 人员自保**

① 伤员应迅速脱离现场，及时消除致伤原因。

② 处在浓烟中，应采用弯腰或匍匐爬行姿势。有条件的要用湿毛巾或湿衣服捂住口鼻行走。

③ 楼下着火时，可通过附近的管道或固定物上拴绳子下滑；或关严门，往门上泼水。

④ 若身上着火应尽快脱去着火或沸液浸渍的衣服；如来不及脱着火衣服时，应迅速卧倒，慢慢就地滚动以压灭火苗；如邻近有凉水，应立即将受伤部位浸入水中，以降低局部温度。但切勿奔跑呼叫或用双手扑打火焰，以免助长燃烧和引起头面部、呼吸道和双手烧伤。

**(2) 现场救护**

① 烧伤急救就是采用各种有效的措施灭火，使伤员尽快脱离热源，尽量缩短烧伤时间。

② 对已灭火而未脱衣服的伤员必须仔细检查，检查全身状况和有无并合损伤，电灼伤、火焰烧伤或高温气、水烫伤均应保持伤口清洁。伤员的衣服鞋袜用剪刀剪开后除去。伤口全部用清洁布片覆盖，防止污染。四肢烧伤时，先用清洁冷水冲洗，然后用清洁布片消毒纱布覆盖送医院。

③ 对爆炸冲击波烧伤的伤员要注意有无脑颅损伤，腹腔损伤和呼吸道损伤。

④ 烧毁的、打湿的、或污染的衣服除去后，应立即用三角巾、干净的衣物被单覆盖包裹，冬天用干净单子包裹伤面后，再盖棉被。

⑤ 强酸或碱等化学灼伤应立即用大量清水彻底冲洗，迅速将被侵蚀的衣物剪去。为防止酸、碱残留在伤口内，冲洗时一般不少于10min。对创面一般不做处理，尽量不弄破水泡，保护表皮。同时检查有无化学中毒。

⑥ 对危重的伤员，特别是对呼吸、心跳不好或停止的伤员立即就地紧急救护，待情况好转后再送医院。

⑦ 未经医务人员同意，灼伤部位不宜涂任何东西和药物。

⑧ 送医院途中，可给伤员多次少量口服糖盐水。

**9. 冻伤、高温中暑急救知识**

**(1) 冻伤急救**

① 冻伤使肌肉僵直，严重者深及骨骼，在救护搬运过程中，动作要轻柔，不要强使其肢体弯曲活动，以免加重损伤，应使用担架，将伤员平卧并抬至温暖室内救治。

② 将伤员身上潮湿的衣服剪去后，用干燥柔软的衣服覆盖，不得烤火或搓雪。

③ 全身冻伤者呼吸和心跳有时十分微弱，不应该误认为死亡，应努力抢救。

**(2) 高温中暑**

① 烈日直射头部，环境温度过高，饮水过少或出汗过多等可以引起中暑现象，其症状一般为恶心、呕吐、胸闷、眩晕、嗜睡、虚脱，严重时抽搐、惊厥甚至昏迷。

② 应立即将病员从高温或日晒环境转移到阴凉通风处休息。用冷水擦浴，湿毛巾覆盖身体，电扇吹风，或在头部放置冰袋等方法降温，并及时给病人口服盐水，严重者送医院治疗。

### (二) 安全规定

**1. 车间安全生产规定**

① 严禁携带火种及其他易燃易爆物品进入车间，装置内任何部位禁止吸烟。

② 严禁用汽油擦洗衣物、工具、设备、地面等，特殊用油应持安全证明或许可证方可进行。严禁本单位任何人员将石油产品送与他人使用。

③ 严禁穿钉子鞋进入装置，严禁用黑色金属等易产生火花的物品敲击设备，拆装易燃易爆物料设备时应使用防暴工具。

④ 进入装置现场，必须按“三紧”要求穿工作服和穿工作鞋。

⑤ 长发过肩者进入装置区，必须将长头发盘起。

⑥ 装置内进行任何非规程作业必须办理作业许可，涉及危险作业还应办专项作业许可，并严格遵守相关管理规定。

⑦ 高温设备管线上不能烘烤食品及各类易燃物品。

⑧ 不许随便拆卸管线、法兰，不准随便排放油品、物料等。

⑨ 严禁用水和蒸汽冲洗电机、电缆、电器开关等电器设备。

⑩ 设备不能超温超压超速超负荷运行。

⑪ 设备检修必须办理作业票，转动设备检修必须切断电源，仪表检修必须切换至手动状态。

⑫ 设备的转动部位严禁擦拭。

⑬ 按压力容器管理规定，压力容器及其安全附件定期检定。

⑭ 消防栓、消防炮、灭火器、安全抢险物品不能随便挪用，不能损坏，保证灵活好用，定期检查，消防通道保持畅通。

⑮ 工作中不能脱岗、串岗、睡觉，不做与生产无关的事情。

⑯ 装置内任何外来施工作业，必须在本车间人员的监护下进行。

⑰ 装置内产生的废油品及其他危险化学品，不准随意排放，必须统一回收。

⑱ 员工预巡检或从事其他工作，上下走梯必须把好扶手，严禁翻越护栏。

⑲ 冬季装置内的积冰、积雪必须及时清理，防止发生滑跌事故。

⑳ 装置内的安全装备、消防设施列入日常预巡检内容，出现问题，岗位人员要及时汇报、处理。

**2. 装置开工安全规定**

① 要认真细致地检查工程质量是否合格，工艺流程是否畅通、检查设备是否完好、安全设施、卫生条件等是否达到装置开工条件。

② 在设备、管线经过吹扫、冲洗、试压后单机试运，水联运符合要求后，彻底打扫装置的环境卫生。

③ 所有设备、开关、法兰、管线，都要处于良好状态，按流程倒好线路，各排空、放空全部关死，安全阀底部阀全部投用，并打铅封，机泵润滑油端面密封要良好，冷却水要畅通，仪表灵活、好用、准确。

④ 检查全部容器液面报警器是否好用。

⑤ 要求消防设施齐全好用，位置适当。

⑥ 要与有关单位做好联系工作。

⑦ 要有详细的开工方案，开工方案要经过各部门审核，并严格执行开工方案。

⑧ 加热炉点火要严格按照点炉操作规程进行，点火前进行彻底检查，检查烟道挡板实际位置等，炉膛彻底吹扫直到烟道见汽为止，点火时要对称点火嘴。

⑨ 装置进行气密试验达到无泄漏，临氢系统管线气密实验合格，方可继续升压。

⑩ 开车前，组织岗位操作人员进行开工方案考试，考试合格方可进行操作。

**3. 装置停工检修安全规定**

① 装置停工检修前必须制定安全措施，同时要制订管线设备蒸汽吹扫流程，要吹扫细致，装盲板要有人专门负责编号登记以便开工时拆除，下水井、地漏必须用水或蒸汽冲扫干净并封严。

② 塔容器等大设备检修，要用蒸汽按规定时间吹扫，温度降低以后，由上而下拆卸人孔盖，严防超温，不能自下而上拆卸，以防自燃着火、爆炸或烫伤。

③ 凡通入塔、炉、罐容器的蒸汽应有专人管理，严禁随便开动，本装置与外单位可燃介质连接管线要加上盲板。

④ 凡要检修的电机、风机等设备，必须切断电源。

⑤ 在拆卸设备前，必须经上级负责人检查，对所有的油、汽、风、水、燃料气管线确认是否处理干净，经允许后，方准拆卸，以防残压伤人或油水流出污染工地，严禁在地面、钢架、平台上放污油。

⑥ 塔炉和其他容器检修时，临时照明灯应采用胶质软线（不能有破损）低压（≤12V）安全灯，以防触电。

⑦ 凡进塔、炉或其他容器、电缆沟、下水井等设备内必须办理作业证，通风，要有安全措施（如要戴安全帽、防毒面具，外边有人看护），时间不得过长，督促轮换工作，严防中毒及事故发生。

⑧ 凡进入检修现场的人员一律得戴安全帽，高空作业在2m以上，必须系安全带和携带工具袋，卸下零件螺栓等要摆齐，不用的废料及时清理拿走，高空吊物要做到“一看”“二叫”“三放下”。

⑨ 装置内需要用电，用火及机动车辆进入装置时，要严格执行用电、用火管理制度，乙炔瓶与氧气瓶的放置要符合防爆安全规定。

⑩ 动火必须认真落实安全防护措施，现场阴井、地漏用黄泥覆盖，现场经测爆分析合格后方可动火。

**4. 防火防爆安全规定**

① 禁止带打火机，火柴等引火物进装置，装置内禁止接打电话，禁止在装置内存油处，燃料气容器等易燃易爆物的地点用铁器敲击，随地抛棉布头，绳索等易燃物。

② 禁止装置内将油品向地面自由放空，采样油集中回收。

③ 禁止在装置内将氢气、燃料气等就地排放。

④ 无有效安全措施，未办审批手续，禁止拆卸高温高压的设备和管线，防止高温热油喷出着火。

⑤ 禁止用汽油擦洗机器零件、地面、机泵和衣物，高温设备严禁烤衣物、食物等。

⑥ 禁止没有阻火器的一切机动车辆和穿钉子鞋进入装置。

⑦ 在装置内使用电气焊、手电钻、电锤、风镐、手砂轮等工具，均要按规定办理用火手续。

⑧ 未经三级安全教育不准进入生产岗位，未经岗位安全及操作技术考核，或虽经考核但不合格者，均不得上岗操作。

⑨ 禁止设备超温、超压、超速、超负荷。

⑩ 临氢系统管线、设备遇严重泄漏而大量喷气，危及人身和设备安全时，班长有权紧急切断进料做停工处理。放空管线应设阻火器和良好的静电接地。

⑪ 在装置、罐区、机房、泵房等区域需用火或接临时电源时，均要办理动火作业证和临时用电票，并只能在规定的时间、地点、部位用火。

**5. 防止人身中毒规定**

① 设备管线要保持密闭，把设备管好，用好，修好，做到定期检修，有漏就堵，减少环境污染，禁止随意向地面和大气排放有毒气体。

② 进入塔、罐容器下水井内等有限空间必须执行有限空间作业许可制度。

③ 特殊情况下，要进入有毒气体的设备作业，必须带非过滤式防毒面具，确定危险的联系信号，系上安全绳，人孔外有两人以上监护，工作时间不能过长，有急救安全措施等。

**6. 防雷电、静电和触电规定**

① 塔、罐等设备和建筑物必须有防雷、防静电设施，导电性能必须符合规范。

② 容器进油时，不得流速过快，并有良好静电接地设施。

③ 操作工检查运转电器设备时，应先用手背触之外壳判断是否触电后，才可用手掌面检查，检查时要穿胶鞋。

④ 容器内作业，临时照明，通风机的电源线要保护好，不得与设备边角摩擦，防止触电。

⑤ 在干燥的容器中照明电压不得超过36V，在潮湿的容器中照明电压不得超过12V。

**7. 防冻防凝安全规定**

① 凡通过重质油的管线，尤其在冬季易凝，在使用前后应用蒸汽吹扫，完后放净冷凝水。

② 输送重质油品之管线不宜中断，如发生中断时，必须立即用蒸汽扫线。

③ 各设备管线之伴热蒸汽线，必须经常保持畅通状态。

④ 冬季停工、装置停送蒸汽时，放净设备内存水或拆开法兰，必要时用压缩风吹扫。

⑤ 冬季蒸汽管线上放空阀，应保持少量蒸汽排出。

⑥ 在冬季长期不用管线设备，必须做好防冻、防凝措施。

⑦ 在冬季长期不用水管线，必须保持少量水长流。

⑧ 碱水管线用过后，要及时吹扫。

⑨ 装置内所属风管线在冬季停用时，应需少量排空。

**8. 设备安全技术规定**

① 浮头式换热器单向受热温差应在130℃以下。

② 设备安全阀必须灵活好用，定压准确，不能任意调整定压值，或改变安全阀规格或降低安全阀排泄能力。

③ 机泵设备的机械润滑，要严格用“三级过滤”和“五定”制度执行。

④ 换热器检修后，要进行试压，试压压力为操作压力的1.25倍，塔类和容器试压按规定进行，法兰泄漏，必须降压后处理。

⑤ 高温系统阀门，盘根垫片材质要按规定使用。

⑥ 装置内要使用防爆电动机，灯具开关接线盒的容器设备，应具有良好的外壳接地和静电接地。

**9. 药剂管理规定**

① 送药剂车辆需办理用火作票，才能进入装置。

② 药剂到后，班组应指派监护人及安排加剂人员。

③ 监护人员在领车进入装置之前，应负责通知车间职能人员对所送药剂的种类及数量进行确认，在确认无问题后监督送剂人员将药剂放至指定位置。

④ 阻垢剂、缓蚀剂倒完后，监护人负责确认，必须保证桶内药剂全部倒空并将空桶盖盖上。

⑤ 药剂装完后，装剂容器存放至指定位置。

⑥ 收药剂过程中不允许送药剂人员拉走未全部倒完的半桶药剂及满桶药剂离开车间。

**10. 脱水作业管理规定**

① 必须确认设备内有界位才可进行脱水作业，不准通过脱水来确认设备内是否界位。

② 脱水作业应由两人进行，一人作业，一人在现场进行监护。

③ 脱水作业前应保证附近消防设施好用，易燃介质脱水应用蒸汽做掩护，并放置两具以上灭火器材。

④ 脱水作业时，排凝阀门开度控制在 2～3 扣，不准超过 1/3，严禁流速过快，产生静电。

⑤ 脱水作业过程中作业人员不准离开现场，必须在排凝阀关闭后方可离开。

⑥ 附近有动火作业时，严禁进行脱水作业。

⑦ 冬季应先将阀门用蒸汽或水解冻，再开阀门进行脱水；由于冻堵造成的排水不畅，首先要关闭排水阀，停止排水操作，然后再采取化冻措施，严禁开大阀门时解冻。

⑧ 易燃易爆介质脱水、排凝不畅时，严禁用铁丝等非防爆工具进行通堵、击打等作业，必要时可先进行蒸汽吹扫或通知车间。

⑨ 作业过程中发生异常情况立即停止作业，联系车间职能人员处理。

⑩ 脱水作业脱出的含油污水严禁进入清洁下水系统。

⑪ 进行有毒有害介质排凝脱水时，应处在上风侧操作，佩戴防护器具，配带便携式有毒气体报警器。

## （三）危险化学品

主要危险化学品见表 2-1。

表 2-1 主要危险化学品

| 序号 | 名称 | 物态 | 危险性 | 序号 | 名称 | 物态 | 危险性 |
|---|---|---|---|---|---|---|---|
| 1 | 石脑油 | 液体 | 易燃易爆、有毒 | 6 | 瓦斯气 | 气体 | 易燃易爆、有毒 |
| 2 | 柴油 | 液体 | 易燃易爆、有毒 | 7 | 硫化氢 | 气体 | 易燃易爆、有毒 |
| 3 | 缓蚀剂 | 液体 | 不燃、有毒 | 8 | 天然气 | 气体 | 易燃易爆、有毒 |
| 4 | 氢气 | 气体 | 易燃易爆、无毒 | 9 | 石油气 | 气体 | 易燃易爆、有毒 |
| 5 | 氨气 | 气体 | 易燃易爆、有毒 | 10 | 干气 | 气体 | 易燃易爆、有毒 |

## （四）危害性分析

### 1. 火灾危险性分析

在石油化工企业里，可能遇到的明火源，除装置本身具有的加热炉火、反应热、电火花等以外，还有维修用火、机械摩擦、撞击火星及吸烟等。这些火源是引起易燃物起火爆炸的原因，控制这些火源，限制用火范围，对防火防爆十分必要。工艺装置火灾危险性分类见表 2-2。

表 2-2 工艺装置火灾危险性分类

| 名称 | 火灾危险性 | 灭火方法 |
|---|---|---|
| 工艺装置 | 甲类 | 蒸汽、干粉 |

### 2. 爆炸危险性分析

根据装置、罐区和其他设施爆炸性气体混合物出现的频繁程度和持续时间进行分区，大部分为爆炸危险区域 2 区，区域内地坑、地沟等应为 1 区。

### 3. 中毒危险分析

本装置产生过程要使用或产生许多有毒化合物，这些毒物在生产中如果泄漏，就会对人体健康造成侵害甚至危及人的生命。一氧化碳为无色、无臭、无味气体，具有显著毒性。硫化氢是无色气体，有臭鸡蛋的刺激性气味，比空气重。二氧化硫是无色气体，具有辛辣的刺激性气味，因为这种气体可刺激结膜并引起结膜炎，故它对眼睛是一种危害气体。氨具有辛辣气味，无色，接触到氨的迹象与症状是眼睛结膜受刺激，眼睑肿胀，鼻子和咽喉受刺激，咳嗽、呼吸困难。金属羰基化合物容易挥发、毒性大。短暂的接触浓度很低的金属羰基化合物就可引起严重的疾病或死亡。

**4. 噪声危害分析**

噪声主要来源为各生产装置及公用工程的泵类、鼓风机、引风机、空气预热器、加热炉及各种管线放空等设备，高噪声区主要为装置区和空压站。

**5. 烫伤危险分析**

柴油加氢装置的工艺介质和部分设备温度较高，作业人员一旦接触可能被烫伤。使用的蒸汽一旦泄漏喷出也会烫伤在场的作业人员。

**6. 窒息危险分析**

检修或更换催化剂需进入容器中，往往会因氧气不足而受害，一般是氧气浓度由21%降到15%时，则肌肉能力减弱，当进一步由14%降到10%时，人仍有知觉，但失去判断力，不能自主，并很快疲劳，在10%～6%的范围内，人即虚脱。因此在进容器前，一定要对容器内气体进行分析，氧浓度不足就必须带氧气呼吸器或通空气，以防发生危险。

**7. 触电危险分析**

装置在工程建设时期和装置投产大检修或抢修时，会使用临时电源，可能会由于电缆绝缘不良或电气设备漏电发生触电事故。

### （五）环境保护

污染物主要排放部位和主要污染物见表2-3。

**表2-3　污染物主要排放部位和主要污染物**

| 污染物 | 部位 | 主要污染物 |
| --- | --- | --- |
| 废水 | 新氢压缩机入口分离罐、循环氢氢压缩机入口分离罐 | 含油污水 |
|  | 设备、管线吹扫 | 含油污水 |
|  | 柴油旋流脱水器 | 含油污水 |
|  | 高压分离器、低压分离器、酸性水闪蒸塔 | 含硫污水 |
| 废气 | 加热炉燃烧排放含$SO_2$、$NO_x$的废气 | $SO_2$、$NO_x$ |
|  | 氨罐氨水挥发 | 氨气 |
|  | 水封罐脱水时瓦斯、硫化氢挥发 | 硫化氢 |
| 废渣 | 装置设备保温废弃物 | 固体废物 |
|  | 检修机泵废弃物及清容器(塔、罐)废弃物 | 固体废物 |

## 五、典型柴油加氢装置实例

本部分以某石化公司的柴油加氢装置为例进行阐述。

**1. 原料与产品**

加氢装置设计规模为20万吨/年，年开工时间8000h。原料是催化柴油，产品有改质柴油、石脑油、干气。

夏季物料平衡：5160h（215天），夏季原料和产品见表2-4。

表 2-4　夏季原料和产品

| 名称 | | 产率/% | 万吨/年 | 火灾危险类别 |
| --- | --- | --- | --- | --- |
| 原料 | 催化柴油 | — | 12.9 | 乙类 |
| | 纯氢 | — | 0.09675 | 甲类 |
| 产品 | 改质柴油 | 99.0 | 12.771 | 乙类 |
| | 石脑油 | 1 | 0.129 | 甲类 |
| | 干气 | 0.75 | 0.09675 | 甲类 |

冬季物料平衡：3240h（135 天），冬季原料和产品表 2-5。

表 2-5　冬季原料和产品

| 名称 | | 产率/% | 万吨/年 | 火灾危险类别 |
| --- | --- | --- | --- | --- |
| 原料 | 催化柴油 | — | 8.1 | 乙类 |
| | 纯氢 | — | 0.10499 | 甲类 |
| 产品 | 改质柴油 | 88.0 | 7.128 | 乙类 |
| | 石脑油 | 10.2 | 0.8262 | 甲类 |
| | 干气 | 3.09 | 0.25029 | 甲类 |

**2. 工艺流程**

**（1）工艺路线**　根据装置的原料、目的产品及操作方式，该柴油加氢装置为串联加氢裂化工艺。

**（2）流程说明**　原料油自罐区原料油中间罐送至原料油缓冲罐 D-301，经原料油过滤器 SR-301 除去原料中大于 25μm 的颗粒，然后进入由惰性气保护的原料油缓冲罐 D-301，滤后原料油经加氢进料泵 P-302A/B 升压后，进入反应流出物/原料油换热器 E-303A/B 换热，在流量控制下与混合氢混合后进入反应流出物/混合进料换热器 E-301 换热后进入反应进料加热炉 F-301，再进入加氢精制反应器 R-301、异构降凝反应器 R-302。在催化剂作用下进行加氢脱硫、脱氮、烯烃饱和及芳烃部分饱和等反应。两台反应器均设置两个催化剂床层，床层间设有注急冷氢设施。

自 R-302 出来的反应物经反应进料/低分油换热器 E-301、反应产物/低分油换热器 E-302A/B、反应流出物/低分油换热器 E-303A/B 换热后，再进入反应流出物空冷器 A-301 冷却至 45℃左右。冷却后的反应流出物进入高压分离器 D-303 进行气、油、水三相分离。气体从分离器顶部出来，进入循环氢脱硫塔 C-302 底部，自贫溶剂缓冲罐 D-321 来的贫溶剂经循环氢脱硫塔贫溶剂泵 P-312A/B 升压后进入 C-302 第一层塔盘上。脱硫后的循环氢自 C-302 顶部出来，进入循环氢压缩机入口分液罐 D-305 分液，由循环氢压缩机 K-302A/B 升压后分两路：一路作为急冷氢去反应器控制反应器下床层入口温度；另一路与来自新氢压缩机 K-301A/B 出口的新氢混合成为混合氢。C-302 塔底富溶剂在液位控制下至富胺液闪蒸罐 D-322 闪蒸后出装置。自 D-303 底部出来的油相在液位控制下进入低压分离器 D-304 中，闪蒸出的低分气与分馏部分的酸性气混合后至干气脱硫塔 C-303 进行脱硫，低分油经精制柴油/低分油换热器 E-306A-F 和 E-302A/B，分别与精制柴油和反应流出物换热后进入柴油汽提塔 C-301 的第 18 层塔盘。塔顶油气经塔顶热水换热器 E-307、汽提塔顶空冷器 A-302 和汽提塔后冷器 E-305 冷却后进入汽提塔顶回流罐 D-307。D-307 闪蒸气体与低分气合并混合后至干气脱硫塔 C-303 进行脱硫。D-307 液体经柴油汽提塔顶回流泵 P-304A/B 升压，一部分作为汽提塔回流至 C-301 顶部第一层塔盘，另一部分作为粗汽油出装置。

汽提塔底油经精制柴油泵 P-305A/B 送至 E-306A-F 与低分油换热后，进入柴油空冷器 A-303 冷却，进入柴油脱水罐 D-324 经沉降脱水后进入柴油脱水部分。

### (3)工艺流程图(图 2-4)

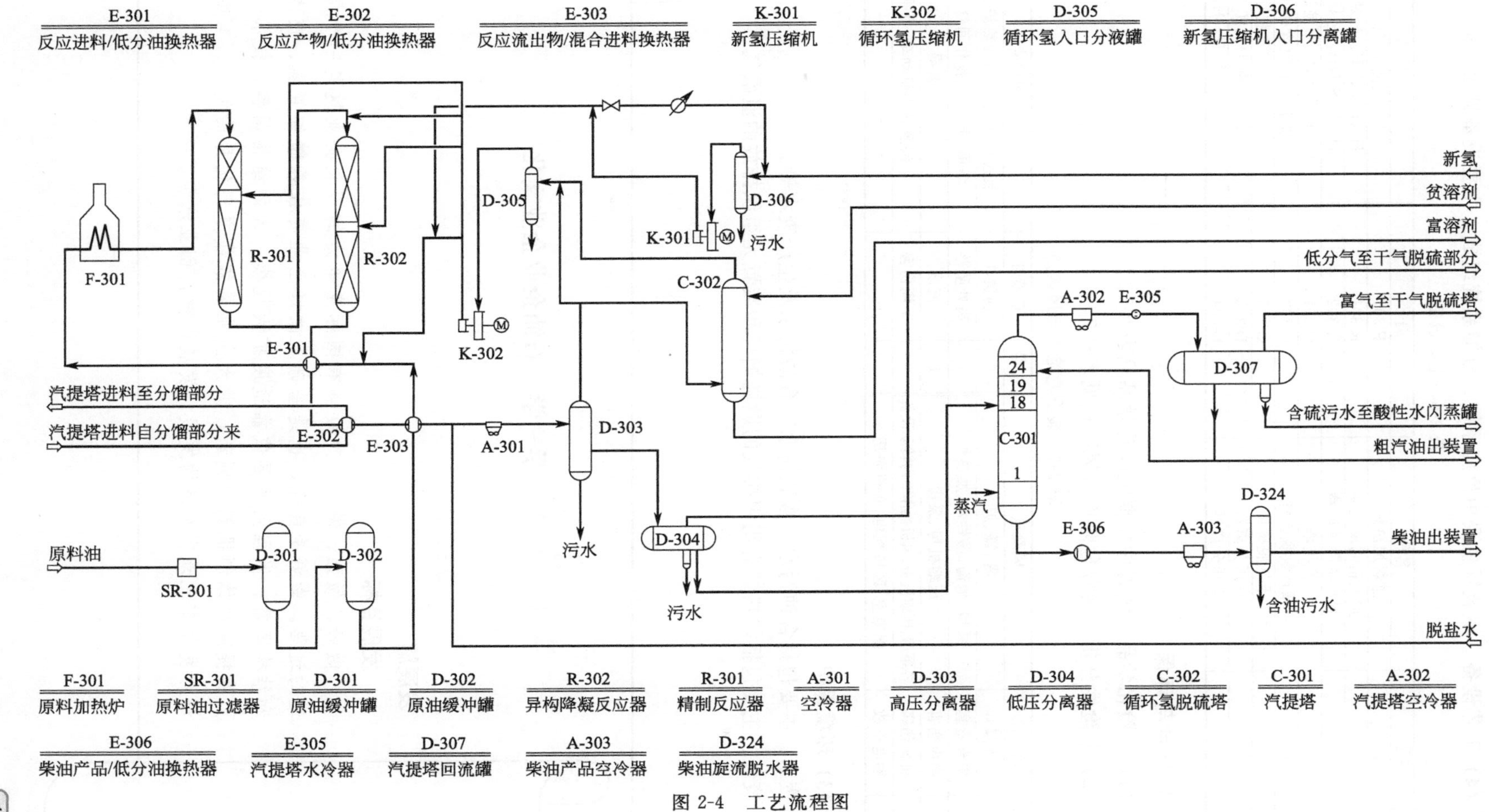


图 2-4　工艺流程图

**(4) 工艺设备** 本装置主要由反应系统、分馏系统组成。主要设备见表2-6。

**表2-6 主要设备**

| 序号 | 名称 | 编号 | 介质 |
| --- | --- | --- | --- |
| 1 | 进料加热炉 | F-301 | 油、氢气 |
| 2 | 加氢精制反应器 | R-301 | $H_2$、$H_2S$、$NH_3$、轻烃、柴油 |
| 3 | 异构降凝反应器 | R-302 | $H_2$、$H_2S$、$NH_3$、轻烃、柴油 |
| 4 | 汽提塔 | C-301 | $H_2$、$H_2S$、$NH_3$、石脑油、柴油 |
| 5 | 循环氢脱硫塔 | C-302 | 循环氢胺液(含硫化氢) |
| 6 | 干气脱硫塔 | C-303 | 干气、二乙胺醇 |
| 7 | 高压分离器 | D-303 | 反应产物、$H_2$、$H_2S$、水 |
| 8 | 低压分离器 | D-304 | 油气、油、$H_2$、$H_2S$ |

## 3. 安全与环保

**(1) 危险化学品** 装置中主要危险化学品见表2-1。

**(2) 危险性分析** 装置危险性与风险点见表2-7。

**表2-7 装置危险性与风险点**

| 序号 | 危险性 | 风险点 | 序号 | 危险性 | 风险点 |
| --- | --- | --- | --- | --- | --- |
| 1 | 火灾爆炸 | 塔、罐、炉 | 6 | 灼烫伤 | 装置区高温管线、加热炉、蒸汽等 |
| 2 | 中毒窒息 | 泵房、地沟、酸性水、加热炉 | 7 | 高处坠落 | 塔顶、平台顶、操作间灯具安装 |
| 3 | 噪声伤害 | 压缩机房、泵房 | 8 | 淹溺 | 碱罐 |
| 4 | 机械伤害 | 各泵房、压缩机房、风机操作室内转动设备 | 9 | 车辆伤害 | 装置区内机动车、手推车 |
| 5 | 触电事故 | 配电室、区域配电、各机泵房 | | | |

**(3) 环境保护**

废水：主要包括含油污水、含硫污水、含酸污水及生产废水等。

废气：主要包括加热炉有组织排放的燃烧烟气和装置无组织排放的泄漏气。

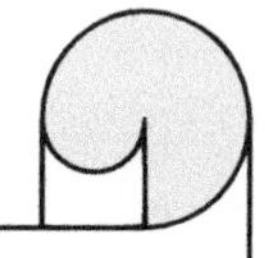

### 学一学 石油企业企业文化

**发展篇**

**发展目标**

做好、做强、做大，建设具有国际竞争力的石化企业这是一个层层推进的过程。做好是前提，也是基础。做好企业要依靠精细管理、技术进步和结构调整；做强企业要依靠适度扩大规模、大的结构调整、技术创新能力的提高和体制机制的创新；做大企业要依靠原料优势的创造、有效的市场开发和东北地区经济的发展。发展永恒，创业永恒。

· 项目七 ·

# 柴油加氢工艺原理及流程

依据原油性质和产品要求，现有的柴油加氢装置多由反应部分（含新氢及循环氢压缩机系统及循环氢脱硫系统）、分馏部分（含干气脱硫部分，柴油脱水部分），公用工程部分组成。

本节以某石化公司的柴油加氢装置为例介绍装置操作，该装置由反应部分、分馏部分、公用工程部分组成。反应部分采用加氢精制、异构降凝两段串联工艺技术，分馏部分采用过热蒸汽直接汽提方案，催化剂采用湿法硫化、直流柴油钝化、器外再生方案。

## 一、反应系统

反应系统采用原料预热、炉前混氢、冷高压分离器、低压分离器油与反应流出物换热流程。原料油与氢气混合后经加热炉将温度升高到适宜的温度后，在催化剂的作用下，发生脱硫、脱氮、脱氧、烯烃饱和、芳烃饱和并脱除原料中的金属等杂质。

### （一）工艺原理

加氢精制是馏分油在氢压下进行催化改质的统称。加氢精制是指在催化剂和氢气存在下，石油馏分中含硫、氮、氧的非烃组分和有机金属化合物分子发生脱除硫、氮、氧和金属的氢解反应，烯烃和芳烃分子发生加氢反应使其饱和。通过加氢精制可以改善油品的气味、颜色和安定性，提高油品的质量，满足环保对油品的使用要求。

加氢精制过程主要反应包括：含硫、含氮、含氧化合物等非烃类的加氢分解反应；烯烃和芳烃（主要是稠环芳烃）的加氢饱和反应；此外还有少量的开环、断链和缩合反应。这些反应一般包括一系列平行顺序反应，构成复杂的反应网络，而反应深度和速率往往取决于原料油的化学组成、催化剂以及工艺条件。一般来说，氮化物的加氢最为困难，要求条件最为苛刻，在满足脱氮的条件下，也能满足脱硫、脱氧的要求。

#### 1. 加氢脱硫反应

硫的存在影响了油品的性质，给油品的加工和使用带来了许多危害。硫在石油馏分中的含量一般随馏分沸点的上升而增加。含硫化合物主要是硫醇、硫醚、二硫化物、噻吩、苯并噻吩和二苯并噻吩（硫芴）等物质。含硫化合物的加氢反应是在加氢精制条件下石油馏分中的含硫化合物进行氢解，转化成相应的烃和硫化氢，从而硫原子被脱掉。几种含硫化合物的加氢精制反应如下。

① 硫醇通常集中在低沸点馏分中，随着沸点的上升硫醇含量显著下降，大于300℃的馏分中几乎不含硫醇。硫醇加氢时发生C—S键断裂，硫以硫化氢形式脱除。

$$RSH + H_2 \longrightarrow RH + H_2S$$

② 硫醚存在于中沸点馏分中，300～500℃馏分的硫化物中，硫醚可占50%；重质馏分中，硫醚含量一般下降。硫醚加氢时首先生成硫醇，再进一步脱硫。

$$RSR' + H_2 \longrightarrow R'SH + RH$$
$$R'SH \xrightarrow{H_2} R'H + H_2S$$

③ 二硫化物一般含于110℃以上馏分中，在300℃以上馏分中其含量无法测定。二硫化物加氢反应转化为烃和硫化氢，要经过生成硫醇的中间阶段，首先在S—S键上断开，生成硫醇，在进一步加氢生成硫化氢，在氢气不足条件下，中间生成的硫醇也能转化成硫醚。

$$RSSR + H_2 \longrightarrow 2RSH \longrightarrow 2RH + H_2S$$
$$2RSH \longrightarrow RSR + H_2S$$

④ 杂环硫化物是中沸点馏分中的主要硫化物。沸点在400℃以上的杂环硫化物，多属于单环环烷烃衍生物，多环衍生物的浓度随分子环数增加而下降。

⑤ 噻吩与四氢噻吩的加氢反应首先是杂环加氢饱和，然后是C—S键断裂（开环）生成硫醇，（中间产物有丁二烯生成，并且很快加氢成丁烯）最后加氢成丁烷和硫化氢。

$$\text{噻吩} + H_2 \longrightarrow \text{四氢噻吩} \xrightarrow{H_2} C_4H_9SH \xrightarrow{H_2} C_4H_{10} + H_2S$$

苯并噻吩加氢反应如下：

$$\text{苯并噻吩} + H_2 \longrightarrow \text{二氢苯并噻吩} \xrightarrow{2H_2} C_6H_5-C_2H_5 + H_2S$$
$$\text{二氢苯并噻吩} \longrightarrow C_6H_5-CH=CH_2 + H_2S$$
$$C_6H_5-CH=CH_2 \xrightarrow{H_2} C_6H_5-C_2H_5$$

二苯并噻吩（硫芴）加氢反应如下：

$$\text{二苯并噻吩} \xrightarrow{H_3} \text{联苯} + H_2S$$
$$\text{二苯并噻吩} \xrightarrow{3H_2} \text{四氢二苯并噻吩} \xrightarrow{H_3} \text{环己基苯} + H_2S$$
$$\text{四氢二苯并噻吩} \xrightarrow{3H_2} \text{全氢二苯并噻吩} \xrightarrow{H_2} \text{联环己烷} + H_2S$$

对多种有机含硫化合物的加氢脱硫反应进行的研究表明：硫醇、硫醚、二硫化物的加氢脱硫反应多在比较缓和的条件下容易进行。这些化合物首先在C—S键、S—S键发生断裂生成的分子碎片再与氢化合。和氮化物加氢脱氮反应相似，环状硫化物的稳定性比链状硫化物高，且环数越多，稳定性越高，环状含硫化合物加氢脱硫较困难，条件较苛刻。环状硫化物在加氢脱硫时，首先环中双键发生加氢饱和，然后再发生断环脱去硫原子。

各种有机含硫化物在加氢反应过程中的反应活性，因分子结构和分子大小不同而异，按以下顺序递减：

硫醇（RSH）＞二硫化物（RSSR′）＞硫醚（RSR′）≈氢化噻吩＞噻吩

噻吩类化合物的反应活性，在工业加氢脱硫条件下，因分子大小不同而按以下顺序递减：

噻吩＞苯并噻吩＞二苯并噻吩＞甲基取代的苯并噻吩

**2. 加氢脱氮反应**

氮化物的存在对油品的使用有很大的影响。含有机氮化物的燃料燃烧时会排放出 $NO_x$ 污染环境；含氮化合物对产品质量包括稳定性也有危害。

石油馏分中的氮化物主要是杂环氮化物，非杂环氮化物含量很少。石油中的氮含量一般随馏分沸点的增高而增加，在较轻的馏分中，单环、双环、杂环含氮化合物（吡啶、喹啉、吡咯、吲哚等）占支配地位，而稠环含氮化合物则浓集在较重的馏分中。含氮化合物大致可以分为：脂肪胺及芳香胺类，吡啶、喹啉类型的碱性杂环化合物和吡咯、咔唑型的非碱性氮化物。

在各族氮化物中，脂肪胺类的反应能力最强，芳香胺（烷基苯胺）等较难反应。无论脂肪族胺或芳香族胺都能以环状氮化物分解的中间产物形态出现，碱性或非碱性氮化物（特别是多环氮化物）都是比较不活泼的。在石油馏分中，氮含量很少（不超过 10μg/g），氮化物的含量随馏分本身分子量的增大而增加。

在加氢精制过程中，氮化物在氢作用下转化为 $NH_3$ 和烃，从而脱除石油馏分中的氮，达到精制的要求。几种含氮化合物的加氢精制反应如下。

① 脂肪胺在石油馏分中的含量很少，它们是杂环氮化物开环反应的主要中间产物，很容易加氢脱氮。

$$R—NH_2 \xrightarrow{H_2} RH + NH_3$$

② 腈类可以看作是氢氰酸（HCN）分子中的氢原子被烃基取代而生成的一类化合物（RCN）。石油馏分中含量很少，较容易加氢生成脂肪胺，进一步加氢，C—N 键断裂释放出 $NH_3$ 而脱氮。

$$RCN \xrightarrow{2H_2} RCH_2NH_2 \xrightarrow{H_2} RCH_3 + NH_3$$

③ 苯胺加氢在所有的反应条件下主要烃产物是环己烷。

$$C_6H_5—NH_2 \xrightarrow{4H_2} C_6H_{12}\text{（环己烷）} + NH_3$$

④ 六元杂环氮化物吡啶的加氢脱氮如下：

$$\text{吡啶} \xrightarrow{3H_2} \text{哌啶（NH）} \xrightarrow{H_2} C_5H_{11}NH_2 \xrightarrow{H_2} C_5H_{12} + NH_3$$

六元杂环氮化物中的喹啉是吡啶的苯同系物，加氢脱氮反应如下：

$$\text{喹啉} \xrightarrow{2H_2} \text{四氢喹啉（NH）} \xrightarrow{H_2} \text{邻丙基苯胺}(C_3H_7,\ NH_2) \xrightarrow{H_2} C_6H_5—C_3H_7 + NH_3$$

⑤ 五元杂环氮化物吡咯的加氢脱氮包括五元环加氢、四氢吡咯 C—N 键断裂以及正丁

烷的脱氮。

$$\text{吡咯(NH)} \xrightarrow{3H_2} C_4H_9NH_2 \xrightarrow{H_2} C_4H_{10}+NH_3$$

五元杂环氮化物吲哚的加氢脱氮反应大致如下：

$$\text{吲哚(NH)} \xrightarrow{6H_2} \text{环己基}-C_2H_5 + NH_3$$

五元杂环氮化物咔唑加氢脱氮反应如下：

$$\text{咔唑(NH)} \xrightarrow{H_2} \text{2-氨基联苯}(NH_2) \xrightarrow{H_2} \text{联苯} + NH_3$$

$$\text{咔唑(NH)} \xrightarrow{2H_2} \text{2-丁基吲哚啉}(NH-C_4H_9) \xrightarrow{2H_2} \text{苯}-C_6H_{13} + NH_3$$

加氢脱氮反应基本上可分为不饱和系统的加氢和C—N键断裂两步。由以上反应总结出以下规律。

单环化合物的加氢活性顺序为：吡啶（280℃）＞吡咯（350℃）≈苯胺（350℃）＞苯类（＞450℃）；由于聚合芳环的存在，含氮杂环的加氢活性提高了，且含氮杂环较碳环活泼的多。

根据加氢脱氮反应的热力学角度来看，氮化物在一定温度下需要较高的氢分压才能进行加氢脱氮反应，为了脱氮安全，一般采用比脱硫反应更高的压力。

在几种杂环化合物中，含氮化合物的加氢反应最难进行，稳定性最高。当分子结构相似时，三种杂环化合物的加氢稳定性依次为：含氮化合物＞含氧化合物＞含硫化合物。

**3. 含氧化合物的氢解反应**

石油馏分中氧化物的含量很小，原油中含有环烷酸、脂肪酸、酯、醚和酚等。在蒸馏过程中这些化合物都发生部分分解转入各馏分中。石油馏分中经常遇到的含氧化合物是环烷酸，二次产品中也有酚类，这些氧化物加氢转化为水和烃。含氧化合物的氢解反应，能有效地脱除石油馏分中的氧，达到精制目的。几种含氧化合物的氢解反应如下。

① 酸类化合物的加氢反应：

$$R—COOH+3H_2 \longrightarrow R—CH_3+2H_2O$$

② 酮类化合物的加氢反应：

$$R—CO—R'+3H_2 \longrightarrow R—CH_3+R'H+H_2O$$

③ 环烷酸和羧酸在加氢条件下进行脱羧基和羧基转化为甲基的反应，环烷酸加氢成为环烷烃。

$$R-\text{环己基}-COOH \xrightarrow{3H_2} R-\text{环己基}-CH_3 + 2H_2O$$

$$R-\text{环己基}-COOH \xrightarrow{3H_2} R-\text{环己烷} + CH_4 + 2H_2O$$

④ 苯酚类加氢成芳烃：

$$\text{苯}-OH + H_2 \longrightarrow \text{苯} + H_2O$$

⑤ 呋喃类加氢开环饱和：

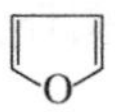

$$\text{(O 杂环)} + 4H_2 \longrightarrow C_4H_{10} + H_2O$$

在加氢进料中各种非烃类化合物同时存在。加氢精制反应过程中，脱硫反应最易进行，无需对芳环先饱和而直接脱硫，故反应速率大耗氢小；脱氧反应次之，脱氧化合物的脱氧类似于含氮化合物，先加氢饱和，后碳原子与杂原子键断裂；而脱氮反应最难。反应系统中，硫化氢的存在对脱氮反应一般有一定促进作用。在低温下，硫化氢和氮化物的竞争吸附而抑制了脱氮反应。在高温条件下，硫化氢的存在增加催化剂对C—N键断裂的催化活性，从而加快了总的脱氮反应，促进作用更为明显。

**4. 加氢脱金属反应**

金属有机化合物大部分存在于重质石油馏分中，特别是渣油中。加氢精制过程中，所有金属有机物都发生氢解，生成的金属沉积在催化剂表面而使催化剂失活，导致床层压降上升，沉积在催化剂表面上的金属随反应周期的延长而向床层深处移动。当装置出口的反应物中金属超过规定要求时即认为一个周期结束。被砷或铅污染的催化剂一般可以保证加氢精制的使用性能，这时决定操作周期的是催化剂床层的堵塞程度。

在馏分油中，有时会含有砷、铅、铜等金属，它们来自原油，或是储存时由于添加剂的加入引起污染。来自高温热解的馏分油含有有机硅化物，它们是在加氢精制前面设备用作破沫剂而加入的，分解很快，不能用再生的方法脱除。重质石油馏分和渣油脱沥青油中含有金属镍和钒，分别以镍的卟啉系化合物和钒的卟啉系化合物状态存在，这些大分子在较高氢压下进行一定程度的加氢和氢解，在催化剂表面形成镍和钒的沉积。一般来说，以镍为基础的化合物反应活性比钒配合物要差一些，后者大部分沉积在催化剂的外表面，而镍更多的穿入到颗粒内部。

**5. 不饱和烃的加氢饱和反应**

直馏石油馏分中，不饱和烃含量很少，二次加工油中含有大量不饱和烃，这些不饱和烃在加氢精制条件下很容易饱和，代表性反应为：

$$R—CH═CH_2 + H_2 \longrightarrow R—CH_2CH_3$$

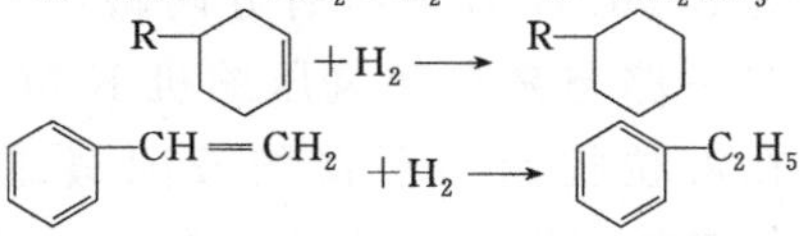

$$\text{R-(环己烯基)} + H_2 \longrightarrow \text{R-(环己基)}$$

$$\text{(苯基)}—CH═CH_2 + H_2 \longrightarrow \text{(苯基)}—C_2H_5$$

值得注意的是烯烃饱和反应是放热反应，对不饱和烃含量较高的原料油加氢，要注意控制床层温度，防止超温。加氢精制反应器设有冷氢盘，可以靠打冷氢来控制温升。

**6. 芳烃加氢饱和反应**

加氢精制原料油中的芳烃加氢，主要是稠环芳烃（萘系和蒽、菲系化合物）的加氢，单环芳烃是较难加氢饱和的，芳环上带有烷基侧链，则芳香环的加氢会变得困难。

以萘和菲的加氢反应为例：

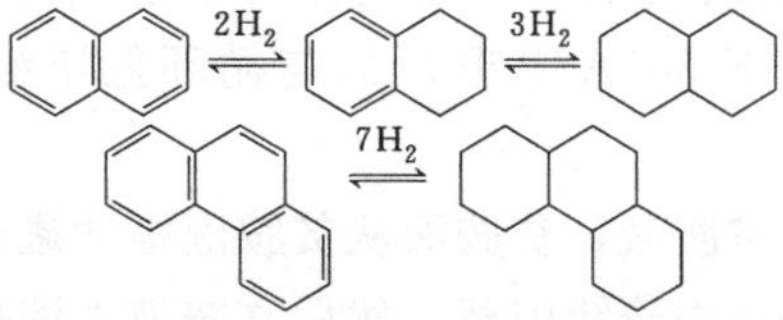

$$\text{萘} \underset{}{\overset{2H_2}{\rightleftharpoons}} \text{四氢萘} \overset{3H_2}{\rightleftharpoons} \text{十氢萘}$$

$$\text{菲} \overset{7H_2}{\rightleftharpoons} \text{全氢菲}$$

提高反应温度，芳烃加氢转化率下降；提高反应压力，芳烃加氢转化率增大。芳烃加氢是逐环依次进行加氢饱和的，第一个环的饱和较容易，之后加氢难度随加氢深度逐环增加；

每个环的加氢反应都是可逆反应，并处于平衡状态；稠环芳烃的加氢深度往往受化学平衡的控制。

加氢精制中各类加氢反应由易到难的程度顺序如下：

C—O、C—S及C—N键的断裂远比C—C键断裂容易；脱硫＞脱氧＞脱氮；环烯＞烯≫芳烃；多环＞双环≫单环。

### （二）工艺流程

反应系统工艺流程见图2-5。

原料油自罐区原料油中间罐送至原料油缓冲罐D-301，经原料油过滤器SR-301除去原料中大于25μm的颗粒，然后进入由惰性气保护的原料油缓冲罐D-301，滤后原料油经加氢进料泵P-302A/B升压后，进入反应流出物/原料油换热器E-303A/B换热，在流量控制下与混合氢混合后进入反应流出物/混合进料换热器E-301换热后进入反应进料加热炉F-301。反应进料在炉F-301中加热至加热至反应所需温度，再进入加氢精制反应器R-301、异构降凝反应器R-302。在催化剂作用下进行加氢脱硫、脱氮、烯烃饱和及芳烃部分饱和等反应。两台反应器均设置两个催化剂床层，床层间设有注急冷氢设施。

自R-302出来的反应物经E-301、反应产物/低压分离油换热器E-302A/B、E-303A/B，分别与反应进料、低压分离油、原料油换热，再进入反应流出物空冷器A-301冷却至45℃左右。冷却后的反应流出物进入高压分离器D-303。

为防止反应流出物冷却过程中铵盐析出，堵塞管道，用注水泵P-303A/B将除盐水注入到反应流出空冷器A-301前，并在E-303A/B前设有备用注水点。反应流出物在D-303内进行气、油、水三相分离。气体从分离器顶部出来，顶部出来的循环氢经循环氢脱硫塔入口分液罐D-320分液后，进入循环氢脱硫塔C-302底部，自贫溶剂缓冲罐D-321来的贫溶剂经循环氢脱硫塔贫溶剂泵P-312A/B升压后进入C-302第一层塔盘上。脱硫后的循环氢自C-302顶部出来，进入循环氢压缩机入口分液罐D-305分液，由循环氢压缩机K-302A/B升压后分两路：一路作为急冷氢去反应器控制反应器下床层入口温度；另一路与来自新氢压缩机K-301A/B出口的新氢混合成为混合氢。C-302塔底富溶剂在液位控制下至富胺液闪蒸罐D-322闪蒸后出装置。自D-303底部出来的油相在液位控制下进入低压分离器D-304中，闪蒸出的低压分离气与分馏部分的酸性气混合后至干气脱硫塔C-303进行脱硫，低压分离油经精制柴油/低压分离油换热器E-306A-F和E-302A/B，分别与精制柴油和反应流出物换热后进入柴油汽提塔C-301。E-302A/B壳程介质设有热旁路调节阀，用以调节低压分离油进入C-301的温度。高、低压分离器底部排出的含硫污水至酸性水闪蒸罐（D-323）中闪蒸后送至装置外。

氢气压缩部分自天然气制氢装置来的氢气作为装置新氢，经新氢压缩机入口分液罐D-306分液后进入新氢压缩机K-301A/B升压后与循环氢压缩机K-302A/B出口循环氢混合，混合后的气体称为混合氢。

为给循环氢脱硫，需注入贫胺液，贫胺液从贫胺液缓冲罐注入到循环氢脱硫塔C-302顶部，变为富胺液后要经过富胺液闪蒸罐闪蒸，然后富胺液去溶剂再生单元。闪蒸的气体与低分气合并出装置。

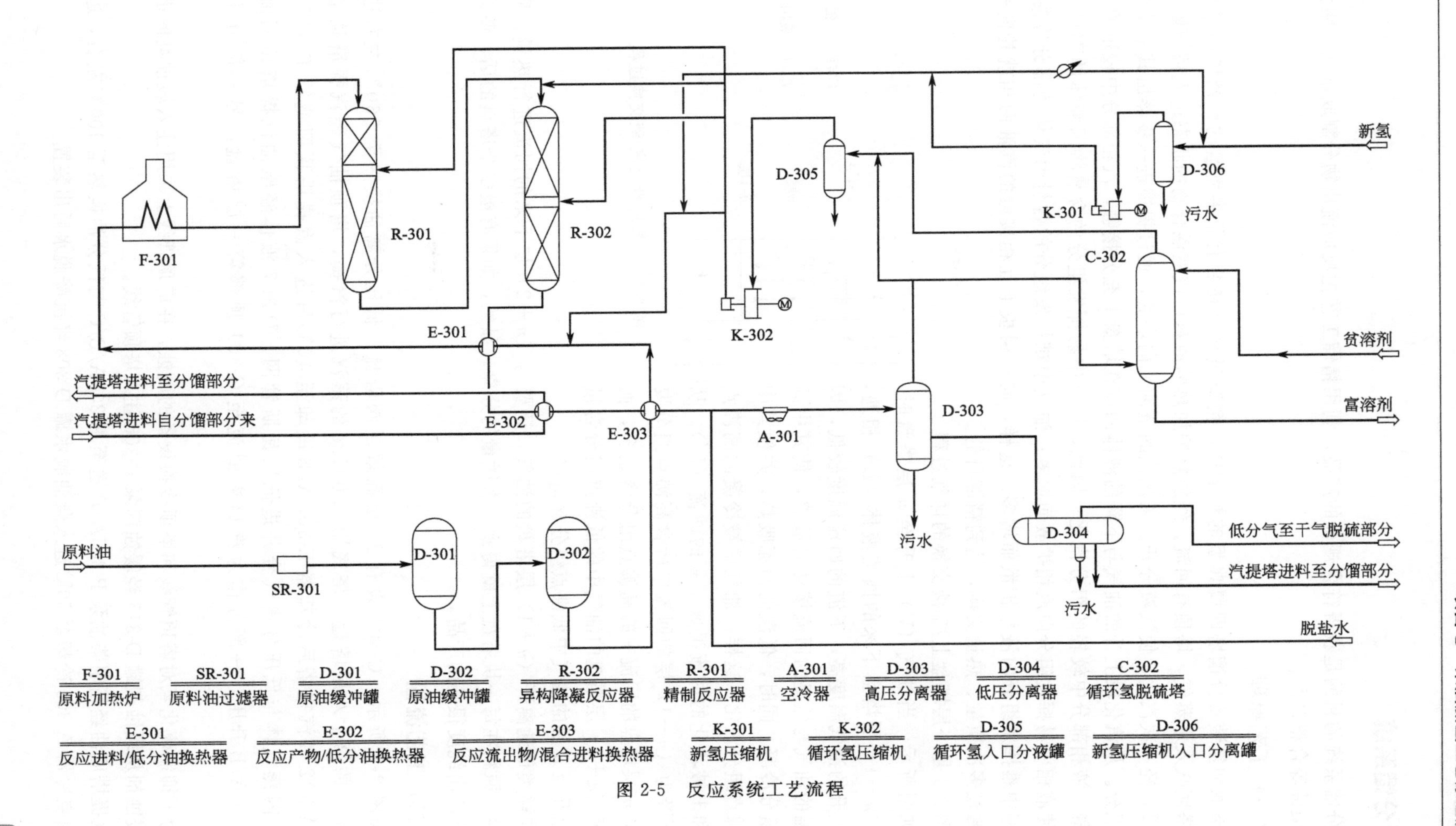


图 2-5　反应系统工艺流程

## 二、分馏系统

分馏系统的目的是获得符合规范的产品，利用精馏工艺把反应流出物分割成富气、粗汽油、柴油等合格产品。

### （一）工艺原理

柴油加氢装置分馏塔即属典型的精馏塔。精馏过程是在装有很多塔盘的精馏塔内进行的。塔底吹入水蒸气，塔顶有回流。经加热炉加热的原料以汽液混合物的状态进入精馏塔的汽化段，经一次汽化，使汽液分开。未汽化的重油流向塔底，通过提馏进一步蒸出其中所含的轻组分。从汽化段上升的油气与下降的液体回流在塔盘上充分接触，汽相部分中较重的组分冷凝，液相部分中较轻的组分汽化。因此，油气中易挥发组分的含量将因液体的部分汽化，使液相中易挥发组分向汽相扩散而增多；油气中难挥发组分的含量因气体的部分冷凝，使汽相中难挥发组分向液相扩散而增多。这样，同一层板上互相接触的汽液两相就趋向平衡。通过多次质量、热量交换，达到精馏目的。

图 2-6 是一层塔盘上汽-液交换的详细过程。

如图所示，当油气（$V$）上升至 $n$ 层塔盘时，与从（$n+1$）层塔盘下来的回流液体（$L$）相遇，由于上升的油气温度高，下流的回流温度较低，因此高温的油气与低温的回流接触时放热，使其中高沸点组分冷凝。同时，低温的回流吸热，并使其中的低沸点组分汽化。这样，油气中被冷凝的高沸点组分和未被汽化的回流组成了新的回流（$L'$）。从 $n$ 层下降为（$n-1$）层的回流中所含高沸点组分要比降至 $n$ 层塔盘的回流中的高沸点组分含量多，而上升至（$n+1$）层塔盘的油气中的低沸点组分含量要比上升至 $n$ 层的油气中低沸点组分含量多。

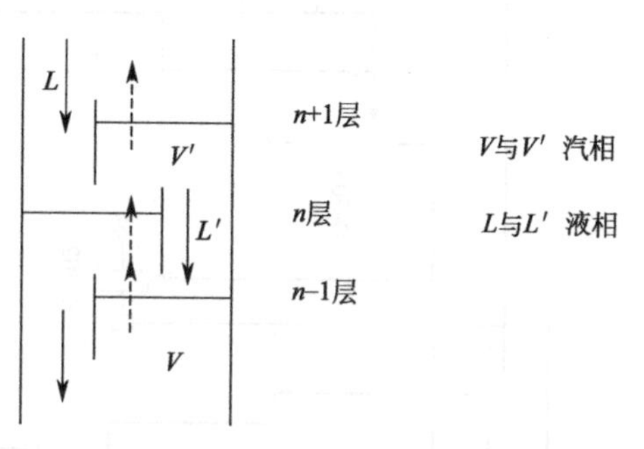

图 2-6　一层塔盘上汽-液交换过程

同样类似地离开（$n+1$）层塔盘的油气，还要与（$n+2$）层下来的回流进行热量、质量交换。原料在每一块塔盘上就得到一次微量的分离。显然，如果有极多个塔盘的话，使原料能分离出纯度很高的产品。

### （二）工艺流程

如图 2-7 所示，C-301 设有 24 层高效浮阀塔盘。低压分离油换热至 260℃左右进入 C-301 的第十八层塔盘。塔底用 1.0MPa 的蒸汽进行汽提，塔顶油气经汽提塔顶空冷器 A-302 和汽提塔后冷却器 E-305A/B 冷却至 40℃后进入汽提塔顶回流罐 D-307。D-307 闪蒸气体与低压分离气合并进低压瓦斯管网。D-307 液体经柴油汽提塔顶回流泵 P-304A/B 升压，一部分作为汽提塔回流至 C-301 顶部第一层塔盘，另一部分出装置。

为了抑制硫化氢对塔顶管线和塔顶冷换设备的腐蚀，在塔顶管线上采用注入缓蚀剂的措施。缓蚀剂从缓蚀剂罐 D-315 经缓蚀剂泵 P-306 注入塔顶管线。

汽提塔底油经精制柴油泵 P-305A/B 送至 E-306A/B/C 与低分油换热至 100℃左右，进入柴油空冷器 A-303 冷却至 50℃进入柴油脱水罐 D-308 经沉降脱水后出装置。

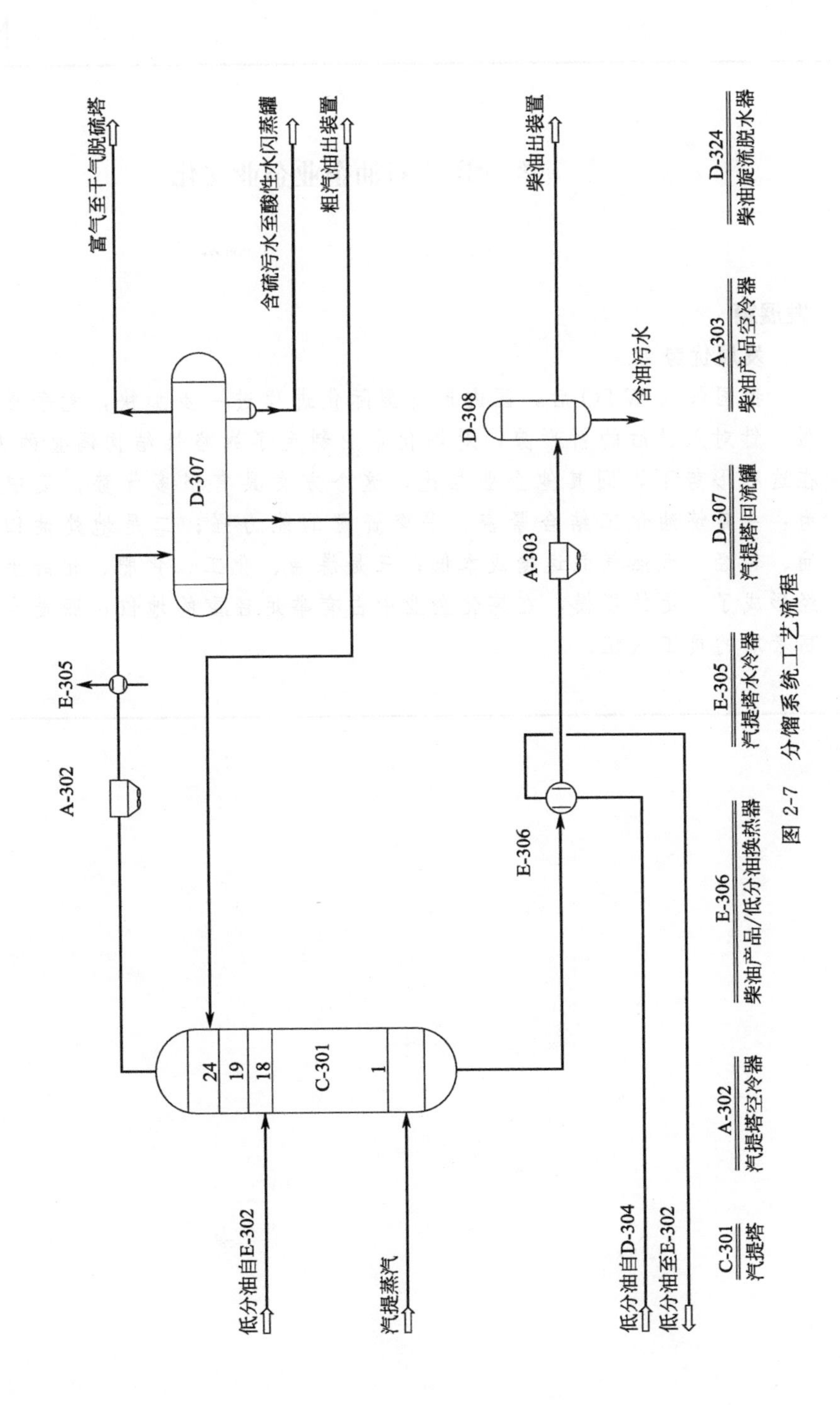


图 2-7　分馏系统工艺流程

## 学一学　石油企业企业文化

### 发展篇

**发展优势**

我国加入WTO后，国内市场国际化进程进一步加快，竞争更加激烈。针对入世后的新形势，对炼化企业制定了战略性结构调整的方案。在这种形势下，同其他企业相比，这个方案具有很多优势，集中表现为：一是炼油化工结合紧密，平衡资源的能力强；二是地处油田，原油、轻烃、天然气的运输成本低；三是炼油、化工、化肥、化纤生产已经形成了一定的规模，在炼化企业中占有举足轻重的地位；四是有一支高素质的员工队伍。

· 项目八 ·

# 柴油加氢装置开停工操作

## 一、柴油加氢装置开工操作

### (一) 反应系统开工

#### 1. 开工前确认

| 初始状态 $S_0$ |
| --- |
| 施工验收完毕，交付开工 |

状态确认：开工所需的各种工具准备齐全。
工艺管线、流程符合工艺要求。
各塔、容器、加热炉、冷换设备符合开工要求。
各机泵达到正常运转条件。
公用工程系统具备条件。
仪表电气系统具备条件。
安全环保设施齐全好用。

#### 2. 装置气密试验、干燥

**(1) 目的** 进一步检验阀门、法兰、设备、管线、焊口、各仪表接口等连接部位的施工质量，检查漏点，消除隐患，确保后续开工顺利进行及长周期运转。

**(2) 准备工作**

① 在装置配管工程焊接检查、水压试验及冲洗吹扫和单机试运行等各项工作全部完成后，才能进行气密试验工作。

② 与调度、空车间联系，准备好充足的合格氮气。

③ 检查恢复工作已经完成，如人孔、手孔、法兰、孔板均已复原，安全阀取出盲板或打开手阀。

④ 各低点放空、排火炬、排污点均需关闭。联系仪表工打开各仪表引线，严格检查流程。

⑤ 关闭与临氢系统无关的阀门，必要处加好盲板。要注意，不进行气密的一侧的通孔或排出阀要打开，防止阀门关不严串压引起事故。

⑥ 备好肥皂、洗耳球、刷子、大瓷桶、小铁桶、铁桶、粉笔等工具。

⑦ 所有压力表量程达不到试验压力 1.5 倍的，需要更换或上堵头。

**(3) 气密标准** 肥皂水检查气密点，冒泡不超过 5 个/min，装置压力（高压分离器）为设计压力 7.55MPa 时，静压降≤0.2MPa/h 为合格。

**(4) 气密步骤**

(P) — 注水线、注硫线的单向阀全部掉向。

(P) — 检查气密流程，确认正确无误。

(P) <I> — 打开 K-302 出口氮气阀，对系统进行充压，当 D-303 压力达到 1.0MPa 时启动 K-302，打开 $N_2$ 入 D-306 阀，启动 K-301 对系统升压，升压时要缓慢进行，气密压力在 1.0MPa 以下时，每 0.3MPa 为一升压阶段；1.0MPa 以上，每 0.5MPa 为一升压阶段。每一压力段都要检查有无泄漏，确定无异常情况在继续升压。

<I> — 当 K-302 运行正常后，F-301 点火升温，升温速率为 15～25℃/h，按反应器材质的要求，在系统压力达到 2.1MPa 前，使 R-302 器壁温度达到 135℃。同时加热炉开始烘炉。

(P) — 每阶段升压停止，要保持 10min 以上，检查法兰等密封点有无泄漏现象。

(P) — 用肥皂水试漏，也可目视判断，发现漏点挂上标记牌和做好登记，并根据具体情况作出处理。

**(5) 注意事项**

① 系统在升压过程中，每个系统都有两个以上部位有准确的压力表测量压力；系统压力以 D-303 压力表为准。气密标准以肥皂水检验气密点冒泡<5 个/min 为主，以压降为辅(≤0.05MPa/h)，并设专人标记漏点，检查时设专人每半小时记录一次压降数据。

② 在气密过程中，要统一指挥，步骤清楚，加强岗位间的密切配合。

③ 注意检查系统之间有无意外串压现象发生，严防设备和管线超压。

④ 气密时，密切注意由于环境温度升高而导致系统压力升高，及时采取必要的降压措施，严防超压。

⑤ 系统压力排放，可使用排出阀分散进行，要安全可靠时才能进行。若用大口径阀门排放时，要控制降压速率，以免压差过大而损坏设备。

⑥ 泄压后恢复正常生产流程。

⑦ 在 1.0MPa 试漏通过后，启动压缩机 K-302 进行循环升温。压力超过 2.1MPa 之前必须将介质温度先提到 135℃以上。

⑧ 若气密中途不合格，必须先泄压，后处理问题，泄压速率≤1.5MPa/h。

⑨ 高空气密作业要系好安全带。

⑩ 加热炉 F-301 点火升温时，分馏系统油品必须运行正常。

**(6) 反应系统烘干目的** 系统由于进行水试压和水冲洗等原因，会残留在系统内一些水分。这些水分的存在将影响催化剂活性和使用性能，因此在反应器装入催化剂前，对系统干燥是必须的。同时在干燥过程中，可对新投用的仪表、阀门进行校核，并可使操作人员进一步熟悉掌握仪表的使用方法和设备操作，加深对工艺流程的认识和了解。

**(7) 系统烘干前应具备的条件** 反应系统冲洗吹扫结束，所有调节阀、孔板、阀门、盲板等均已复位，系统综合气密试验已完成。反应流出物空气冷却器已试运完毕，可以随时投用。抽真空系统的蒸汽喷射泵已试运好用。对加热炉的各项检查工作已完毕，确认具备点火条件：消防蒸汽引到炉前。鼓风机已试运并确认好用，燃料气系统置换合格［氧含量≤0.5%（体积分数）］，且保温蒸汽已投用。

**(8) 系统烘干的准备工作**

① 隔离反应系统。将有关点加盲板。打通系统干燥流程。对系统进行氮气置换和气密试验。

(P) <I> — 启动蒸汽喷射泵 EJ-301 对系统抽真空至 125mmHg，停蒸汽喷射泵，进行查漏，在 30min 内真空度下降≤25mmHg 为合格，否则，要继续查漏并进行处理（注：在抽真空过程中，要求达到 125mmHg 的时间应≤80min，否则应查漏）。

(P) <I> — 在循环氢压缩机出口向系统充氮气，并同时抽真空 15min，对系统进行置换。

(P) <I> — 停止抽真空，使系统升压至 0.5MPa。

(P) <I> — 将系统泄压并再次抽真空至 125mmHg，再次引氮气破真空，升压至 1.0MPa，直至各采样口分析氧含量≤1.0%，即为置换完成。

(P) <I> — 在循环压缩机入口引入氮气对机体置换，使吹扫气体通到排放系统。

② 系统干燥的工艺条件。

介质：氮气。

循环氢压缩机出口压力 1.5MPa，循环气量为最大。

反应器入口温度为：≤400℃。

高压分离器温度为：≤50℃。

③ 反应系统干燥步骤。

(P) —启动循环氢压缩机，逐步减小回流，使系统建立全量循环。

(P) —打开原料泵的氢气冲洗阀和急冷氢阀，待这些管线吹扫充分后，关闭氢气冲洗线和急冷氢阀，以加大系统循环量。

(P) —启动反应产物冷凝器，启动高压分离器液面计。

(P) <I> — 加热炉点火，以 15～20℃/h 的升温速率将反应器升温，将反应器入口升温，由于配合加热炉烘炉，所以升温随加热炉进行升温，但反应器入口温度不能超过 400℃，每半小时检测高压分离器排液量，并做记录，直至高压分离器基本无水产生为止，(高压分离器 D-303 低点脱水<1000mL/h，连续 2h)，即为干燥完成。

(P) <I> — 烘干后，加热炉以≤20℃/h 降低炉出口温度，当降至 120℃时，加热炉熄火。

(P) <I> — 继续循环降温，当反应器温度降至 50℃以下时，停循环压缩机及冷却器。

(P) <I> — 低点排放和系统降压。

(P) — 对加热炉衬里及其各部件进行检查。

(P) — 当系统温度达 250℃时，对系统进行热紧。

| 状态 S1 |
| --- |
| 反应系统初气密、干燥完毕 |

状态确认：气密压力达到规定值 60min 以上，法兰密封无泄漏为合格。

### 3. 催化剂装填

#### (1) 催化剂的装填工作

① 催化剂的类型和主要性质。精制反应器主要装填两种催化剂。一种是加氢精制再生催化剂，另一种是加氢精制新催化剂，目的是将油品中的硫、氮、氧等非烃化合物脱除，达到产品精制目的。

降凝反应器装填三种催化剂。第一种是 HPDW-1 临氢降凝催化剂（再生剂），这种催化剂是通过择形分子筛，将进料中的长直链烷烃裂解为较小的分子，把原料油的凝固点降低，达到改善油品低温流动性的目的。第二种催化剂是 HPC-14 加氢改质催化剂，其作用为在进行深度加氢脱硫和加氢脱氮反应同时、通过控制催化柴油中芳烃开环而不发生进一步的裂化反应，达到大幅度提高柴油十六烷值，而同时又能保证较高柴油产品收率的目的。第三种催化剂是 HPH-06 加氢精制催化剂，作为补充精制催化剂装填在床层的底部，目的是将经择形裂化反应后生成的不饱和烃类进行加氢饱和，同时也对油品中残留的非烃化合物进行加氢精制，达到改善油品颜色和安定性，提高产品质量的目的。

催化剂的主要性质见表 2-8，保护剂主要性质见表 2-9。

表 2-8　催化剂主要性质

| 催化剂技术指标 | 催化剂类型 | | | |
|---|---|---|---|---|
| | HPH-06 加氢精制催化剂 | 加氢精制（再生剂） | HPC-14 加氢改质催化剂 | HPDW-1 临氢降凝催化剂(再生剂) |
| 形状 | 三叶草 | 三叶草 | 三叶草 | 三叶草 |
| 直径/mm | 1.3～1.6 | 1.3～1.6 | 1.2～1.4 | 1.4～1.6 |
| 长度(85%催化剂)/mm | 3～8 | 3～8 | 3～8 | 3～8 |
| 机械强度/(N/cm) | ≤150 | ≤150 | ≤130 | ≥100 |
| 活性组分 | W-Mo-Ni | — | W-Mo-Ni | Ni |
| 孔容/(mL/g) | ≥0.35 | — | ≥0.25 | |
| 比表面积/($m^2$/g) | ≥150 | — | ≥170 | |
| 装填密度/(t/$m^3$) | 0.75～0.85 | 0.85～0.90 | 0.80～0.85 | 0.75～0.80 |

表 2-9　保护剂主要性质

| 保护剂技术指标 | HPB-1 保护剂 | HPB-2 保护剂 |
|---|---|---|
| 形状 | 四叶轮 | 四叶轮 |
| 粒径/mm | 5.3～6.3 | 3.2～4.2 |
| 长度/mm | 约 8 | 约 8 |
| 孔容/(mL/g) | ≥0.3 | ≥0.3 |
| 比表面积/($m^2$/g) | ≥100 | ≥100 |
| 装填密度/(t/$m^3$) | 0.45～0.55 | 0.6～0.7 |
| 机械强度/(N/粒) | ≥130 | ≥150 |

催化剂装填前需取样核查名称和数量，查看包装是否有破损，催化剂的强度和破碎情况是否需要过筛。

② 装填方案。精制反应器和降凝反应器的装填方案见表 2-10、表 2-11。

**表 2-10 R1 加氢精制反应器催化剂装填方案（直径 1600mm）**

| 床层 | 装填物 | 高度/mm | 体积/$m^3$ | 重量/t |
|---|---|---|---|---|
| 一床层 | 空高 | 200 | | |
| | $\phi$13mm 瓷球 | 100 | 0.20 | |
| | HPB-1 保护剂 | 100 | 0.20 | 0.12 |
| | HPB-2 保护剂 | 100 | 0.20 | 0.14 |
| | 加氢精制剂（再生剂） | 2340 | 4.70 | 4.10（估算） |
| | $\phi$3mm 瓷球 | 80 | 0.16 | |
| | $\phi$6mm 瓷球 | 80 | 0.16 | |
| 二床层 | 空高 | 200 | | |
| | $\phi$13mm 瓷球 | 100 | 0.20 | |
| | 加氢精制剂（再生剂） | 4780 | 9.61 | 8.46（估算） |
| | HPH-06 加氢精制催化剂 | 1500 | 3.01 | 2.41 |
| | $\phi$3mm 瓷球 | 100 | 0.2 | |
| | $\phi$6mm 瓷球 | 100 | 0.2 | |
| | $\phi$13mm 瓷球 | 高于收集器 200mm | | |

**表 2-11 R2 加氢降凝反应器催化剂装填方案（直径 2400mm）**

| 床层 | 装填物 | 高度/mm | 体积/$m^3$ | 重量/t |
|---|---|---|---|---|
| 一床层 | 空高 | 200 | | |
| | $\phi$13mm 瓷球 | 100 | 0.45 | |
| | HPDW-1 降凝催化剂（再生剂） | 2960 | 13.4 | 10.72（估算） |
| | $\phi$3mm 瓷球 | 100 | 0.45 | |
| | $\phi$6mm 瓷球 | 100 | 0.45 | |
| 二床层 | 空高 | 200 | | |
| | $\phi$13mm 瓷球 | 100 | 0.45 | |
| | HPDW-1 降凝催化剂（再生剂） | 500 | 2.26 | 1.81（估算） |
| | HPC-14 加氢改质催化剂 | 3480 | 15.74 | 13.54 |
| | HPH-06 加氢精制剂（新剂） | 500 | 2.26 | 1.95 |
| | $\phi$3mm 瓷球 | 100 | 0.45 | |
| | $\phi$6mm 瓷球 | 100 | 0.45 | |
| | $\phi$13mm 瓷球 | 高于收集器 200mm | | |

③ 瓷球要求。惰性材料瓷球用于支承和覆盖催化剂床层，精制反应器和降凝反应器所需瓷球数量如表 2-12、表 2-13。

**表 2-12 精制反应器的瓷球装填数量**

| 项目 | 体积/$m^3$ | 重量/t | 装填密度/（kg/$m^3$） |
|---|---|---|---|
| $\phi$3mm 瓷球 | 0.36 | 0.54 | 1.5 |
| $\phi$6mm 瓷球 | 0.36 | 0.504 | 1.4 |
| $\phi$13mm 瓷球 | 1.2 | 1.56 | 1.3 |

表 2-13 降凝反应器的瓷球装填数量

| 项目 | 体积/$m^3$ | 重量/t | 装填密度/($kg/m^3$) |
|---|---|---|---|
| $\phi$3mm 瓷球 | 0.9 | 1.35 | 1.5 |
| $\phi$6mm 瓷球 | 0.9 | 1.26 | 1.4 |
| $\phi$13mm 瓷球 | 2.7 | 3.51 | 1.3 |

瓷球外形应近似圆形，$\phi$3mm 瓷球最大直径公差为±1mm，$\phi$6mm 和 $\phi$13mm 瓷球最大直径公差为±2mm。

**(2) 反应器装填前的准备工作**

① 反应器内构件。急冷氢管在安装前应在地面用蒸汽进行直观试验，观察气体喷射是否均匀，喷射角度是否正确。如有不当，可进行校正。主要作用是减缓反应物流对气液分配盘的冲击，扩散器有两个开口，检查重点是进料的方向和开口必须垂直。气液分配盘、冷氢箱的受液板和分配盘是用来把反应物流均匀分配到下面催化剂床层的主要内构件，盘、板和反应器壁支承梁的所有配合面，要全部垫有规定的垫片，要求安装后的分配盘泡罩及急冷箱的受液板水平度公差应在±6mm 以内（即总高差不大于 12mm）建议安装后用水进行泄漏试验，在升气孔全部堵塞时 100mm 高的静水在 5min 内下降高度不超过 25mm。出口收集器支撑着下床层催化剂，收集器周围充填 $\phi$13mm 瓷球。安装的方位要正确不偏移，定位螺栓处于正常紧固状态，顶盖要水平，筛网完整，网孔均匀，无堵塞物。检查反应器底部卸料管挡板安装是否正确。

② 反应器的检查。催化剂装填前，系统的管线和设备都需保持干燥状态，对施工、气密过程遗留的杂物和液体水要彻底清除，内构件及器壁残存的浮尘、油污要清扫干净，并用干燥的仪表风吹扫反应器 1～2h。

当工作人员进入反应器时，一定要对反应器内气体进行分析，确认器内已充满新鲜空气，氧含量＞20%，无有害气体，而且和反应器直接相连的管线已隔断，不会有氮气进入反应器中。

③ 装填材料和用具准备。催化剂装填工作区域内的地面要清除干净。催化剂和瓷球（$\phi$3mm、$\phi$6mm、$\phi$13mm）按稍多于装填要求的数量运至现场，催化剂和瓷球有吸水性，要用篷布盖好，做好防雨、防潮准备。催化剂装填前，才可将包装桶拆封打开。搭建临时平台以便将催化剂由包装桶卸入升降漏斗。用篷布在反应器顶搭设遮风、遮雨工棚，将平台上杂物清扫干净。

④ 装填用具准备。备好吊装工具，包括吊车、吊运漏斗。

| | |
|---|---|
| 装填催化剂用的专用加料漏斗（出口装闸板阀） | 1 台 |
| 筛子，孔径 1.6mm | 1 台 |
| 磅秤，500kg | 1 台 |
| 软梯 | 1 个 |
| 支承板，材质：木材 300mm×600mm | 2 块 |
| 木耙子，手柄长 500mm | 1 把 |
| 皮尺，20m | 1 盘 |
| 防爆照明灯 | 2 个 |
| 步话器 | 4 台 |
| 帆布软管，周长 320mm　长 11m | 1 卷 |

篷布，10m×15m 4块

木板尺，长1500mm 1把

胶皮管，直径50.8mm 长15m 1根

劳保用品，包括：空气面罩、防护衣靴、防尘帽、口罩、皮手套等若干套。

⑤ 催化剂装填的技术要求。装填催化剂应选在晴天连续进行。如装填过程突然降雨，则应停止，并将反应器顶人孔用篷布罩起来，保持装填催化剂区域内的干燥。

催化剂包装桶的开盖、装卸等操作最好均应在篷布上进行，避免催化剂散落，直接接触土地，无法回收。

a. 装催化剂前需要取样分析反应器内的气体，确认反应器内充满新鲜空气，然后按工厂安全规程，穿着劳保服装和安全带，佩戴新鲜空气面罩，持步话器等工具进入反应器，器内要有照明设施、梯子。反应器顶部要有固定人员，不间断的监护进入器内人员的安全。

b. 进入反应器的人员所携带的工具要悉数登记，离开时要核对，不能把工具遗留在反应器内。

c. 催化剂装填过程中，要一直通入干燥空气，插入反应器的风管应在稍高于床层处将干燥空气送入反应器中，并始终保持气体向上的方向流动，反应器顶部人孔口的气体流速约0.3m/s，在任何时候绝不允许空气穿过催化剂床层。

d. 将带有卸料管和闸板阀的催化剂漏斗安放在反应器人孔上，并将帆布导管连在卸料管上。

e. 将瓷球吊放入反应器中，不能从人孔抛下去，否则会造成破碎。

f. $\phi$13mm的瓷球装在底部头盖和催化剂卸出管中，并且一定要盖过出口收集器顶部至少100mm。每一种规格的瓷球装入后，要平整床层，尽量使床面水平斜度减至最小，然后再装第二种规格的瓷球。瓷球装完后，再次将料面扒平，方可装填催化剂。

g. 将催化剂放入漏斗通过闸板阀和导管把催化剂装在瓷球上面。进入反应器装填催化剂的人要用手紧紧夹住帆布导管，让导管中一直充满催化剂，并推动导管不断沿反应器内圆做圆周运动；另一人应控制闸板阀使料层均匀的不断升高。一定不能让催化剂在床层上面堆积成锥形体。当催化剂料面升高至距帆布套管出口不足0.5m时可截去一段，通常大约一次截1m。截去的帆布管一定要立即送出反应器。以免埋于催化剂床层内。

h. 装填过程中要尽量减少催化剂的颗粒磨损破裂。催化剂的自由下落高度一般不应大于1.5m。注意：在瓷球和催化剂层面上工作的人员一定要站在木质支承板上，以分散人身的重力，不要直接踩踏催化剂以免催化剂破碎。

i. 当催化剂床层上升至接近分配盘或预定高度时，要减慢装填速度，并不断用木耙子平整料面，防止装填过量，如出现过载，可用小桶将多余量移出反应器，并称重记录。装填过程要按时核查催化剂装填高度，体积，重量，计算装填密度。

j. 下床催化剂全部装好后，扒平料面，然后装入瓷球并扒平料面。组装气液分配盘和急冷箱时，要确保水平度和泄漏量的要求。床层之间的催化剂排放管内全装$\phi$3mm瓷球。支承隔栅上先装$\phi$6mm瓷球扒平后，再装$\phi$3mm瓷球并扒平，然后装填催化剂，催化剂全部装完后扒平，再在上面装瓷球并扒平。安装分配盘，并装入口扩散器和反应器进口管。

| **状态S2** |
|---|
| 催化剂装填完毕 |

状态确认：R-301、R-302 各种催化剂装填结束。

**4. 反应系统氮气置换、气密**

**(1) 系统抽真空**

[P]— 关闭 D-306 入口氢气阀

[P]— 关闭 D-306 入口氮气阀

[P]— 打开 K-301 出口新氢返回 D-306 线上的阀门

[P]— 关闭 K-301 入口置换氮气阀门

[P]— 关闭 K-301A 入口阀门

[P]— 关闭 K-301B 入口阀门

[P]— 关闭 K-301A 出口阀门

[P]— 关闭 K-301B 出口阀门

[P]— 关闭 $H_2$ 出装置阀门

[P]— 关闭 K-302 入口阀门

[P]— 关闭 K-302 出口氢气去空冷器 A-301 阀门

[P]— 关闭 K-302 出口氢气去空冷器 A-301 线控制阀组的副线阀

[P]— 关闭 K-302 出口氢气去空冷器 A-301 线控制阀组上游阀

[P]— 关闭 K-302 出口氢气去空冷器 A-301 线控制阀组下游阀

[P]— 打开新氢入 K-302 出口线上的阀门

[P]— 关闭 K-302 出口冷氢线阀

[P]— 关闭 K-302 出口去 P-302 出口赶油线阀

[P]— 关闭 K-302 入口置换氮气阀

[P]— 关闭 P-302A/B 出口阀

[P]— 打开混氢点处阀

[P]— 关闭硫化剂注入线上的阀门

[P]— 关闭 F-301 非净化风和蒸汽线上的阀门

[P]— 关闭 D-303 去 D-304 线上的阀门

[P]— 关闭 E-303B 入口注水阀

[P]— 关闭 A-301 入口注水阀

[P]— 关闭 D-303 底部含硫污水线上的阀门

[P]— 打开抽空器入口阀

(P)— 确认 D-305 顶压力表 PG-3128、PG-3131 安装到位

(M)— 确认抽真空流程建立正确

(M)— 确认抽真空所用蒸汽供应到位

(P)— 确认对讲机通话正常

[P]— 打开抽空器蒸汽阀门，系统开始抽真空

(P)— 确认 PG-3128 指示达到 125mmHg

[P]— 关闭抽空器蒸汽阀门，保持真空

[M]— 检查系统真空保持情况

(M)— 确认各排凝阀关闭、无泄漏存在

**(2) 用氮气破真空**

[M] — 联系化验准备分析系统含氧量

[P] — 打开氮气入 D-306 入口阀

[I] — 投用 D-306 压控 PIC-3401，控制系统压力为 0.05MPa

[M] — 组织人员再次将系统抽真空至 125mmHg（1mmHg= 133.322Pa）

[M] — 组织人员向系统充氮气再次破真空

[I] — 通过 PIC-3401 控制系统压力为 0.1MPa

[P] — 配合化验人员在高压分离器气取样器 SC-302 分析氧含量，并把结果通知操作室

(M) — 确认氧含量小于 0.5%（体积分数）

**注意**

如氧含量还不合格则仍改用氮气循环置换的办法直至合格

**(3) 系统氮气升压气密**

[P] — 关闭 D-305 顶去抽空器线上阀门

[P] — 隔离 EJ-301 系统

[P] — 打开 K-302 入口氮气阀，用氮气置换机体，排气至放空系统

(M) — 确认 K-302 机体置换合格

(M) — 确认 K-301 机体具备启机条件

[I] — 控制升压速率为 1.0MPa/h，把反应系统压力升到 1.0MPa

(P) — 确认 PG-3131 压力指示为 1.0MPa

[P] — 检查整个系统的泄漏情况

**注意**

每进行一个压力等级的气密，需恒压一段时间进行检查发现泄漏点后要将系统压力降低一个等级再来处理泄漏点，然后再将压力升到原来的压力进行试压

**(4) 反应系统的循环氮气置换**

[I] — 控制系统压力为 1.0MPa

(P) — 确认 PG-3131 压力指示为 1.0MPa

(P) — 准备 K-302 启机条件

(M) — 确认 K-302 具备启机条件

[P] — 按 K-302 启机规程启动 K-302

[I] — 投用 D-305 压力控制系统 PIC-3110A、PIC-3110B

[I] — 控制系统升压至 2.0MPa（G）

[P] — 检查系统泄漏情况

(P) — 确认系统无泄漏

[M] — 联系化验准备分析系统含氧量

[I] — 控制氮气循环 1h

[P] — 配合化验分析 SC-302 氧含量

(M) — 确认系统氧含量含量都小于 0.5%（体积分数）

**(5) 低分系统进行氮气置换**

| 状态 S3 |
|---|
| 反应系统氮气置换、气密完毕 |

状态确认：系统无泄漏，所有采样点氧浓度小于0.5%（体积分数）。

**5. 催化剂干燥脱水**

**(1) 系统保持最大量氮气循环**

[I]—控制反应系统2.0MPa（G）压力稳定

[I]—控制K-302以全量进行氮气循环

**(2) 确认冷氢线畅通**

[P]—打开反应器冷氢线上阀门

(M)—确认冷氢线畅通

**(3) F-301点火升温，干燥催化剂**

(P)—确认F-301流程正确（详见加热炉操作规程）

(M)—确认F-301具备点炉条件

[P]—按加热炉操作规程将F-301点炉，升温速率5～10℃/h

[I]—控制F-301升温至R-301入口温度达到150℃

[I]—控制D-303温度低于50℃

[P]—投用A-301，保证D-303温度低于50℃

[I]—控制F-301升温至R-301入口温度达到250℃，恒温8～16h

[I]—控制R-302出口温度不低于150℃

[P]—定期在D-303罐排水

[I]—记录并绘制一条生成水量曲线

(M)—确认D-303连续两次排水无液面升高，催化剂干燥合格

**注意**

控制升温速率不大于10℃/h

**(4) 干燥完毕，系统氮气升压气密**

[I]—控制以10℃/h的速率降温至反应器入口温度175℃

[I]—控制氮气2.0MPa（G）循环

[I]—控制以1.0MPa/h速率升压至3.0MPa

[P]—检查系统密封情况

(M)—确认系统密封良好

[I]—控制以1.0MPa/h速率升压至5.0MPa

[P]—检查系统密封情况

(M)—确认系统密封良好

[I]—控制以1.0MPa/h速率升压至7.0MPa

[P]—检查系统密封情况

(M)—确认系统密封良好

[P]—停K-301，做静压试验

(M)—确认系统密封合格

[I]—打开0.7MPa/min紧急泄压阀，使系统压力降至1.0MPa

| 状态S4 |
|---|
| 催化剂干燥结束 |

状态确认：D-303连续两次排水无液面升高，催化剂干燥合格。

系统静压试验合格。

**6. 反应系统氢气置换、气密**

**(1) 系统引入氢气**

[P]—调新氢盲板，通过新氢线引重整氢气入反应系统

[P]—启动压缩机 K-301

[I]—控制以不大于 1.5MPa/h 的速率升压至 2.0MPa 气密

(M)—确认密封良好

(P)—确认 D-305 顶 PG-3131 压力指示为 2.0MPa

[M]—联系化验准备分析循环氢组成

[I]—控制系统氢气循环平稳

[P]—配合化验分析循环氢组成

(M)—确认循环氢组成合格

**注意**

如氢气纯度低，可通过 D-305 顶将循环氢排放一部分，再补入新氢

**(2) 系统升温、升压**

[I]—控制 F-301 以 15～20℃/h 速率升温至 R-301 入口温度 175℃

[I]—升压至系统压力为 3.0MPa

[P]—检查系统密封情况

[I]—控制系统升压至 5.0MPa

[P]—检查系统密封情况

(M)—确认系统密封良好

[I]—控制系统升压至 7.0MPa，做静压试验

[P]—检查系统密封情况

(M)—确认静压试验合格

**(3) 反应系统紧急卸压试验**

(P)—确认紧急放空系统流程正确

(M)—确认紧急放空系统流程正确

[M]—与调度联系准备进行紧急卸压试验

[I]—投用 UV-3104，缓慢打开 UV-3104，确定系统卸压速率为 0.4MPa/min 时 UV-3104 的阀位

[P]—配合仪表工现场限定 UV-3104 的开度，确保 UV-3104 在最大开时系统卸压速率为 0.4MPa/min

| **状态 S5** |
| --- |
| 反应系统氢气置换、气密、紧急卸压试验完毕 |

状态确认：各压力等级系统压力降小于 0.5MPa/h 合格。

**7. 催化剂的预硫化**

**(1) 硫化剂的数量**

催化剂预硫化核算见表 2-14。

表 2-14　催化剂预硫化核算

| 催化剂 | 保护剂 | 加氢精制 | 临氢降凝 | 加氢改质 |
|---|---|---|---|---|
| 催化剂装填量/kg | 260 | 16920 | 12530 | 13540 |
| DMDS 用量/(kg/kg 催化剂) | 0.0541 | 0.1589 | 0.0084 | 0.1334 |
| 理论生成水量/(kg/kg 催化剂) | 0.031 | 0.091 | 0.0048 | 0.0766 |
| DMDS 理论注入量/kg | 14.066 | 2688.588 | 105.252 | 1806.236 |
| 各催化剂硫化生成水/kg | 8.06 | 1539.72 | 60.144 | 1037.164 |
| 催化剂所需 DMDS 总量/kg | 4614.142 | | | |
| 硫化过程总生成水量/kg | 2645.088 | | | |

注：硫化剂实际备用量为理论需硫量的125%，即 DMDS 约需 5.77t。

二甲基二硫（DMDS）的性质见表 2-15。

表 2-15　二甲基二硫（DMDS）的主要性质

| 化学名称 | 二甲基二硫(DMDS) | 化学名称 | 二甲基二硫(DMDS) |
|---|---|---|---|
| 分子式 | $CH_3—S—S—CH_3$ | 沸点/℃ | 109.7 |
| 分子量 | 94.2 | 热分解温度/℃ | 200 |
| 密度(20℃)/(g/mL) | 1.06 | 含硫量(质量分数)/% | 67.2 |

**(2) 硫化前的准备工作**

① 硫化系统的吹扫、气密和试运行。用氮气将硫化系统吹扫干净后，进行气密和试运行，并确认气密和试运行合格。

② 通过调度联系以下单位：

a. 空分：准备足够量纯度 99.9%（体积分数）以上的合格氮气，用于系统置换和事故处理。

b. 仪表：对于临氢系统的仪表、控制阀、自保联锁系统和纯度分析仪等做进一步检查，使之处于复位、完好、待用状态。

c. 化验：做好循环氢中氢气纯度和反应器出口循环氢中硫化氢浓度分析的准备。

d. 制氢：做好连续稳定提供纯度大于 95%合格新氢的准备。

③ 确保装置循环氢压缩机、新氢压缩机等设备处于运行完好状态。

④ 做好反应系统空冷前注水准备。

**(3) 催化剂硫化初始条件**

反应器入口压力：操作压力；

硫化油进料量：同设计值；

氢油体积比：循环氢压缩机全量循环；

循环氢纯度：≥85%；

硫化油：直馏轻柴油（要求硫化油馏程 95%≤365℃、氮含量≥100μg/g，凝点≤0℃、水含量≤300μg/g 或痕迹）。

**(4) 催化剂预硫化操作**

① 氢气气密合格并建立循环后，在反应压力 7.0MPa、循环氢压机全量循环的条件下，以 15℃/h 的升温速率将反应器入口温度升至 170℃，启动进料泵，开始按 50%负荷向反应系统引入硫化用直馏轻柴油，硫化油在通过干燥的催化剂床层时会产生吸附热，导致床层出

现温波。待温波通过催化剂床层后，逐渐将进油量提至100%设计负荷，外甩1～2h后，进行硫化油闭路循环。

以≤15℃/h的速率平稳提升精制反应器入口温度至180℃，启动注硫泵，先向放空线排3～5min，然后向反应系统注硫化剂。起始注硫速率可按69kg DMDS（或56kg $CS_2$）/10000$m^3$/h循环氢的经验值来调节，注入催化剂床层，硫化阶段和有关技术要求见表2-16。

**表2-16　硫化阶段和有关技术要求**

| 硫化阶段 | 升温速率及有关技术要求 | 循环气中$H_2S$含量/% |
|---|---|---|
| 170～230℃ | 6～8℃/h,反应器$H_2S$穿透前硫化温度不得超过230℃ | 0.1～0.5 |
| 230℃恒温 | 恒温硫化时间≥8h | 0.1～0.5 |
| 230～290℃ | 6～8℃/h | 0.5～1.0 |
| 90℃ | 恒温硫化≥6h | 0.5～1.0 |
| 290～320℃ | 6～8℃/h | 0.5～1.0 |
| 320℃恒温 | 恒温硫化时间≥4h,高压分离器生成水液位不再上升,硫化结束 | 1.0～2.0 |

② 注硫后会产生一温度波动，自上而下通过反应床层，当温度波动通过床层后，可适当调大硫化剂注入量，注入速率可根据循环氢的实际流量调节，提高DMDS的注入速率不应太快，每次提量最短间隔为15min。注硫量稳定后再以5℃/h的升温速率，升高床层温度。

③ 注硫后2h要按时检测反应器出口循环氢中的$H_2S$含量，在未检测出$H_2S$含量前，床层的任一点温度均不得超过230℃，也不能注入冷氢。

④ 当反应床层温度达到230℃，循环氢中的$H_2S$含量也达到0.1%～0.5%（体积分数）后，在230℃进行恒温，恒温时间至少8h，并注意观察床层温升。在硫化过程中每30min要分析一次高压分离器循环氢中$H_2S$的含量，最长不能超过1h。每4h分析一次循环氢中的氢含量，每8h分析一次循环氢的组成。高压分离器中生成的水要及时排放并计量。

⑤ 高压分离器气体中$H_2S$含量达0.5%～1.0%，230℃恒温也已结束后，将反应器入口温度以6～8℃/h速率升至290℃，290℃恒温不少于6h。

⑥ 290℃恒温结束，再以6～8℃/h速率升至320℃，升温过程中保持循环氢中$H_2S$含量在0.5%～1.0%。

⑦ 当催化剂床层温度升至320℃时，调整注硫量，使循环氢中的$H_2S$含量提高到1.0%～2.0%，在此条件下恒温4h。

**注意**

在硫化升温至270℃或以上时，降凝催化剂就表现出较强的裂解活性，此时硫化油在降凝催化剂作用下发生择形裂解反应，将有部分轻汽油及液化气产生（可通过观察硫化油密度变化，判断裂化程度），此时应将低分罐排气阀打开，将产生的液化气等轻烃排放至火炬，或者将硫化流程改为大循环，即硫化油经分馏系统分馏后再循环回原料油缓冲罐。

因低压分离罐排放时将有部分硫化氢随液化气一起排出装置，故加氢降凝催化剂组合采用湿法硫化时使用硫化剂量高于理论计算值，建议备用量不少于理论量的一倍。

⑧ 全面达到下述标准，硫化即可结束。

第一：循环氢中$H_2S$含量连续4h不变，均达到1.0%～2.0%。

第二：床层温度均已恒定，且床层均无温升。

第三：高压分离器生成水液面恒定，不再增加。

第四：硫化剂注入量已达到或超过计算量。

| 状态 S6 |
| --- |
| 催化剂硫化结束 |

状态确认：催化剂硫化结束。

**8. 催化剂钝化**

硫化结束后，以 20℃/h 速率降低加热炉出口温度至 240℃。在降温期间可适当补加一些硫化剂，以维持循环氢中 $H_2S$ 含量不低于 0.1%，并将循环氢纯度调至 85%以上。待温度降至 240℃以下时停止注硫化剂，准备进油。

① 检查装置的各项工艺指标和设备运行状况，将反应压力和循环氢的流量调整到正常运转工艺指标，当装置已具备进油条件时，即可将直馏轻柴油引入装置，进油量开始时为 60%设计负荷。

② 进油后反应床层会出现温度波动，温度波动的峰值为 15～25℃，约经 1h 消失，如发现床层温升超过 30℃，而且还在不断上升时，要及时降低反应器入口温度，必要时减少原料油进料量，直到温升消失，方可再提高反应器入口温度，调整进油量。在进油过程中要经常注意高压分离器的液面。

③ 当温波消失，高压分离器也出现液面后，增加进油量到正常值 25t/h。同时开启注水泵向系统以 1.5t/h 注水。生成油由高压分离器减至低压分离器后送分馏，产品改走不合格线出装置。

④ 以 20℃/h 的速率提高反应器 R-301 入口温度，当反应器 R-302 入口温度达到 300℃后稳定 4h，开始对降凝柴油采样进行分析，检测柴油的凝固点和硫含量。

⑤ 调整反应器 R-301 和 R-302 入口温度，直到柴油的硫含量＜10μg/g，凝固点＜－35℃。在两个反应器的床层平均温度≤350℃的条件下至少运转 48h，对催化剂进行钝化。如柴油硫含量超过 10μg/g 可以调高 R-301 入口温度，如柴油凝点达不到－35℃时也可以通过调高 R-301 入口温度以提高 R-302 床层温度。

| 状态 S7 |
| --- |
| 催化剂钝化结束 |

状态确认：钝化结束后工艺调整。

**9. 引原料入装置、调整操作**

催化剂钝化完成后即可逐步换进设计进料，调整反应温度，直到产品柴油的凝点达到要求，转入正常生产。为了减缓换油过程对装置操作产生的波动，分别按照 25%、50%、75%、100%设计进料量引进设计进料，每次换油后稳定 2h，待催化剂床层无明显温升时再提高进料比例。调整 R-301 反应器入口温度，使柴油中的硫含量＜10μg/g。用急冷氢调节 R-302 入口温度，使产品降凝柴油的质量达到要求的指标，降凝柴油质量合格后改走成品线出装置，装置转入正常运转。

**注意**

在换油和变更操作参数时，提温不可太快，一般应在温度稳定后再换油，而且提温、提油量不要同时进行。

**(1) 按比例进设计原料进料**

① 按 25%设计原料进料（15t/h 进料，开工循环油占 75%，催化柴油占 25%）。

[M]—联系油品车间向原料油缓冲罐 D-301 送设计进料

[I]—通知分馏控制 LIC-3201，将分馏塔塔底油至进料缓冲罐 D-301 循环量降到 11.25t/h

**注意**

手动控制好塔 C-301 液位，在开工期间，送出装置的油不应再返回装置联系化验分析反应流出物含氮量，配合化验对 R-301 反应流出物每小时采样，确认反应流出物含氮量不超过 15μg/g

[P]—跟踪 R-301 的出口温度，提高 R-302 的入口温度，使二者温差在 25℃范围内（这个温差小些为好）

[I]—按 25%催化柴油进料，保持运行 3h

② 按 50%的设计原料进料（15t/h 进料，50%开工循环油，50%催化柴油）。

[I]—通知分馏控制 LIC-3201，将分馏塔塔底油至进料缓冲罐 D-301 的循环量降低到 7.5t/h

[I]—控制 LIC-3101、FICQ-3101 把催化柴油进料率提高到 7.5t/h

[I]—保持以 15t/h 向 R-301 供料

[I]—通知分馏工序把过量循环油送出装置

[I]—继续控制 R-302 的入口温度低于 R-301 出口温度低于 25℃以内

**注意**

如果 R-301 反应流出物的氮含量超过 15μg/g，则保持进料组分不变，调节 R-301 的平均床层温度，以把氮含量减少到 15μg/g 以下按 50%催化柴油进料，保持运行 3h

③ 按 75%的设计原料进料（15t/h 进料，25%开工循环油，75%催化柴油）。

[I]—通知分馏工序控制 LIC-3201，将分馏塔塔底油至进料缓冲罐 D-301 的循环量降低到 3.75t/h

[I]—控制 LIC-3101、FICQ-3101 把进料率提高到 15t/h

[I]—保持以 15t/h 向 R-301 供料

[I]—通知分馏工序把过量油送出装置

[I]—继续控制 R-302 的入口温度低于 R-301 出口温度低于 25℃以内

[I]—调节 R-301 的平均床层温度，以使反应流出物试样中的氮含量低于 15μg/g

[P]—2h 内，逐步停止注氨和硫化剂

[I]—按 75%催化柴油进料，保持运行 3h

④ 按 100%的设计原料进料（15t/h 进料，开工循环油为 0%，100%催化柴油）。

[I]—通知分馏工序控制 LIC-3201，切断分馏塔塔底油到进料缓冲罐的循环油

[I]—控制 LIC-3101、FICQ-3101 把进料率提高到 15t/h

[P]—通知分馏工序控制各产品出装置

[I]—通知分馏工序保持分馏部分操作稳定

[I]—将 F-301 出口温度控制阀，由手动控制切换为自动控制

[I]—调节 R-301 入口的温度，使反应流出物试样中的总氮含量小于 15μg/g

[I]—调节 R-302 的温度，使各床层温升不大于 5℃，分馏工序将产品送出装置。用急冷氢调节 R-302 每一床层的入口温度，以得到相同的床层出口温度

**注意**

换油阶段操作必须把握先提量后提温的原则，换油期间提温速率可以适当放慢，一般应在温度稳定后再继续换油，提温、提量不可同时进行，在切换过程中要注意床层压降的变化

情况，当发现压差变化较大时，可以停止切换，待分析处理

**(2) 调整操作**

① 原料油提量。

[I]—控制 LIC-3101、FICQ-3101 以 1t/h 的速率把进料量逐渐增加到 25t/h

② 调整循环气量。

[I]—根据 K-302 的运转情况调整循环气量，保证反应器 R-301 入口的氢油比不低于 500：1

③ 调节反应器 R-301 温度。

[I]—分析 R-301 反应物中的氮含量，并根据需要调节反应器 R-301 温度，使总氮含量小于 15μg/g

④ 调整 R-302 催化剂床层平均温度。

[I]—适当调整 R-302 催化剂床层平均温度

**注意**

调整幅度不宜过大，一般为 0.5℃/h，此时加大生成油分析频次，直到转化率达到要求

| **状态 S8** |
| --- |
| 正常生产原料油引入系统完毕，调整操作正常，开工完毕 |

状态确认：操作平稳，产品质量合格。

## (二) 分馏系统开工

### 1. 开工前确认

| **初始状态 S0** |
| --- |
| 施工验收完毕，交付开工 |

状态确认：开工所需的各种工具准备齐全。
工艺管线、流程符合工艺要求。
各塔、容器、加热炉、冷换设备符合开工要求。
各机泵达到正常运转条件。
公用工程系统具备条件。
仪表电气系统具备条件。
安全环保设施齐全好用。

### 2. 分馏系统柴油冷油循环

**(1) 向 D-301 引油**

[P]—打开 FV-3101 上下游手阀

[P]—关闭 FV-3101 副线阀

[P]—关闭柴油自界区到 D-301 线上的放空阀

[P]—打开 FT-3101 上下游手阀

[P]—关闭 FT-3101 副线阀

[P]—打开 D-301 罐底抽出口阀

[P]—关闭 D-301 罐底排污线阀

[P]—打开 P-302 入口阀

[P]—关闭 P-302 出口阀

[P]—关闭 P-302 出口去污油线阀
[P]—打开 FI-301 入口阀
[P]—打开 FI-301 出口阀
[P]—打开 FI-301 出口去污油罐线阀
(M)—确认 D-301 氮封所用氮气供应到位
(M)—确认向 D-301 引开工柴油流程正确
[M]—联系调度准备引开工柴油
[P]—打开柴油罐区入装置界区阀，引罐区柴油进 D-301
[I]—注意 D-301 液面变化
[P]—当 D-301 液面达到 20%时，投用液控 LIC-3101
[I]—当 D-301 液面达到 60%时，启用 D-301 顶的分程压控系统

**(2) 向 D-304、C-301、D-308 引油**

[P]—打开 D-304 入口阀
[P]—关闭罐 D-304 底酸性水抽出阀
[P]—打开 LV-3116 上下游手阀
[P]—关闭 LV-3116 副线阀
[P]—关闭 D-304 出口长循环线阀
[P]—关闭 D-304 出口短循环线阀
[P]—打开 D-304 入塔 C-301 在长、短循环线间阀
[P]—打开 D-304 入塔顶氮气阀
[P]—打开 D-304 入顶压控 PV-3111 上下游阀
[P]—关闭 D-304 入顶压控 PV-3111 副线阀
[P]—打开 E-302 低分油入口阀
[P]—打开 D-304 入塔 C-301 的塔壁阀
[I]—注意 D-304 液位变化
[I]—当 D-304 液位达 40%～50%，投液控 LIC-3116
[P]—打开 D-304 顶氮气阀门，保持 D-304 压力 0.6MPa（G）
[P]—打开 C-301 塔底抽出阀
[P]—关闭 C-301 底汽提蒸汽塔壁阀
[P]—打开 C-301 顶回流塔壁阀
[P]—打开 C-301 顶缓蚀剂线阀
[P]—打开 P-305 入口阀
[P]—关闭 P-305 出口阀
[P]—打开 LV-3201 上下游手阀
[P]—关闭 LV-3201 副线阀
[P]—打开 LV-3202 上下游手阀
[P]—关闭 LV-3202 副线阀
[P]—关闭不合格柴油线手阀
[P]—打开开工循环线阀
[P]—关闭 FT-3203 上游阀

[P]—关闭 FT-3203 副线阀
[P]—打开长、短循环线间的连通阀
[I]—通过 LIC-3116 保持 D-304 液位平稳的同时向 C-301 引油
[I]—注意 C-301 底液位变化，当液位达 80%，启动 P-305，经长循环线向 D-301 进油
[I]—控制系统长循环中各塔、容器液位保持正常且不再下降
[I]—通过 LIC-3101 停止向系统引开工柴油，保持分馏系统长循环

| 状态 S1 |
| --- |
| 分馏系统柴油冷油运结束 |

状态确认：分馏系统冷油运，保持长循环。

**3. 分馏系统热油运**

**(1) 建立分馏系统热油运流程**

[P]—打开 D-307 抽出阀
[P]—打开 P-304 入口阀
[P]—关闭 P-304 出口阀
[P]—打开 FV-3204 上下游手阀
[P]—关闭 FV-3204 副线阀
[P]—打开 FV-3205 上下游手阀
[P]—关闭 FV-3205 副线阀
[P]—打开 FV-3204 阀组处塔顶回流线手阀
[P]—关闭粗汽油线出装置阀

**(2) 按点炉规程点燃 F-301**

[M]—联系化验对炉膛进行爆炸分析
[P]—按点炉操作规程点燃 F-301
[I]—控制升温速率在 15～20℃/h 给加热炉升温

**(3) 控制系统升温，建立热油运循环**

① 投用空冷器 A-302。
[I]—控制升温速率在 15～20℃/h 给加热炉升温
[I]—注意观察塔顶温度变化
[I]—C-301 塔顶温度达 70℃时，通知外操作人员投用空冷器 A-302
[P]—投用空冷器 A-302
② 150℃恒温脱水。
[I]—控制系统以 15～20℃/h 速率升温
[I]—当 C-301 塔底温度达 150℃时，控制系统恒温
[P]—打开 C-301 塔底排水阀
[M]—联系化验分析 D-301 水样
[P]—切换 P-305
[I]—通知第二操作人员进行恒温脱水
(M)—确认化验分析水样合格
(M)—确认 D-301 底切不出明水

[I]—控制以 15～25℃提高加热炉出口温度

[P]—当 C-301 底温度达到 250℃检查设备、管线有无泄漏

(M)—确认系统密封情况良好

③ 启动回流泵 P-304。

[I]—维持 C-301 塔液面平稳

[I]—控制 D-304 压力稳定在 0.6MPa

[I]—控制 C-301 压力稳定在 0.33MPa

[P]—当 D-307 有液相积聚时，分别从底部和回流泵入口切水

[P]—当回流罐 D-301 液面达 50%后，启动回流泵 P-304

[I]—投用 C-301 液控 TIC-3201 与 FIC-302 串级控制，控制回流罐液位及塔顶温度平稳

**注意**

操作要注意控制回流罐液位及塔顶温度平稳，同时开工油缺少时，班长及时联系成品补充

④ 控制热油运达到预定状态。

[I]—控制长循环流量 15t/h

[I]—控制 C-301 塔顶温度约 120℃

| **状态 S2** |
|---|
| 分馏系统热油运结束 |

状态确认：长循环流量 15t/h；C-301 塔顶温度约 120℃。

**4. 分馏系统接收反应生成油，建立正常生产流程**

**(1) 接收 25%设计原料进料（15t/h 进料，开工循环油占 75%，催化柴油占 25%）**

[P]—当反应系统 25%催化柴油进料时，打开不合格油出装置阀

[I]—注意各容器液面变化情况

[I]—根据液面变化情况通知外操作人员控制不合格油出装置阀，保持操作平稳

[I]—按 25%催化柴油进料，保持运行 3h

**(2) 接收 50%设计原料进料（15t/h 进料，开工循环油占 50%，催化柴油占 50%）**

[P]—当反应系统 50%催化柴油进料时，开大不合格油出装置阀

[I]—注意各容器液面变化情况

[I]—根据液面变化情况通知外操作人员控制不合格油出装置阀，保持操作平稳

[I]—按 50%催化柴油进料，保持运行 3h

**(3) 接收 75%设计原料进料（进料，开工循环油占 25%，催化柴油占 75%）**

[P]—当反应系统 75%催化柴油进料时，开大不合格油出装置阀

[I]—注意各容器液面变化情况

[I]—根据液面变化情况通知外操作人员控制不合格油出装置阀，保持操作平稳

[I]—按 75%催化柴油进料，保持运行 3h

**(4) 接收 100%设计原料进料（15t/h 进料，开工循环油占 0%，催化柴油占 100%）**

[P]—当反应系统 100%催化柴油进料时，打开不合格柴油出装置阀

[I]—注意各容器液面变化情况

[I]—根据液面变化情况通知外操作人员控制不合格油出装置阀，保持操作平稳

**状态 S3**

分馏系统开工结束

状态确认：分馏系统操作平稳，产品质量合格。

## （三）危害识别及控制措施

危害识别及控制措施见表 2-17。

**表 2-17　危害识别及控制措施**

| 编号 | 过程 | 危险因素 | 危害 | 触发原因 | 控制措施 |
|---|---|---|---|---|---|
| 1 | 引 1.0MPa 蒸汽 | 高温：180～200℃；高压：1.0MPa | 灼烫 | ①注意力不集中<br>②放空皮管乱甩<br>③防护用具不全 | ①应急计划<br>②放空皮管固定，不朝行人道排汽<br>③完善防护用具 |
| | | | 串线 | 盲板未隔离 | 盲板隔离 |
| | | | 水击损坏设备 | ①引汽过快，未排尽凝水<br>②放空未开 | ①由汽源向用汽点逐个开放空排凝引汽<br>②沿途及末端放空打开排凝，防止憋压 |
| 2 | 引氮气 | 高低压氮气压力等级不同 | 超压损坏设备 | 高压串低压 | 严格执行操作规程 |
| 3 | 氮气置换 | 惰性气体 | 窒息 | 密闭空间排放氮气 | 禁止在密闭空间排放氮气 |
| 4 | 气密 | 高压气体 | 泄漏伤人 | 未泄压整改漏点 | ①泄压后整改漏点<br>②执行气密要求 |
| 5 | 热紧 | 高温 250℃ | 灼烫 | 人的因素 | 安全教育 |
| 6 | 加热炉点 | 高温；可燃气 | 火灾 | ①火嘴熄火<br>②瓦斯泄漏<br>③炉管破裂 | ①操作规程<br>②巡检制度<br>③应急计划<br>④消防线 |
| | | | 爆炸 | ①火嘴熄火<br>②瓦斯泄漏<br>③炉管破裂 | ①操作规程<br>②巡检制度<br>③应急计划<br>④消防线 |
| 7 | 引瓦斯 | 瓦斯 | 泄漏 | ①进出口法兰漏<br>②腐蚀穿孔<br>③放空不严 | ①巡检制度<br>②设备检维护制度 |
| 8 | 开工操作 | 有毒介质 | 中毒和窒息 | 通风不好，作业人员未采取防护措施 | 要求作业人员室内作业要保证通风，严禁室内排放有害介质，现场排凝脱水要佩戴滤毒盒，站在上风侧 |
| | | 易燃介质（油气） | 火灾 | 空气存在易燃易爆介质 | 严禁作业人员随地排放易燃易爆介质，严禁非密闭排放油品，使用防爆工具作业 |
| 9 | 投换热器 | 高温油品 | 火灾泄漏 | ①附近动火<br>②法兰、头盖泄漏<br>③泄漏自燃 | ①操作规程<br>②应急计划<br>③巡检制度 |

续表

| 编号 | 过程 | 危险因素 | 危害 | 触发原因 | 控制措施 |
| --- | --- | --- | --- | --- | --- |
| 10 | 加热炉点火 | 瓦斯明火 | 回火 | ①炉膛吹扫不干净<br>②未按规程操作<br>③瓦斯阀门不严 | 操作规程 |
| | | | 爆炸 | ①炉膛吹扫不干净<br>②回火<br>③未按规程操作<br>④瓦斯阀门不严 | 操作规程 |
| | | | 灼伤 | ①回火<br>②违章操作<br>③劳保不合格 | ①操作规程<br>②应急计划 |
| 11 | 换泵,处理泵抽空,启用泵,启用压缩机 | 汽油<br>柴油<br>航煤<br>蒸汽<br>液态烃 | 泄漏 | ①机械密封漏<br>②阀门法兰损坏<br>③放空未关 | ①巡检制度<br>②日常维护检修<br>③操作规程<br>④管理规定 |
| | | | 憋压 | ①流程倒错<br>②人为原因 | ①操作规程<br>②巡检制度 |
| | | | 灼烫 | ①人为原因<br>②劳保不合格 | 应急计划 |
| | | | 火灾 | ①介质渗出<br>②摩擦 | 巡检制度 |
| | | | 自燃 | 介质渗出 | ①巡检制度<br>②应急计划 |
| | | | 抱轴 | ①摩擦<br>②缺油<br>③轴安装不合理 | ①巡检制度<br>②日常维护检修<br>③管理规定<br>④润滑管理规定 |
| 12 | 设备管线蒸汽吹扫 | 违章作业(登高未采取防护措施) | 高处坠落 | 登高未系安全带,注意力不集中 | 对作业人员进行安全教育,要求登高作业必须系安全带,提高注意力 |

## 二、柴油加氢装置停工操作

### (一) 停工前准备

B 级反应停工操作

| 初始状态 S0 |
| --- |
| 装置正常运行 |

状态确认：装置运行正常。

**1. 联系调度，准备停工所需物质**

[M]—联系调度，准备好不合格产品及污油储罐

[M]—联系调度，保证合格氮气的正常供给

[M]—联系调度按准备好停工检修所需临时盲板

[M]—联系调度按准备停工所需的各种备品、材料、工具

[M]—联系调度通知油品、化验、仪表、供电、维修等相关单位

**2. 准备停工所需软件工程**

[M]—组织相关的岗位员工熟悉停工的步骤和流程

[M]—确认成立停工指挥小组，统一协调、指挥部署

| **状态 S1** |
|---|
| 反应系统具备停共工条件 |

状态确认：各个部门具备停工条件。

## (二) 反应系统停工

**1. 系统降温、降量**

[I]—控制以小于 25℃/h 速率将 R-302 入口及各床层温度降低 20℃

[I]—控制 FIC-3107 以 3t/h 的速率逐渐降低进料量至 15t/h

[M]—通知分馏岗位做适当调节，尽量多生产合格产品

[I]—控制 FIC-3109 以不大于 25℃/h 速率降低 R-301 入口温度 15℃

[I]—调节急冷氢，保持 R-301 催化剂床层出口温度相等

[I]—R-301 出口温度比其正常值低 15℃或更多以后，以不大于 25℃/h 速率降，R-302 中所有催化剂床层入口温度 25℃

**2. 停反应进料泵，反应系统氢气循环，反应系统退油**

(P)—确认泵 P-302 出口的吹扫氢气供应到位

[I]—控制停泵相关联锁旁路

[I]—关泵 P-302 的出口阀，建立泵的最小流量循环

[P]—按停泵规程，停泵 P-302

[P]—打开泵 P-302 出口的吹扫氢气线上阀门，对进料管线进行吹扫

[I]—控制 F-301 燃料气控制阀，控制炉出口温度，并以 15℃/h 的升温速率，将反应器出口温度升温至 330℃，进行恒温带油及热氢吹扫

**注意**

根据需要可以通过循环氢分液罐 D-305 顶 FV-3110A 排放部分循环氢气体，保持 $H_2$ 含量在 80%以上

**3. 停 P-303，床层降温，停 K-301，系统降压，反应系统退油**

[P]—按 P-303 停泵规程，停运 P-303

[I]—以 25℃/h 的速率，将反应器入口温度降至 250℃

(I)—确认 R-302 的各床层的所有温度点均低于 330℃

[P]—按规程停运 K-301

[I]—控制系统以不大于 1.5MPa/h 速率泄压

[I]—控制反应器入口温度 250℃下恒温 8h，控制泄压速率至系统压力 2.5MPa，使备有充分的释氢过程 8h

[I]—控制 D-303 中的存油，通过 LV-3111 排入 D-304

[I]—控制 D-303 至 D-304 管线中的油利用汽提时的循环气将其排入 D-304

[I]—控制 D-304 中的存油利用自身压力或氮气充压，将其排入 C-301

[I]—控制 D-305、D-306 中的存油通过各自的排油线，将油排入放空总管后排入地下污油罐

**注意**

反应系统降压过程中要注意在低压下高压分离器的液位是否能及时压出去，必要时调节阀和副线阀同时打开

**4. 停 F-301**

[I]—250℃恒温解氢后，控制系统以 25℃/h 速率降温

[I]—当系统温度降至 150℃时，加热炉 F-301 的控制改手动，逐渐熄灭 F-301

[I]—全开风门和烟道挡板，对 F-301 进行强制通风置换

**5. 停 K-302**

[I]—用循环氢把各反应器冷却到 100℃或以下

[I]—控制系统泄压，至反应器压力低于 1.0MPa

[P]—按规程停运循环氢压缩机 K-302

[I]—控制把反应器降到常压

**6. 氮气置换系统**

[P]—系统压力降完后，加好新氢线盲板

[P]—建立抽真空流程

[P]—投用抽空器 EJ-301 将系统抽真空至 125mmHg（绝）

[P]—建立破真空流程

[P]—充氮气至 0.1MPa（表）破真空，如此反复几次

[P]—调通新氢分液罐入口氮气线入新氢分液罐 D-306 的盲板

[P]—按规程启动 K-301，系统升压

[I]—启用新氢机入口压力控制 PIC-3401

(M)—确认高压分离器压力达到 1.0MPa

[P]—按规程开循环氢压缩机 K-302

[M]—联系化验分析循环气中氢气和烃类总含量

[P]—配合化验分析循环气中氢气和烃类总含量

(M)—确认循环气中氢气和烃类总含量小于 0.5%，反应系统置换吹扫合格

[P]—按规程停运 K-302

[I]—控制系统泄压至 0.1～0.2MPa 后隔离

| **最终状态 S2** |
| --- |
| 反应系统停工完毕，系统具备卸催化剂条件 |

状态确认：反应系统置换吹扫合格。

系统泄压至 0.1～0.2MPa 后隔离。

## (三) 分馏系统停工操作

**B 级分馏停工操作**

| **初始状态 S0** |
| --- |
| 反应系统降温降；分馏系统产品不合格 |

状态确认：分馏系统产品改走不合格线。

**1. 分馏系统停工**

**(1) 控制各产品走不合格线出装置**

[P]—打开不合格柴油出装置阀

[P]—关闭柴油出装置阀

[P]—打开不合格粗汽油去污油线阀门

[P]—关闭粗汽油出装置界区阀

**(2) 停 P-304**

[I]—控制 C-301 塔顶回流量，注意观察 D-307 液位变化

[I]—当 D-307 液位发出低液位报警时，停 P-304

[P]—关闭 P-304 出口阀

[I]—控制 LIC-3204 把 D-307 中的含硫污水排出装置

**(3) 停 P-305**

[I]—注意观察 C-301 塔底液位

[I]—当 C-301 塔底看不到液面后，通知外操作人员停 P-305

[P]—关 P-305 出口阀

**(4) 停 P-306**

[P]—停 P-304 后，停 P-306，关 P-306 出口阀

| **状态 S1** |
| --- |
| 分馏系统停工，各设备已停，容器内存液排净 |

状态确认：分馏系统各设备停运；存液排净。

**2. 原料及分馏系统吹扫，排净管线中存液**

**(1) 原料系统吹扫**

① 建立原料系统吹扫流程。

[M]—联系调度引吹扫蒸汽进装置

[P]—打开 D-302 顶放空阀

(P)—确认催化柴油线 LS-3101 蒸汽供应到位

[P]—关闭催化柴油入装置头道阀

[P]—关闭常压柴油入装置头道阀

[P]—打开 FT-3101 副线阀

[P]—关闭 FT-3101 上下游阀

[P]—打开 FV-3101 副线阀

[P]—关闭 FV-3101 上下游阀

[P]—打开 D-301 罐底放空阀

(P)—确认 D-301 抽出线上 LS-3102 蒸汽供应到位

[P]—关闭 D-301 罐底抽出阀

[P]—打开 P-301 出入口联通线阀

[P]—关闭 P-301 出入口阀

[P]—打开 SR-301 出入口联通线阀

[P]—关闭 SR-301 出入口阀

[P]—打开 LV-3104 副线阀

[P]—关闭 LV-3104 上下游阀
[P]—打开 D-301、D-302 联通线上的两道阀
(P)—确认 D-302 抽出线上 LS-3103 蒸汽供应到位
[P]—关闭 D-302 抽出阀
[P]—打开 P-302 入口阀
[P]—关闭 P-302 出口阀
[P]—打开 P-302 试泵线出口阀
[P]—打开 FV-3102 副线阀
[P]—关闭 FV-3102 上下游阀
[P]—打开 FV-3103 副线阀
[P]—关闭 FV-3103 上下游阀
(M)—确认低分系统吹扫流程正确
② 打开给气阀门进行吹扫。
[P]—打开确认催化柴油线 LS-3101 蒸汽阀
[P]—打开 D-301 抽出线 LS-3102 蒸汽阀
[P]—打开 D-302 抽出线 LS-3103 蒸汽阀
[P]—观察各放空点蒸汽吹扫排放情况
(M)—确认原料系统吹扫合格

**(2) SR-301 系统吹扫**

(P)—确认 SR-301 出口线 LS-3105 蒸汽供应到位
[P]—关闭 SR-301 出入口阀
[P]—打开 SR-301 至 D-317 线手阀
[P]—关闭 LV-3104 上下游阀
[P]—打开 D-317 罐底放空阀
[P]—打开 D-317 罐顶放空阀
(M)—确认低压分离器系统吹扫流程正确

**(3) 打开给气阀门进行吹扫**

[P]—打开 SR-301 出口线 LS-3105 蒸汽阀
[P]—观察各放空点蒸汽吹扫排放情况
(M)—确认原料系统吹扫合格

**(4) 低压分离器系统的吹扫**

(P)—确认 D-301 出口扫线 LS-3102 蒸汽供应到位
[P]—关闭 P-301 出口至 SR-301 手阀
[P]—打开 P-301 开工油线至 D-304 手阀
[P]—打开开工油线入 D-304 手阀
[P]—打开 LV-3116 副线阀
[P]—关闭 LV-3116 上下游手阀
[P]—打开低压分离器油线上长、短循环线之间的手阀
[P]—打开低压分离器油入 C-301 塔壁阀
[P]—打开低压分离器油 E-302 入口手阀

[P]—打开 PV-3111 副线阀
[P]—关闭 PV-3111 上下游手阀
[P]—打开低压分离器气出装置阀
[P]—打开 LV-3117 副线阀
[P]—关闭 PV-3111 上下游手阀
[P]—打开低压分离器酸性水出装置阀
[M]—联系重油催化车间扫低分酸性水线

**(5) 打开给汽阀门进行吹扫**

[P]—打开 D-301 出口扫线 LS-3102 蒸汽阀
[P]—观察各放空点蒸汽吹扫排放情况
(M)—确认原料系统吹扫合格

**(6) 塔及粗汽油系统吹扫**

① 建立 C-301 及粗汽油系统吹扫流程。
(P)—确认 C-301 汽提蒸汽 LS-3114 蒸汽供应到位
(P)—确认 D-307 含硫污水扫线 LS-3206 蒸汽供应到位
(P)—确认氮气 GN-3202 供应到位
(P)—确认氮气 GN-3201 供应到位
[P]—关闭塔 C-301 底抽出阀
[P]—打开塔 C-301 底放空阀
[P]—打开 D-307 顶放空阀
[P]—打开 PV-3201 副线阀
[P]—关闭 PV-3201 上下游阀
[P]—关闭 D-307 汽油抽出阀
[P]—关闭 D-307 含硫污水抽出阀
[P]—打开 D-307 含硫污水放空阀
[P]—打开 LV-3204 副线阀
[P]—关闭 LV-3204 上下游阀
[P]—打开 D-307 含硫污水出装置阀
[M]—联系重油催化车间扫 D-307 含硫污水线
② 打开给气阀门进行吹扫。
[P]—打开 C-301 汽提蒸汽 LS-3114 蒸汽阀
[P]—打开 D-307 含硫污水扫线 LS-3206 蒸汽阀
[P]—打开氮气 GN-3202 阀
[P]—打开氮气 GN-3201 阀
[P]—观察各放空点蒸汽吹扫排放情况
(M)—确认 C-301 塔及粗汽油系统吹扫合格

**注意**

向塔内引汽时，首先稍微打开蒸汽调节阀上游阀，打开排凝放至无水；然后稍微打开下游阀引汽入塔。慢慢进行暖塔，待塔顶排放口有蒸汽放出后再慢慢开大蒸汽阀。必须注意，蒸汽阀不能开得过大，以免吹翻塔板

**(7) 塔 C-301 底精制柴油系统吹扫**

① 建立 C-301 底精制柴油系统吹扫流程。

(P)—确认 C-301 底抽出扫线 LS-3204 蒸汽供应到位

[P]—打开 P-305 出入口联通线阀

[P]—关闭 P-305 出入口阀

[P]—打开 D-308 出入口阀

[P]—打开 D-308 底脱水阀

[P]—关闭 D-308 底污油线阀

[P]—打开 LV-3201 副线阀

[P]—关闭 LV-3201 上下游阀

[P]—打开 FT-3203 副线阀

[P]—关闭 FT-3203 上下游阀

[P]—打开柴油产品出装置阀

[P]—关闭开工循环线阀

[P]—关闭不合格柴油线阀

[M]—联系油品车间扫柴油产品线

② 打开给气阀门进行吹扫。

[P]—打开 C-301 底抽出扫线 LS-3204 蒸汽阀

[P]—观察各放空点蒸汽吹扫排放情况

(M)—确认原料系统吹扫合格

| 状态 S2 |
|---|
| 分馏系统停工完毕，系统管线吹扫完毕，具备再次投产条件 |

状态确认：分馏系统扫线结束。

## (四) 危害识别及控制措施

在整个停工过程中，一切工作必须以安全为前提，装置各物料退净加盲板完毕前不允许任何动火现象的发生，要特别注意保护人员的安全，尽量避免设备出现损伤。装置在停工过程中，操作人员必须严格按照停工规程中规定的步骤进行，必须严格听从车间的指挥与调度，在降温和降压过程中，必须严格遵守停工规程中规定的速率，以确保停工过程的安全与顺利。危害识别及控制措施见表 2-18。

表 2-18　危害识别及控制措施

| 编号 | 过程 | 危险因素 | 危害 | 触发原因 | 控制措施 |
|---|---|---|---|---|---|
| 1 | 反应系统降温降压 | 油气泄漏 | 火灾、爆炸、烫伤 | ①温度、压力变化使法兰泄漏<br>②摩擦静电<br>③自燃 | ①按规程操作<br>②制定巡检制度<br>③设备维护<br>④加强安全管理 |
| 2 | 分馏系统降温 | 高温油泄漏 | 火灾、烫伤 | ①温度变化使法兰泄漏<br>②摩擦静电<br>③自燃 | ①按规程操作<br>②制定巡检制度<br>③设备维护<br>④加强安全管理 |

续表

| 编号 | 过程 | 危险因素 | 危害 | 触发原因 | 控制措施 |
|---|---|---|---|---|---|
| 3 | 停工吹扫 | 蒸汽 | 烫伤 | ①操作不当<br>②人为原因 | ①按规程操作<br>②制定应急预案 |
| 4 | 改流程 | 氢气<br>汽油<br>柴油<br>蒸汽 | 跑串 | ①操作不当<br>②阀门、法兰损坏<br>③未加盲板<br>④放空、排凝未关 | ①按规程操作<br>②制定巡检制度<br>③设备维护<br>④制定应急预案 |
| | | | 憋压 | ①操作不当<br>②人为原因 | ①按规程操作<br>②制定巡检制度<br>③加强人员培训 |
| | | | 烫伤 | ①操作不当<br>②劳保着装不合格<br>③放空、排凝未关 | ①按规程操作<br>②制定应急预案<br>③加强人员培训 |
| 5 | 瓦斯系统吹扫 | 瓦斯/蒸汽 | 火灾、爆炸 | ①放空、排凝未关<br>②管线盲角未吹净<br>③摩擦静电 | ①按规程操作<br>②制定应急预案<br>③加强人员培训<br>④完善安全设施 |
| | | | 烫伤 | ①操作不当<br>②劳保着装不合格<br>③放空、排凝未关 | ①按规程操作<br>②制定应急预案<br>③加强人员培训 |
| | | | 窒息 | ①缺氧<br>②未测量分析 | 严格执行进入有限空间作业管理规定 |
| | | 有毒气体 | 中毒 | ①未测量分析<br>②防护用具不合格<br>③吹扫不净 | ①严格执行进入有限空间作业管理规定<br>②加强防护用具检查 |
| 6 | 进入设备作业 | 有毒气体<br>缺氧 | 爆炸 | ①有可燃物<br>②未测量分析<br>③火源 | ①严格执行进入有限空间作业管理规定<br>②严格执行用火规定 |
| | | 可燃物 | 火灾 | ①有可燃物<br>②未测量分析<br>③火源 | ①严格执行进入有限空间作业管理规定<br>②严格执行用火管理规定 |
| | | 照明 | 触电 | ①照明不合格<br>②防护用具不合格 | ①严格执行进入有限空间作业管理规定<br>②严格执行安全用电管理规定 |
| 7 | 加、拆盲板 | 高温高压氢气、汽油、柴油 | 烫伤 | ①人为原因<br>②劳保着装不合格 | ①按规程操作<br>②加强技术培训<br>③加强安全管理 |

续表

| 编号 | 过程 | 危险因素 | 危害 | 触发原因 | 控制措施 |
|---|---|---|---|---|---|
| 7 | 加、拆盲板 | 高温高压氢气、汽油、柴油 | 机械伤害 | ①人为原因<br>②劳保着装不合格 | ①按规程操作<br>②加强技术培训<br>③加强安全管理 |
| | | | 火灾 | ①未使用防爆工具<br>②摩擦静电 | 加强安全管理 |
| 8 | 新氢机 K-301、循环机 K-302 停机；泄压、置换 | 氢气 | 火灾<br>爆炸 | ①操作不当<br>②法兰泄漏<br>③放空不严或未关 | ①按规程操作<br>②制定应急预案<br>③加强巡检 |
| 9 | 检查或维修塔盘 | 高空、坠物 | 高空坠落 | ①注意力不集中<br>②安全措施不到位 | ①执行进入有限空间作业管理规定<br>②执行高空作业管理规定 |
| | | | 机械伤害 | ①操作不当<br>②注意力不集中<br>③劳保着装不合格 | ①执行进入有限空间作业管理规定<br>②加强安全管理 |
| 10 | 吹扫 | 高空、坠物 | 物体打击 | ①操作不当<br>②注意力不集中<br>③防护缺陷 | ①严格执行安全管理规定<br>②加强员工安全意识教育<br>③完善防护用具 |
| | | 高空、坠物 | 高空坠物 | ①注意力不集中<br>②防护缺陷 | ①严格执行安全管理规定<br>②加强员工安全意识教育<br>③完善防护用具<br>④执行高空作业管理规定 |
| | | 蒸汽 | 烫伤 | ①操作不当<br>②防护不当 | ①按规程操作<br>②完善防护用具 |
| | | 可燃物 | 火灾 | ①介质泄漏<br>②使用非防爆工具<br>③摩擦静电<br>④附近有火源 | ①按操作规定<br>②严格执行安全施工管理规定<br>③严格执行工业用火管理规定<br>④注意劳保着装 |
| | | 蒸汽 | 憋压 | ①流程不熟悉<br>②操作不当<br>③责任心不强<br>④仪表显示不准确 | ①提高员工技术素质<br>②按规程操作<br>③加强员工安全意识教育<br>④联系仪表对现场一次表进行校验 |

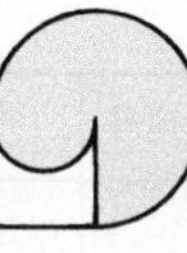

## 学一学 石油企业企业文化

### 发展篇

发展思路

(1) 发展是企业的第一要务。

(2) 发展需要机遇，但机遇是有限的。

(3) “物竞天择，适者生存”。

(4) 市场竞争如逆水行舟，不进则退。

(5) 做好、做强、做大，建设具有国际竞争力的石化企业，这是我们共同奋斗的目标。

(6) 企业的持续发展，对企业和员工的命运是至关重要的。

# • 项目九 •

# 柴油加氢工艺参数控制

## 一、反应系统

反应系统工艺控制见图 2-8。

### (一) 反应系统主要控制指标

反应系统主要控制指标，见表 2-19、表 2-20。

**表 2-19 反应系统主要控制指标（夏季）**

| 项目 | 初期 | | 末期 | |
|---|---|---|---|---|
| 反应器 | R-301 | R-302 | R-301 | R-302 |
| 反应总压/MPa | 8.0 | | | |
| 空速/$h^{-1}$ | 2.0 | | | |
| 入口氢油比(体积比) | 500∶1 | | | |
| 催化剂 | HPH-06 | | | |
| 床层 | 1 | 2 | 1 | 2 |
| 催化剂装填比例/% | 29 | 71 | 59 | 71 |
| 床层入口温度/℃ | 305 | 340 | 325 | 358 |
| 床层出口温度/℃ | 343 | 360 | 362 | 376 |
| 床层温升/℃ | 38 | 20 | 37 | 18 |
| 总温升/℃ | 58 | | 55 | |
| 平均反应温度/℃ | 342 | | 360 | |

**表 2-20 反应系统主要控制指标（冬季）**

| 项目 | 初期 | | 末期 | |
|---|---|---|---|---|
| 反应器 | R-301 | R-302 | R-301 | R-302 |
| 反应总压/MPa | 8.0 | | 8.0 | |
| 空速/$h^{-1}$ | 2.0 | 2.0 | 2.0 | 2.0 |

续表

| 项目 | 初期 | | | | 末期 | | | |
|---|---|---|---|---|---|---|---|---|
| 后处理空速/$h^{-1}$ | | | 15.0 | | | | 15.0 | |
| 入口氢油比 | 600：1 | | | | 600：1 | | | |
| 催化剂 | HPC-14 | | FC-20 | | FH-98 | | FC-20 | |
| 后处理催化剂 | | | FH-98 | | | | FH-98 | |
| 床层 | 1 | 2 | 1 | 2 | 1 | 2 | 1 | 2 |
| 催化剂装填比例/% | 30 | 70 | 48 | 52 | 30 | 70 | 48 | 52 |
| 床层入口温度/℃ | 318 | 360 | 376 | 376 | 341 | 384 | 401 | 401 |
| 床层出口温度/℃ | 362 | 383 | 385 | 386 | 384 | 405 | 409 | 410 |
| 床层温升/℃ | 44 | 23 | 9 | 10 | 64 | 21 | 8 | 9 |
| 总温升/℃ | 67 | | 19 | | 64 | | 17 | |

## （二）正常操作

### 1. 反应温度

**（1）精制反应器 R-301 床层入口温度**　精制反应器入口温度主要通过反应进料加热炉出口温度与瓦斯流量串级调节控制，床层温度由冷氢量控制。

控制范围：280～340℃。

相关参数：反应炉出口温度；反应炉总管温度；原料含硫量、含氮量、烯烃量；循环氢纯度。

正常调整：调整方法见表 2-21。

**表 2-21　精制反应器床层入口温度调整方法**

| 影响因素 | 调整方法 |
|---|---|
| 进料温度波动 | 调节温度控制阀开度，改变原料预热温度 |
| 反应炉出口温度波动 | 调整瓦斯流量改变反应炉出口温度 |
| 原料变化（含硫量、含氮量、烯烃量、含水量、进料量、组分） | 适当调整反应器入口温度；联系调度及罐区，控制好原料油性质；加强原料油缓冲罐的脱水频次 |
| 循环氢流量增大，床层温度下降 | 控制好循环氢流量 |
| 循环氢纯度提高，床层温度上升 | 控制好循环氢纯度 |
| 反应器入口及床层冷氢量增加，床层温度下降 | 调节反应器和床层冷氢量 |

**（2）降凝反应器 R-302 床层入口温度**　降凝反应器入口温度主要由精制反应器和降凝反应器之间的冷氢量控制，各床层入口温度由冷氢量控制，出口氮含量由精制反应器各床层入口温度控制。

控制范围：360～400℃。

相关参数：精制反应器出口温度；精制反应器出口氮含量；降凝反应器入口及床层冷氢量环氢流量。

正常调整：调整方法见表 2-22。

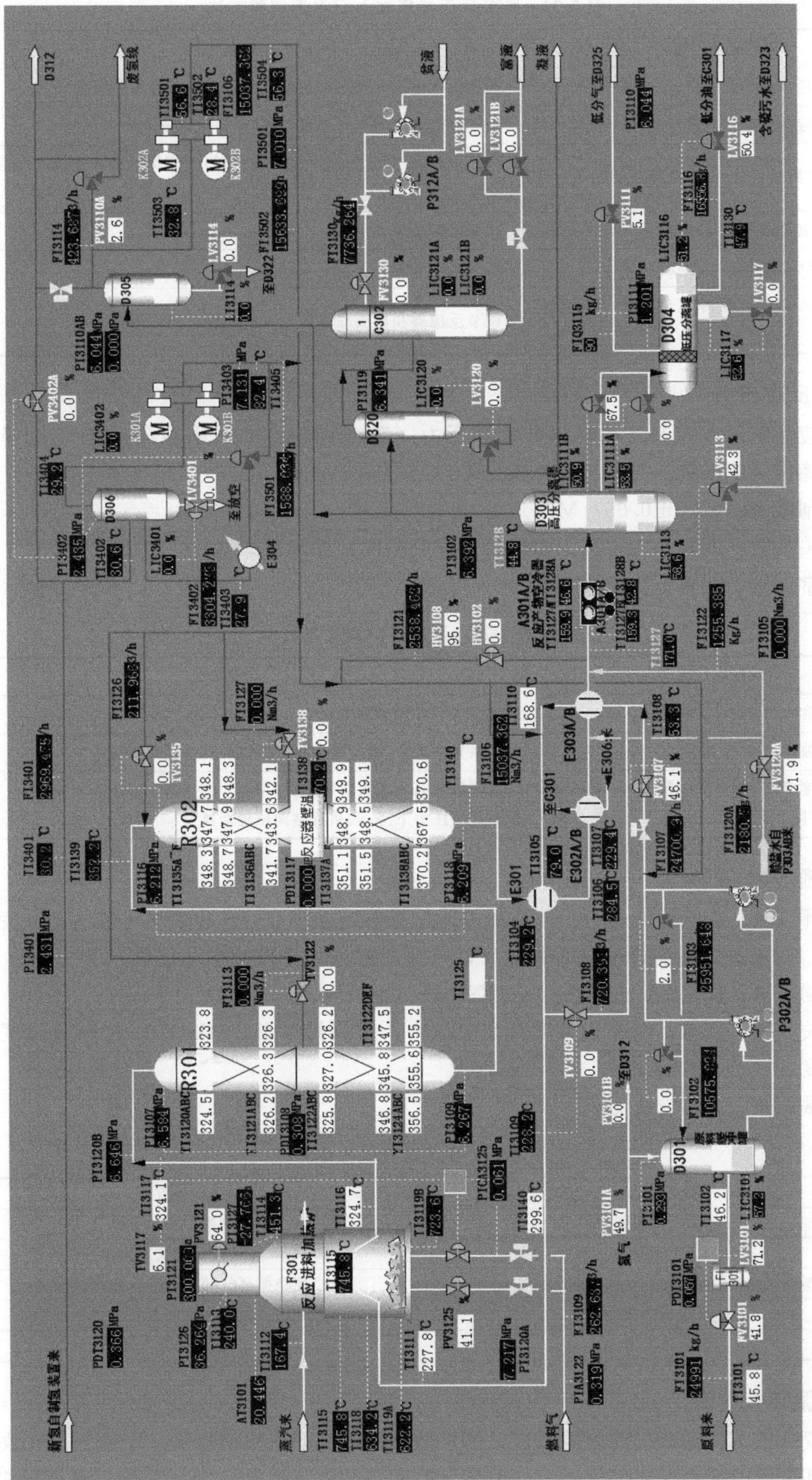

图 2-8　反应系统工艺控制

表 2-22 降凝反应器床层入口温度调整方法

| 影响因素 | 调整方法 |
| --- | --- |
| 降凝反应器入口温度高,反应温度上升 | 控制好精制反应器的床层温度及降凝反应器入口温度 |
| 精制反应器出口氮含量升高,床层温度下降 | 提高精制反应器入口温度,保证出口氮含量合格 |
| 原料(进料量组分、原料油凝固点)变化 | 联系调度及罐区,控制好原料油性质;适当调整各床层入口温度,保证反应深度 |
| 循环氢流量增大,床层温度下降 | 控制好循环氢流量 |
| 循环氢纯度提高,床层温度上升 | 控制好循环氢纯度 |
| 反应器入口及床层冷氢量增加,床层温度下降 | 调节反应器和床层冷氢量 |

## 2. 反应压力

反应系统压力控制点在高压分离器压力(D-305 顶压力),采用分程-自动选择控制方案,以稳定反应系统压力,自动补充。

控制范围:(7.0±0.05) MPa。

相关参数:原料油含水量;新氢量;反应温度;耗氢量。

正常调整:调整方法见表 2-23。

表 2-23 反应压力调整方法

| 影响因素 | 调整方法 |
| --- | --- |
| 原料油含水量增加,压力上升 | 加强原料油缓冲罐脱水 |
| 新氢量波动 | 联系重整岗位,稳定新氢量;排放废氢,稳定系统压力 |
| 反应温度升高,加氢反应深度大,耗氢量增加,压力下降 | 适当提高新氢机入口压力,调节返回控制阀,增大新氢补充量;如仍不能控制反应压力下降,联系重整岗位提新氢量 |

## 3. 循环氢流量

循环氢量在整个生产运行中,要尽可能保持恒定,没有特殊原因尽可能不要改变循氢机的操作,一般通过调整循环机负荷及 HV-3102 控制阀开度控制循环氢量。

控制范围:K-302A 15000$m^3$/h;K-302B 30000$m^3$/h。

相关参数:新氢;循环氢纯度;反应压力;废氢排气量;HV-3102 控制阀开度;急冷氢阀开度。

正常调整:调整方法见表 2-24。

表 2-24 循环氢流量调整方法

| 影响因素 | 调整方法 |
| --- | --- |
| 循氢机负荷变化 | 调整循环机负荷 |
| 新氢量波动 | 控稳新氢来量 |
| 循环气纯度下降,循环气指示表指示增大 | 控稳循环气纯度及高压分离器温度 |
| 反应压力波动 | 控制好反应系统压力 |
| 废氢排量增大 | 控稳排放气量 |

## 4. 循环氢纯度

装置一般不作循环氢纯度的调节,如果循环氢纯度低于操作指标,则从 D-305 放空排放部分循环氢,以提高循环氢的纯度。循环氢纯度高低,通过 PIC-3110A 废氢排放量来调整。

控制范围：70%～90%（体积分数）。

相关参数：R-301、R-302反应温度；新氢纯度；新氢量；原料性质；高压分离器温度；空冷器注水量。

正常调整：调整方法见表2-25。

**表2-25　循环氢纯度调整方法**

| 影响因素 | 调整方法 |
| --- | --- |
| R-301、R-302反应温度升高，循环氢纯度下降 | 控制好反应温度 |
| 新氢量降低，纯度下降 | 重整岗查明新氢量及性质变化，调节新氢补充量 |
| 高压分离器D-303温度高，纯度下降 | 控制好高压分离器D-303温度 |
| 空冷器A-301注水量小，纯度下降 | 保证A-301的注水量 |

### 5. 高、低压分离器液位

**(1) 高压分离器D-303液位的调节**　高压分离器液位主要通过LIC-3111调节高压分离器到低压分离器的流量来控制。

控制范围：40%～60%。

相关参数：高压分离器温度变化；高压分离器压力变化；注水量的波动；高压分离器D-303至低压分离器D-304流量的变化；界面控制变化。

正常调整：调整方法见表2-26。

**表2-26　高压分离器液位调整方法**

| 影响因素 | 调整方法 |
| --- | --- |
| 高压分离器温度及高压分离器压力变化 | 控制高压分离器温度、压力稳定 |
| 高压分离器D-303至冷低压分离器D-304流量的变化 | 调节好高压分离器至低压分离器的流量 |
| 注水量的波动 | 保持注水量稳定 |
| 高压分离器界面控制变化 | 控制高压分离器的界面稳定 |

**(2) 低压分离器D-304液位的调节**　低压分离器液位通过LIC-3116调节低压分离器到C-301的流量来控制。

控制范围：40%～60%。

相关参数：高压分离器液面变化；高压分离器压力变化；低压分离器温度变化；低压分离器界面变化；低压分离器压力变化；汽提塔压力变化。

正常调整：调整方法见表2-27。

**表2-27　低压分离器液位调整方法**

| 影响因素 | 调整方法 |
| --- | --- |
| 高压分离器液面、界面变化 | 调节高压分离器液面、界面稳定 |
| 高压分离器压力变化 | 控制高压分离器的压力稳定 |
| 低压分离器温度、压力变化 | 控制低压分离器的温度、压力稳定 |
| 低压分离器界面控制变化 | 控制低压分离器的界面稳定 |
| 汽提塔压力变化 | 保持汽提塔压力稳定 |

### 6. 高、低压分离器界位

**(1) 高压分离器D-303界位的调节**　高压分离器界位通过LIC-3113调节高压分离器D-303外排含硫污水的流量来控制。

控制范围：40%～60%。

相关参数：高压分离器温度变化；高压分离器压力变化；注水量的波动；高压分离器液面变化；高压分离器D-303外排含硫污水量的变化。

正常调整：调整方法见表2-28。

表2-28 高压分离器界位调整方法

| 影响因素 | 调整方法 |
| --- | --- |
| 高压分离器温度及高压分离器压力变化 | 控制高压分离器温度、压力稳定 |
| 高压分离器D-303外排含硫污水流量的变化 | 调节好高压分离器外排含硫污水的流量 |
| 注水量的波动 | 保持注水量稳定 |
| 高压分离器液面控制变化 | 控制高压分离器的液面稳定 |

**(2) 低压分离器D-304界位的调节** 低压分离器界位通过LIC-3117调节低压分离器外排含硫污水的流量来控制。

控制范围：40％～60％。

相关参数：高压分离器液面变化、高压分离器压力变化、高压分离器界面变化、低压分离器温度、压力变化、低压分离器压力变化。

正常调整：调整方法见表2-29。

表2-29 低压分离器界位调整方法

| 影响因素 | 调整方法 |
| --- | --- |
| 高压分离器液面、界面变化 | 调节高压分离器液面、界面稳定 |
| 高压分离器压力变化 | 控制高压分离器的压力稳定 |
| 低压分离器温度、压力变化 | 控制低压分离器的温度、压力稳定 |
| 低压分离器外排含硫污水的流量变化 | 控制低压分离器外排含硫污水的流量稳定 |

### 7. 低压分离器D-304压力

低压分离器压力通过PIC-3111调节低压分离器气排放量来控制。

控制范围：(1.0±0.05) MPa。

相关参数：高压分离器液面变化；高压分离器压力变化；低压分离器液面变化；低压分离器温度变化；低压分离器界面变化。

正常调整：调整方法见表2-30。

表2-30 低压分离器压力调整方法

| 影响因素 | 调整方法 |
| --- | --- |
| 高压分离器液面、界面变化 | 调节高压分离器液面、界面稳定 |
| 高压分离器压力变化 | 控制高压分离器的压力稳定 |
| 低压分离器温度变化 | 控制低压分离器的温度稳定 |
| 低压分离器液面控制变化 | 控制低压分离器的液面稳定 |
| 低压分离器气排放量变化 | 保持低压分离器气排放量稳定 |

### 8. 反应生成油冷后温度

反应生成油冷后温度通过调整空冷器A-301的冷却负荷来控制。

控制范围：40～50℃。

相关参数：大气温度变化；空冷风机关启；百叶窗开度变化；空冷器管束、翅片堵塞情况；R-302出口温度变化；与生成油换热量变化。

正常调整：调整方法见表2-31。

**表2-31　反应生成油冷却后温度调整方法**

| 影响因素 | 调整方法 |
|---|---|
| 空冷风机关启、百叶窗开度变化 | 调节空冷风机关启、百叶窗开度稳定 |
| 大气温度变化 | 调整空冷器A-301的冷却负荷 |
| R-302出口温度变化 | 控制R-302出口温度稳定 |
| 与生成油换热量变化 | 控制与生成油换热量稳定 |
| 循环氢量、注水量变化 | 保持循环氢量、注水量稳定 |

## 二、分馏系统

分馏系统工艺控制见图2-9。

### （一）分馏系统主要控制指标

分馏系统主要控制指标，见表2-32。

**表2-32　分馏系统主要控制指标**

| 名称 | 项目 | 单位 | 指标 |
|---|---|---|---|
| 汽提塔(C-301) | 操作压力 | MPa(A) | 0.34 |
| | 塔顶温度 | ℃ | 140 |
| | 塔底温度 | ℃ | 254 |
| | 进料温度 | ℃ | 270 |
| | 进料量 | t/h | 25 |
| 塔底汽提蒸汽 | 温度 | ℃ | 250 |
| | 压力 | MPa(A) | 1.0 |
| | 流量 | t/h | 0.45 |

### （二）正常操作

#### 1. 分馏塔顶压力

分馏塔顶压力是通过控制阀PV-3201调节塔顶回流罐D-307的气体排放量来控制。

控制范围：(0.32±0.02) MPa。

相关参数：进料量；进料温度；塔顶回流量；塔底温度；塔底液位；PIC-3201开度；冷后温度；汽提蒸汽量。

正常调整：调整方法见表2-33。

**表2-33　分馏塔顶压力调整方法**

| 影响因素 | 调整方法 |
|---|---|
| 进料量、温度波动 | 稳定进料量、进料温度 |
| 塔顶回流量及温度变化 | 稳定塔顶回流量 |
| 汽提蒸汽量变化 | 控稳汽提蒸汽量 |
| C-301塔底液位波动 | 稳定塔底抽出量，使C-301塔底液位平稳 |
| 冷后温度变化 | 调整冷后温度 |
| D-307的气体排放量变化 | 调整PIC-3201开度 |

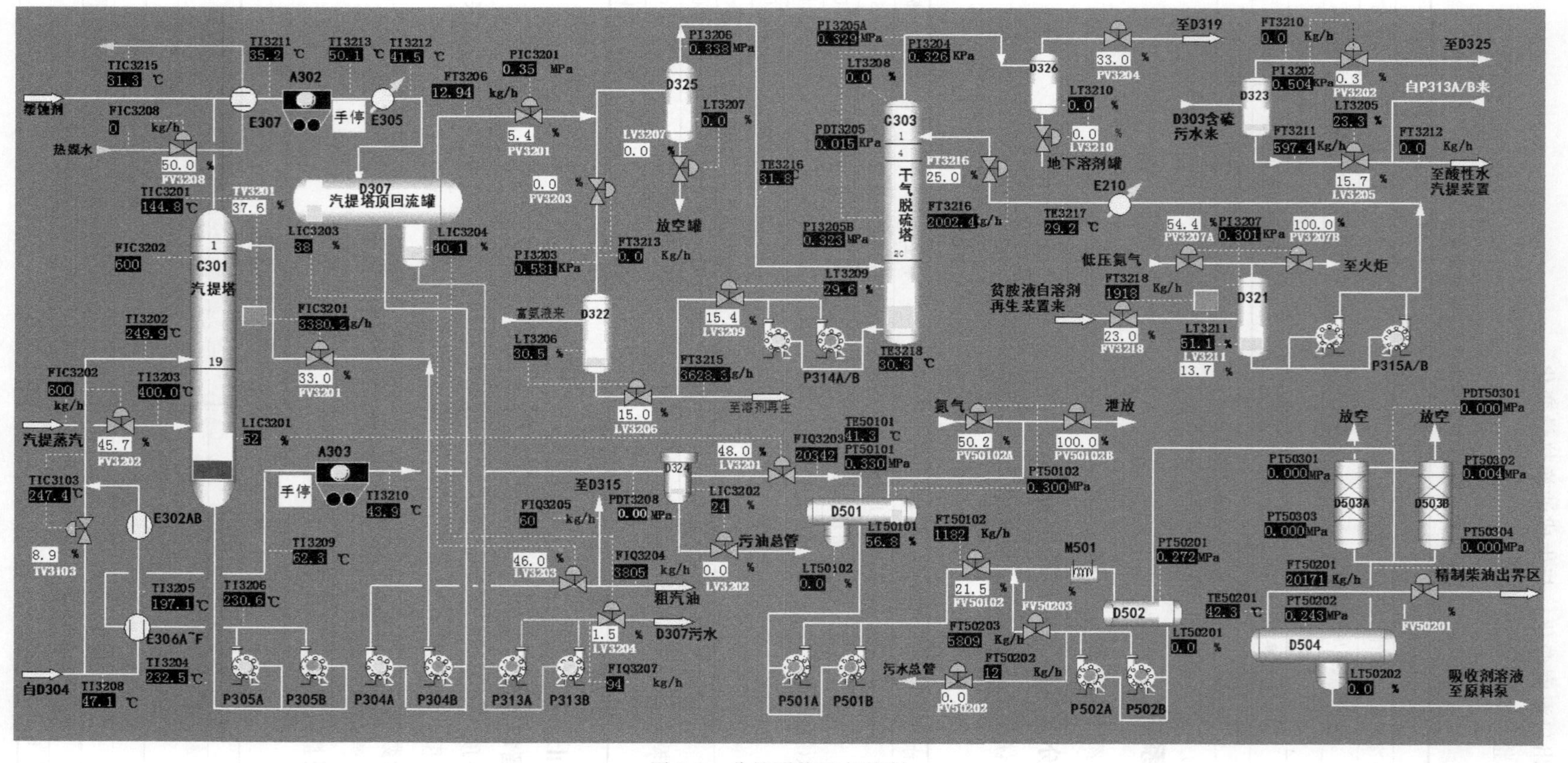


图 2-9 分馏系统工艺控制

## 2. 分馏塔顶温度

分馏塔的塔顶温度是通过对塔顶回流线流控 FIC-3201 和塔顶温控 TIC-3201 串级进行调节而实现的，通过调节塔顶回流量控制塔顶温度。

控制范围：120～170℃。

相关参数：进料量；进料温度；塔顶回流量；塔底温度；塔底液位；回流温度；汽提蒸汽量；塔压力。

正常调整：调整方法见表 2-34。

**表 2-34　分馏塔顶温度调整方法**

| 影响因素 | 调整方法 |
| --- | --- |
| 分馏进料温度变化 | 查明原因稳定进料温度 |
| 回流量波动 | FIC-3201 自动改手动，稳定塔顶回流量 |
| 回流温度变化 | 查明原因稳定回流温度 |
| 塔底液位波动 | 稳定塔底液位 |
| 汽提蒸汽量变化 | 稳定汽提蒸汽量 |
| 塔压力变化 | 查明原因稳定塔压 |

## 3. 分馏塔进料温度

进料温度通过低压分离油旁路 TIC-3103 调节换热量来控制。

控制范围：230～275℃。

相关参数：塔底温度；E-306A/B/C 换热效果；R-302 出口温度；E-301 出口生成油温度；E-302 换热效果。

正常调整：调整方法见表 2-35。

**表 2-35　分馏塔进料温度调整方法**

| 影响因素 | 调整方法 |
| --- | --- |
| 塔底温度变化 | 稳定塔底温度 |
| E-301 出口生成油温度 | 通过 TIC-3109 调节 E-301 出口生成油温度 |
| R-302 出口温度变化 | 稳定 R-302 出口温度 |
| 低压分离油去旁路流量变化 | 通过 TIC-3103 调节低压分离油去旁路流量 |

## 4. 分馏塔底液位

通过 LIC-3201 控制回路调节柴油外送量控制分馏塔液位。

控制范围：40%～60%。

相关参数：进料量；塔顶温度；塔压力；进料性质；进料温度。

正常调整：调整方法见表 2-36。

**表 2-36　分馏塔底液位调整方法**

| 影响因素 | 调整方法 |
| --- | --- |
| 塔进料量波动 | 控制好 C-301 液位，稳定进料量 |
| 塔顶温度波动 | 控制好热平衡，稳定塔顶回流，稳定各点温度 |
| 塔压力波动 | 查明原因，稳定塔压力 |
| 塔进料性质变化 | 控制好 C-301 塔底温度 |
| 分馏进料温度发生较大变化 | 稳定进料温度 |

**5. 分馏塔顶回流罐液位**

通过 LIC-3203 调节粗汽油外送量来控制分馏塔顶回流罐液位。

控制范围：(50±10)%。

相关参数：塔顶温度；塔顶压力；C-301 进料量；进料组成性质变化；粗汽油外送量。

正常调整：调整方法见表 2-37。

**表 2-37 分馏塔顶回流罐液位调整方法**

| 影响因素 | 调整方法 |
| --- | --- |
| 塔顶温度波动 | 查明原因,控稳塔顶温度 |
| 塔顶压力波动 | 控稳塔顶压力 |
| C-301 进料量波动 | 控稳 C-301 液面,使进料量平稳 |
| 进料组成性质变化 | 联系反应岗位及时调整反应深度,保证进料组成性质稳定 |

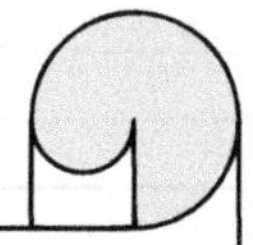

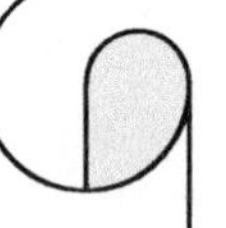

## 学一学 石油企业企业文化

**价值篇**

企业核心经营管理理念

“诚信、创新、业绩、和谐、安全”：其中诚信是基石，创新是动力，业绩是目标，和谐是保障，安全是前提。

诚信：立诚守信，言真行实；

创新：与时俱进，开拓创新；

业绩：业绩至上，创造卓越；

和谐：团结协作，营造和谐；

安全：以人为本，安全第一。

· 项目十 ·

# 柴油加氢装置应急处理

## 一、事故处理原则

① 对装置事故要及时、全面、冷静分析，准确判断，有效迅速处理，尤其要预测事故发生的后果及其蔓延趋势，首先要防止爆炸事故的发生，为此对容易造成爆炸事故部位的操作要优先考虑。

② 在处理过程中必须避免造成人员伤亡并尽可能减小对设备和催化剂的损害，要防止造成重大经济损失，保护好催化剂、反应器，防止炉管结焦。

③ 在事故处理中，要做到不跑（油、燃料气）、不冒（水）、不串（串油、串压）、不超（超温、超压），控制好温度和压力的升降速率，尤其要避免引发其他事故。

④ 及时正确使用自保联锁，并在启用后检查实际动作情况，如失灵手动执行。

⑤ 处理时首先要考虑将装置的事故状态尽快恢复到正常操作状态，但当继续生产将危及人员和装置安全时必须停车，并将装置处理到安全状态。

⑥ 事故处理方法应符合操作规程的限制和程序要求。

⑦ 发生事故，应立即向车间和调度报告，情况紧急来不及汇报可先处理事故，然后再汇报。

⑧ 冬季对易冻凝管线和设备应及时处理。

## 二、紧急停工方法

加氢精制系放热反应，加氢精制的反应热和反应物流从催化剂床层上所携带走的热量是平衡的，在正常情况下加氢精制催化剂床层的温度是稳定的。如果由于某些原因导致催化剂床层携带出的热量少于加氢精制的反应热时，这种不平衡一旦出现，若发现不及时或处理不妥当，就可能会发生温度升高-急剧放热-温度飞升的连锁反应，对人身、设备和催化剂构成严重的威胁。

### 1. 紧急停工泄压系统

为满足紧急情况的要求，加氢装置反应系统设有 0.7MPa/min 的紧急泄压系统。泄压是通过打开紧急放空泄压阀，向放空系统排放循环氢来完成的。

0.7MPa/min 泄压系统的主要目的是当循环氢压缩机出现故障时，反应系统可以手动操作泄压。其联锁动作是：0.7MPa/min 紧急泄压阀打开，停新氢压缩机 K-301，停反应进料加热炉 F-301，停反应进料泵。

**2. 紧急停工的原因**

① 装置发生严重着火、爆炸事故时；易燃介质大量泄漏，有发生严重着火、爆炸事故危险时。

② 主要机泵、压缩机故障，无法修复，备用设备不能备用，无法维持生产。

③ 长时间停电、停水、停风、DCS 严重失灵。

④ 循环氢压缩机停运，氢气循环中断：循环氢压缩机停运，失去了从催化剂床层上携带出加氢反应热的能力，若不通过泄压，氢气和油将继续在处于高温的反应器中反应并放热，造成超温结焦。

⑤ 催化剂床层温度过高或飞温：任一反应器温度超过正常值 30℃或超过 425℃时。

**3. 紧急停工程序**

① 启动泄压系统时。外操作人员要立即到现场确认相关联锁是否动作，如不动作手动执行。关闭全部炉前主火嘴手阀，要尽量保留长明灯，如长明灯熄灭，立即关闭长明灯炉前手阀及燃料气总阀，开大烟道挡板及炉膛吹扫蒸汽，对炉膛进行彻底置换。关闭反应进料泵 P-302 出口阀。K-301 停，内操控制好 D-306 压力，新氢放火炬。

② 不启动泄压系统时。内操作人员关闭加热炉燃料气调节阀，外操作人员关闭全部炉前主火嘴手阀，要尽量保留长明灯，如长明灯熄灭，立即关闭长明灯炉前手阀及燃料气总阀，开大烟道挡板及炉膛吹扫蒸汽，对炉膛进行彻底置换。内操作人员切断反应进料，外操作人员停进料泵 P-302 关闭出口阀。根据事故情况决定是否停 K-301，如 K-301 停，内操控制好 D-306 压力，新氢放火炬。

③ K-302 尽量维持循环，启动冷氢反应系统尽快降温，内操控制降温速率≤50℃/h，如需紧急降压，手控打开紧急泄压阀泄压。压力降到 2.0MPa 以下，反应系统补入 3.0MPa 中压氮气。

④ 如 K-302 停运，手控打开紧急泄压阀装置泄压放空，反应系统降压降温，压力降到 2.0MPa 以下，用中压氮气置换反应系统。

⑤ 内操作人员控制好高压分离器液面，防止满罐或串压。外操作人员停注水泵（P-303）并关闭出口阀。

⑥ 停汽提蒸汽，严密监控各塔罐液面、压力，根据情况分馏系统进行循环或停工。

⑦ 通过氮气置换循环把反应器冷却到 200℃以下。

## 三、事故处理预案

**1. 反应进料中断**

反应进料中断应急操作卡见表 2-38。

**表 2-38 反应进料中断应急操作卡**

| 事故名称 | 反应进料中断 |
| --- | --- |
| 事故现象 | (1)原料油缓冲罐 D-301 液位迅速下降直至 P-302 停机报警<br>(2)流量指示 FIC-3101 指示回零 |

续表

| 事故名称 | 反应进料中断 |
| --- | --- |
| 事故原因 | 原料油中断 |
| 事故确认 | 原料油缓冲罐 D-301 液位迅速下降，流量指示 FIC-3101 指示回零 |
| 事故处理 | (1)联系相关部门<br>[M]—联系调度及成品车间，尽快恢复进料<br>(2)反应系统降温、降量、产品改循环<br>[I]—调节 F-301 出口温度控制阀 TIC-3119 降炉出口温度<br>[I]—调节冷氢全面降温，将床层最高点降低 40℃<br>[I]—控制 FIC-3107A 把反应进料量降到最低<br>[P]—根据液面情况，产品改循环<br>[I]—逐步全开高压换热器 E-303 的旁路 TV-3119<br>[I]—必要时，可提高循环氢压缩机负荷，加快降温<br>[I]—控制好高压分离器液面防止压空<br>[I]—反应温度较低时，柴油产品均改入循环<br>[I]—尽量维持塔顶回流、各液面平稳 |
| 退守状态 | 视情况利用柴油产品循环稳定正常生产，若新鲜进料长时间不能恢复，按正常停工步骤反应系统停工至循环氢气循环，分馏系统停工至单塔循环 |

## 2. 新氢中断

新氢中断应急操作卡见表 2-39。

**表 2-39　新氢中断应急操作卡**

| 事故名称 | 新氢中断 |
| --- | --- |
| 事故现象 | (1)供氢量突减，氢气消耗速率超过新氢补充速率，反应系统压力下降<br>(2)新氢压缩机 K-301 各级压力异常<br>(3)新氢流量指示迅速减小或回零 |
| 事故原因 | (1)重整氢中断<br>(2)新氢压缩机 K-301 机或辅助系统故障诱发联锁停车 |
| 事故确认 | (1)供氢量突减，反应系统压力下降很快<br>(2)新氢压缩机 K-301 各级压力异常<br>(3)新氢流量指示迅速减小或回零 |
| 事故处理 | (1)确认事故原因、联系相关部门<br>[M]—如果是重整氢中断，通知重整岗位查找原因，立即汇报调度和车间<br>[M]—如果是新氢压缩机 K-301 停机，通知加氢和压缩机岗位查找原因，立即汇报调度和车间<br>(2)反应系统降温、降量、根据情况改循环<br>[I]—如果是新氢压缩机 K-301 停机，控制好 D-306 压力，防止超压<br>[P]—应立即设法重新开机或启用备机以恢复补氢<br>[I]—按先降温后降量的原则，适当降低反应温度和进料量<br>[I]—同时停止循环气的排放，关闭 PV-3110A<br>[I]—如果氢气长时间不能恢复，高压分离器压力下降较快，要切断进料<br>[I]—维持循环压缩机 K-302 循环，尽量进行系统保压<br>[P]—分馏岗位改循环<br>[I]—待氢气恢复供应后，再重新升温升压，按规定的进油条件进油 |
| 退守状态 | 先降温后降量，直到补充氢气超过需用量，如果氢气长时间不能恢复则加氢应降负荷操作，至切断原料，反应系统气循环保压，分馏系统降温循环 |

## 3. 循环氢压缩机停机

循环氢压缩机停机应急操作卡见表 2-40。

**表 2-40　循环氢压缩机停机应急操作卡**

| 事故名称 | 循环氢压缩机停机 |
| --- | --- |
| 事故现象 | (1)ESD 停机联锁报警<br>(2)反应器循环氢和急冷氢流量指示回零 |

续表

| 事故名称 | 循环氢压缩机停机 |
| --- | --- |
| 事故现象 | (3)循环机电机停<br>(4)反应器各床层温度上升 |
| 事故原因 | (1)循环氢分液罐 D-305 液位高<br>(2)循环氢压缩机自身故障联锁停车 |
| 事故确认 | (1)ESD 停机联锁报警<br>(2)反应器循环氢和急冷氢指示流量回零<br>(3)循环机电机停 |
| 事故处理 | (1)确认联锁动作、系统降温、降压<br>[I]—控制反应系统尽快降温、降压<br>(P)—确认反应加热炉联锁停炉(UC-2 动作)<br>(P)—确认加热炉熄火<br>(P)—确认反应进料联锁(UC-1 动作)<br>(P)—确认反应进料泵停<br>[P]—关闭反应进料泵出口阀<br>(2)确保加热炉的安全<br>[P]—关闭 FV3112 上游阀<br>[P]—关闭全部主火嘴炉前手阀,注意保留长明灯<br>如长明灯熄灭:<br>[P]—关闭长明灯的炉前手阀<br>[P]—关闭快开风门<br>[P]—打开炉膛灭火蒸汽,对炉膛进行彻底置换<br>如反应器温度高:<br>[I]—控制 0.7MPa/min 泄压阀泄压<br>[M]—立即查找 K-302 停机原因,尽量在短时间内启动<br>如无法立即启动循环机:<br>[I]—密切监视反应器床层温度,若上升较快无法控制,可手动打开 0.7MPa/min 泄压阀泄压<br>[I]—当温度得到控制,停止泄压,等待恢复<br>[I]—开大新氢机返回控制阀,降低新氢补入量<br>[P]—停注水泵,反应停止注水<br>(3)系统引入高压氮气降温、继续泄压<br>[I]—控制系统一直泄压至 3.0MPa 以下<br>[P]—打开 K-302 入口氮气阀门,对反应系统进行氮气置换<br>(4)分馏系统改循环<br>[P]—改柴油走循环<br>[P]—停分馏塔汽提蒸汽<br>[P]—如无法维持,可停分馏塔顶回流<br>[I]—控制分馏塔尽量维持正常运转<br>[M]—确认引起停机的条件消除<br>[P]—按循环机操作规程启动循环机低负荷运行<br>[I]—在带负荷过程中,启动 HV-3102 控制循环氢量,保证高压分离器液面平稳<br>[I]—密切注意床层温度,若温度得到控制,停止泄压<br>[I]—调节新氢机以不大于 1.5MPa/h 的升压速率,恢复系统压力<br>[I]—恢复压力时要密切注意床层温度,用冷氢量控制好温升<br>[P]—重新点燃加热炉 F-301<br>[I]—控制以不大于 15℃/h 的速率升温,恢复系统温度 |
| 退守状态 | 反应压力降到 4.5MPa,温度得到控制<br>如果温度得到控制,则停止泄压,等待恢复<br>如温度无法控制,系统一直泄压至 3.0MPa 以下,进行氮气置换 |

### 4. 反应器床层飞温

反应器床层飞温应急操作卡

| 事故名称 | 反应器床层飞温 |
| --- | --- |
| 事故现象 | (1)催化剂床层各点温度均超过正常值<br>(2)某一个或几个床层测温点超过正常值连带下部测温点发生异常升温 |
| 事故原因 | (1)循环氢流量减少,使带出热不足,则会导致全部床层超温<br>(2)进料突然减少或中断而打破原平衡引发超温<br>(3)原料油、新氢的组成发生突变造成反应热突增而无法带出引发超温<br>(4)反应进料加热炉(F-301)出口温度超高<br>(5)冷氢系统故障使某点或总冷氢量突减<br>(6)催化剂在初期活性不稳<br>(7)反应原料或循环氢在催化剂截面上分布不均匀形成偏流导致局部过热而超温<br>(8)仪表故障导致误动作或失控造成超温 |
| 事故确认 | (1)催化剂床层各点温度均超过正常值 30℃<br>(2)任一个或几个床层测温点超过正常值连带下部测温点发生异常升温 |
| 事故处理 | (1)精制反应器 R-301 发生飞温<br>①R-301 升温速率较快,且还有加快趋势<br>[I]—调节炉出口 TIC-3119 大幅度降炉温<br>[I]—调节 TIC-3102 补冷氢扼制其增长势头<br>[I]—调节 TIC-3602,防止温升波及 R-302<br>[I]—当温度上升十分严重,有超过催化剂指标的危险或引起降凝反应器飞温的危险时,手动打开 0.7MPa/min 紧急泄压阀泄压<br>②R-301 升温速率不快<br>[I]—调节 TIC-3119 适当降低炉出口温度<br>[I]—调节 TIC-3102 使其温度不再升高,然后恢复到正常温度<br>[I]—调节 TIC-3602,防止温升波及 R-302<br>(2)裂化反应器 R-302 超温,精制反应器 R-301 不超温(表现为某点温度异常升温)<br>[I]—调节 TIC-3602,降低 R-302 入口温度<br>[I]—调节温升异常点所处床层冷氢控制阀,多打冷氢<br>[I]—调节温升异常点下一床层冷氢控制阀截住此温波<br>[I]—如 R-302 中某点超过正常值 15℃以上,除采取以上措施外还应大幅度降炉出口温度平稳后再缓慢升温<br>[I]—如果 R-302 入口冷氢失灵,使入口温度超 10℃或床层任意一点超温 30℃,则启动 0.7MPa/min 放空系统,以后按紧急泄压处理<br>(3)裂化反应器 R-302 超温,精制反应器 R-301 也超温(表现为 R-302 整体性超温)<br>[I]—调节 F-101 出口温度控制阀 TIC-3119 降炉出口温度<br>[I]—调节冷氢全面降温<br>[I]—如果控制不住温升,反应器入口温度超 10℃或床层任意一点超温 30℃,则启动 0.7MPa/min 放空系统,以后按紧急泄压处理 |
| 退守状态 | 如果反应温度得到控制,逐渐将装置恢复到生产状态<br>如果反应温度得不到控制,继续泄压到底 |

### 5. 高压系统泄漏着火

高压系统泄漏着火应急操作卡见表 2-41。

表 2-41　高压系统泄漏着火应急操作卡

| 事故名称 | 高压系统泄漏着火 |
| --- | --- |
| 事故现象 | (1)泄漏较大时,可以明显听到泄漏声音<br>(2)如果是高温部位,可能着火 |

续表

| 事故名称 | 高压系统泄漏着火 |
| --- | --- |
| 事故原因 | 高压系统发生泄漏,其危险性较大 |
| 事故确认 | (1)泄漏较大时,可以明显听到泄漏声音<br>(2)如果是高温部位,可能着火 |
| 事故处理 | [I]—立即进行蒸汽掩护,氢气着火,不能急于灭火,防止闪爆<br>[P]—可切断的泄漏部位,立即切断,之后处理,注意防止硫化氢中毒<br>如果泄漏部位不可切断,或切断十分困难可能危急操作者人身安全时,应停工处理<br>[I]—如果漏点接近火源或处于炉子上风向,应立即 0.7MPa/min 泄压紧急停工,停炉后应熄灭长明灯 |
| 退守状态 | 可切断的泄漏部位,立即切断,之后处理<br>如果泄漏部位不可切断,或切断十分困难,可能危急操作者人身安全时,应停工处理 |

### 6. 反应注水中断

反应注水中断应急操作卡见表 2-42。

**表 2-42 反应注水中断应急操作卡**

| 事故名称 | 反应注水中断 |
| --- | --- |
| 事故现象 | (1)注水量下降为零<br>(2)空冷器 A-301 出口温度上升<br>(3)高压分离器 D-303 界位波动,压力上升<br>(4)化验分析循环氢纯度下降,其中的氨及硫化氢浓度升高<br>(5)长时间停注水,会使加氢反应转化率降低,空冷器 A-301 铵盐堵塞,系统压降增大 |
| 事故原因 | (1)装置外来除盐水中断<br>(2)因机械故障,注水泵 P-303 停运<br>(3)注水泵出口线有较大泄漏 |
| 事故确认 | (1)注水量下降为零(重要)<br>(2)空冷器 A-301 出口温度上升<br>(3)高压分离器 D-303 界位波动,压力上升<br>(4)化验分析循环氢纯度下降,其中的氨及硫化氢浓度升高<br>(5)长时间停注水,会使加氢反应转化率降低,空冷器 A-301 铵盐堵塞,系统压降增大 |
| 事故处理 | [I]—如果供水中断,按停脱盐水处理<br>[P]—如果是注水泵故障停机,应立即关原泵出口阀,切换备泵恢复生产<br>[P]—如果是注水泵出口线泄漏,则关闭空冷处注入阀,防止串压,并将管线隔离处理<br>[I]—要密切注意高压分离器界位,防止串压或跑油<br>[I]—如果反应床层温升明显下降,适当降低原料量,维持低负荷运行,相应提升各床层温度以维持相同的转化率,恢复注水后,要预先适当降低反应器入口温度,且注水量要缓慢升高,防止超温 |
| 退守状态 | 如果是泵故障,则切换备泵,原泵维修<br>如果长时间停注水,则降量或停进料 |

### 7. 高压串低压

高压串低压应急操作卡见表 2-43。

**表 2-43 高压串低压应急操作卡**

| 事故名称 | 高压串低压 |
| --- | --- |
| 事故现象 | (1)低压分离器压力猛增,低压分离器气排量超标,安全阀起跳<br>(2)反应系统压力下降<br>(3)高低压连接管线振动严重<br>(4)高压分离器液面过低,低压分离器液面波动<br>(5)循环氢压缩机 K-302 入口流量波动 |
| 事故原因 | (1)由于进料量减少,使高压分离器油量过少,液面过低使气体经减压阀直入低压分离器<br>(2)由于仪表错误指示,使高压分离器过量排油造成低液面 |

续表

| 事故名称 | 高压串低压 |
| --- | --- |
| 事故原因 | (3)由于仪表错误指示，使高压分离器过量排酸性水，界面过低导致液面降低<br>(4)液位控制阀卡导致高压分离器串压至低压分离器，或仪表故障导致高压分离器液控阀门全开 |
| 事故确认 | (1)低压分离器压力猛增，低压分离器气排量超标，安全阀起跳<br>(2)反应系统压力下降<br>(3)高低压连接管线振动严重<br>(4)高压分离器液面过低，低压分离器液面波动<br>(5)循环氢压缩机 K-302 入口流量波动 |
| 事故处理 | [I]—高压分离器液位控制改手动，关死液位控制阀和前手阀，视高压分离器液面变化情况，调节液位控制至正常液位<br>[I]—低压分离器气改放火炬，降压，恢复正常压力指标<br>[I]—由于低压分离器压力超高可能导致液面下降，要稳定液面，防止压力串入分馏系统<br>[I]—待高压分离器建立高于报警下限的液面后，高压分离器要调节界位控制阀，控稳界面不要超高以防带水；高压分离器液面上涨，用液位调节阀控制液位正常(50%)，液面稳定后投自动，恢复正常生产 |
| 退守状态 | 高压分离器液位 LIC3111：(50±10)%<br>调节液控至正常液位，恢复正常压力指标<br>如果高压分离器液位无法建立，启动 0.7MPa/min 紧急泄压，紧急停工<br>如果低压分离器安全阀跳开不复位，按正常停工处理 |

## 8. 分馏塔底泵停运

分馏塔底泵停运应急操作卡见表 2-44。

**表 2-44　分馏塔底泵停运应急操作卡**

| 事故名称 | 分馏塔底泵停运 |
| --- | --- |
| 事故现象 | (1)分馏塔底液面上升<br>(2)DCS 画面显示 P-305 停 |
| 事故原因 | 分馏塔底泵故障 |
| 事故确认 | (1)分馏塔底液面上升<br>(2)DCS 画面显示 P-305 停 |
| 事故处理 | [P]—立即试图开启备泵<br>如主备泵均不能启动，进行如下动作：<br>[P]—停分馏塔汽提蒸汽<br>[I]—降低分馏进料温度<br>[I]—反应岗位降温降量，尽量维持运行<br>[I]—待 P-305 启动，稳定塔底液面后，再逐渐恢复生产<br>[I]—长时间 P-305 不能启动，无法维持可切断进料 |
| 退守状态 | 立即试图开启备泵<br>如果备泵能够在短时间内启动，可迅速恢复生产 |

## 9. 停循环水

停循环水应急操作卡见表 2-45。

**表 2-45　停循环水应急操作卡**

| 事故名称 | 停循环水 |
| --- | --- |
| 事故现象 | (1)循环水流量累计指示回零<br>(2)各用循环水冷却的介质冷后温度上升<br>(3)压缩机润滑油温度、排气温度上升，轴承、轴瓦的温度升高，并伴有报警 |
| 事故原因 | (1)循环水故障中断<br>(2)循环水系统有较大泄漏 |

续表

| 事故名称 | 停循环水 |
| --- | --- |
| 事故确认 | (1)循环水流量累计指示回零<br>(2)各用循环水冷却的介质冷后温度上升<br>(3)压缩机润滑油温度、排气温度上升，轴承、轴瓦的温度升高，并伴有报警 |
| 事故处理 | [M]—循环水中断，立即联系调度，迅速恢复供应，如不能立即恢复，紧急停工<br>[M]—如循环水系统泄漏较大，视情况处理，如无法处理，紧急停工<br>[P]—尽量维持循环压缩机运转，如果循环压缩机停运，马上按“停循环压缩机事故处理步骤”进行处理<br>[M]—立即组织停新氢压缩机<br>[I]—控制新氢分液罐 D-306 入口氢气改放火炬<br>[P]—停高压注水泵<br>[I]—控制好高压分离器液面，防止串压<br>[P]—其他用循环水冷却的机泵，用新鲜水浇轴承箱泵体，尽量维持泵的运转<br>[P]—分馏产品改循环 |
| 退守状态 | 用新鲜水浇轴承箱泵体，尽量维持泵的运转<br>视情况迅速恢复供应<br>如不能立即恢复，紧急停工 |

## 10. 停除盐水

停除盐水应急操作卡见表 2-46。

**表 2-46　停除盐水应急操作卡**

| 事故名称 | 停除盐水 |
| --- | --- |
| 事故现象 | (1)D-310 液位控制低报警<br>(2)除盐水入 D-310 流量表瞬时值为零 |
| 事故原因 | (1)动力站除盐水系统故障<br>(2)外供除盐水管网发生较大泄漏 |
| 事故确认 | (1)D-310 液位控制低报警<br>(2)除盐水入 D-310 流量表瞬时值为零 |
| 事故处理 | [M]—立即联系调度及动力站，马上恢复供水<br>[I]—适当降低注水量，维持 P-303 泵运行<br>[I]—适当降低原料量，维持低负荷运行<br>[I]—要密切注意高压分离器界位，防止串压或跑油<br>[P]—要注意压缩机水站液面，如果太低，临时接新鲜水补充<br>[I]—当恢复供水时，并密切注意床层温度变化，分次提高进料量<br>[I]—如果长时间停注水，则按切断进料处理 |
| 退守状态 | 适当降低注水量，维持 P-303 泵运行，适当降低原料量，维持低负荷运行<br>立即联系调度及动力站，马上恢复供水<br>如果短时间不能恢复，按切断进料处理 |

## 11. 全装置长时间停电

全装置长时间停电应急操作卡见表 2-47。

**表 2-47　全装置长时间停电应急操作卡**

| 事故名称 | 全装置长时间停电 |
| --- | --- |
| 事故现象 | (1)装置内所有照明熄灭<br>(2)装置噪声明显减小，所有用电设备停运<br>(3)DCS 和 ESD 系统的 UPS 供电最长时间为 30min，如果 UPS 不能启用，所有的操作画面可能消失，计算机系统瘫痪，所有控制阀将回到“风开”“风关”“停风锁定”状态<br>(4)如 UPS 可以启用，各种控制仪表报警，DCS 上部分流量表回零<br>(5)如 UPS 不可以重新启用，计算机系统无显示 |

续表

| 事故名称 | 全装置长时间停电 |
|---|---|
| 事故原因 | 装置变电所故障 |
| 事故确认 | (1)装置内所有照明熄灭<br>(2)装置噪声明显减小，所有用电设备停运<br>(3)DCS和ESD系统的UPS供电最长时间为30min，如果UPS不能启用，所有的操作画面可能消失，计算机系统瘫痪，所有控制阀将回到"风开""风关""停风锁定"状态<br>(4)如UPS可以启用，各种控制仪表报警，DCS上部分流量表回零<br>(5)如UPS不可以重新启用，计算机系统无显示 |
| 事故处理 | (I)—立即确认压缩机K-301、K-302、反应进料泵P-302、注水泵P-303是否停运(是否自保)<br>如循环机停运，加热炉自保和进料自动保护联锁动作：<br>[I]—反应系统降温，加大循环氢排放量<br>[I]—K-301停运，新氢分液罐D-306入口氢气，如果改放火炬<br>[P]—确认反应加热炉自动保护联锁(UC-2动作)<br>[P]—确认反应进料自动保护联锁(UC-1动作)<br>[P]—确认反应注水自动保护联锁(UC-6动作)<br>[P]—关闭全部主火嘴炉前手阀，注意保留长明灯<br>[P]—关闭P-302出口阀<br>[P]—关闭P-303出口阀<br>[P]—关闭其他停运泵出口阀<br>如长明灯大量熄灭：<br>[P]—立即手动关闭长明灯的炉前手阀<br>[P]—关闭快开风门<br>[P]—打开炉膛灭火蒸汽，对炉膛进行彻底置换<br>[I]—如床层有超温趋势，则手动开启0.7MPa/min泄压系统，直到温度得到控制时，再手动关闭<br>[I]—要注意控制好高压分离器液面防止串压<br>[M]—联系调度及电气车间，如果预计在30min内不能恢复供电，按紧急停工处理<br>[I]—密切监视各塔及容器的压力及液面<br>[M]—通知调度和催化停送新鲜进料<br>[P]—停塔C-301汽提蒸汽<br>如30min内恢复供电：<br>[P]—启动停运设备<br>[I]—装置达到进油条件，恢复进料 |
| 退守状态 | UPS供电，立即做相应处理<br>若UPS无法启用，立即到现场，观看就地仪表，紧急停工，并将装置处理到最安全状态 |

## 12. 全装置瞬时停电

全装置瞬时停电应急操作卡见表2-48。

**表2-48　全装置瞬时停电应急操作卡**

| 事故名称 | 全装置瞬时停电 |
|---|---|
| 事故现象 | (1)照明灯灭后复明<br>(2)运转设备停运 |
| 事故原因 | 装置晃电 |
| 事故确认 | 照明灯灭后复明 |
| 事故处理 | (I)—立即确认压缩机K-301、K-302、反应进料泵P-302、注水泵P-303是否停运(是否自保)<br>如循环机停运，加热炉自保和进料自动保护联锁动作：<br>[I]—反应系统降温，加大循环氢排放量<br>[I]—K-301停运，新氢分液罐D-306入口氢气改放火炬<br>[P]—确认反应加热炉自动保护联锁(UC-2动作)<br>[P]—确认反应进料自动保护联锁(UC-1动作) |

续表

| 事故名称 | 全装置瞬时停电 |
| --- | --- |
| 事故处理 | [P]—确认反应注水自动保护联锁(UC-6动作)<br>[P]—关闭全部主火嘴炉前手阀,注意保留长明灯<br>[P]—关闭P-302出口阀<br>[P]—关闭P-303出口阀<br>[P]—关闭其他停运泵出口阀<br>如长明灯大量熄灭:<br>[P]—立即手动关闭长明灯的炉前手阀<br>[P]—关闭快开风门<br>[P]—打开炉膛灭火蒸汽,对炉膛进行彻底置换<br>[I]—如床层有超温趋势,则手动开启0.7MPa/min泄压系统,直到温度得到控制时,再手动关闭<br>[I]—要注意控制好高压分离器液面防止串压<br>[P]—尽力在5min内启动K-302、K-301<br>[P]—检查现场所有运转设备,如有停运,立即启动<br>[P]—如K-302、K-301短时间启动,依床层温度情况加热炉逐渐点火升温,启动反应进料泵P-302,恢复生产<br>[I]—如K-302、K-301短时间无法启动,按紧急停工进行处理<br>如压缩机不停运:<br>[I]—密切注意各参数变化,及时调整<br>[P]—如反应进料泵P-302停运,立即启动恢复进料<br>[P]—立即启动其他停运设备 |
| 退守状态 | 立即启动停运设备,恢复生产<br>如果反应系统短时间内能恢复,分馏系统维持原状态稳定操作<br>如果反应系统短时间内不能恢复,分馏系统改循环,等待反应系统重新进油 |

## 13. 停仪表风

停仪表风应急操作卡见表2-49。

**表2-49 停仪表风应急操作卡**

| 事故名称 | 停仪表风 |
| --- | --- |
| 事故现象 | (1)仪表风流量指示逐渐减小,直至为零<br>(2)DCS多点报警<br>(3)控制阀失去控制,现场的开度和计算机的指示不一致直至全部控制阀回到事故状态 |
| 事故原因 | (1)空分的压缩机或外网的管线出现故障<br>(2)界区处仪表风系统有较大泄漏 |
| 事故确认 | (1)仪表风流量指示逐渐减小直至为零<br>(2)DCS多点报警<br>(3)控制阀失去控制,现场的开度和计算机的指示不一致,直至全部控制阀回到事故状态 |
| 事故处理 | [P]—发现仪表风压下降,立即确认是否界区处有较大泄漏<br>[M]—如有泄漏,立即处理或联系维修单位<br>[M]—如界区处无问题,立即联系调度及空分车间,尽快恢复供风<br>[M]—若短时间无法恢复,请求调度同意,打开补氮阀,向净化风线上补充氮气,以维持仪表运行<br>注意:在氮气管线隔断阀打开之前,必须检查并确认氮气压力要大于仪表风压力,以免仪表风倒流到氮气线中。同时,仪表风压力恢复,就要关闭补氮管线隔断阀,还要检查氮气管线是否有空气进入。如果有仪表风进入氮气管线,必须用氮气吹扫,赶掉空气<br>[P]—若净化风压力下降较快,不能保证处理时间,则现场仪表改手动处理,并按紧急停工的方法停工<br>[I]—当风压全无时,0.7MPa放空阀自动打开,加热炉自动灭火,新氢放火炬<br>[I]—现场加热炉保持明火,密切注意高、低分压力及液位变化,防止串压如长时间停仪表风,按紧急停工处理 |
| 退守状态 | 若短时间无法恢复,请求调度用合格氮气维持生产<br>如长时间停仪表风,按紧急停工处理 |

## 学一学　石油企业企业文化

### 价值篇

企业精神

爱国：爱岗敬业，产业报国，持续发展，为增强综合国力作贡献；

创业：艰苦奋斗，锐意进取，创业永恒，始终不渝地追求一流；

求实：讲求科学，实事求是，“三老四严”，不断提高管理水平和科技水平；

奉献：职工奉献企业，企业回报社会、回报客户、回报职工、回报投资者。

# 模块三　烷基化

·项目十一·

# 碳四烷基化认知

## 一、碳四烷基化作用

碳四特指石油炼制和石油化工生产过程中副产的含有 4 个碳原子的烃，包括正丁烷、异丁烷、正丁烯、异丁烯和丁二烯等。烷基化是烷基由一个分子转移到另一个分子的过程。是化合物分子中引入烷基的反应。

石油化工企业催化裂化装置、乙烯裂解装置和芳烃重整装置等均副产相当数量的碳四烃，烷基化系统在催化剂的作用下，将低分子量烯烃与异丁烷结合起来，形成烷基化物。烷基化物是一种汽油添加剂，具有抗爆作用并且燃烧后产生清洁的产物。

由于环境污染越来越严重，为了降低汽车尾气等有害物质的排放，人们对清洁环保、高辛烷值的汽油成分的需求越来越高。烷基化油作为现在汽油的调和成分，已被人们称为“绿色环保的汽油调和成分”。

目前烷基化的工艺技术主要分为液体和固体两种形式，液体工艺包含氢氟酸法和硫酸法。自 1938 年世界第一套硫酸法碳四烷基化装置投产，1942 年世界上第一套氢氟酸法碳四烷基化装置投产以来，世界上建成且运行的碳四烷基化工业装置达到 200 多套，遍布世界各地。在这两种液体工艺中，相比氢氟酸，硫酸烷基化中的硫酸催化剂不容易挥发，安全性高，但也存在容易腐蚀设备和废酸回收等问题。随着社会的需求增加，烷基化技术得到了快速的发展，先前成熟的烷基化技术不断改进完善的同时，又开发了离子酸和间接烷基化等新技术。

烷基化汽油与常规汽油相比，具有如下明显优势。

① 烷基化汽油具有辛烷值高，灵敏度低，其研究法和马达法辛烷值一般小于 3 个单位，可将更多的敏感性高、辛烷值低的汽油组分加入到成品汽油中，可提高企业的效益。

② 烷基化汽油的蒸气压比较低，在调和汽油中可加入较多的廉价的高辛烷值组分，提高产品的经济效益。

③ 烷基化汽油燃烧热值高。在压缩比高的发动机中使用烷基化油可增加每升汽油的行驶里程。

④ 烷基化汽油可完全燃烧，燃烧系统不会产生积炭，减少机械磨损，发动机容易启动，转速平稳，加速性能好，能够延长汽车的使用寿命。

⑤ 烷基化汽油内不含芳烃，不含可引起聚合或生产胶质的烯烃，易于管理运输。

## 二、碳四烷基化原料与产品

### （一）原料

#### 1. 碳四烃

理化性质：易燃、无色、容易被液化的气体。

主要用途：是发展石油化工、有机原料的重要原料，用于乙烯制造、仪器校正、也用作燃料。

#### 2. 浓硫酸

理化性质：纯硫酸是一种无色无味油状液体，高沸点、难挥发的强酸，易溶于水，能以任意比例与水混溶，浓硫酸溶解时放出大量的热。

主要用途：用于冶金、金属加工、精炼石油和制造化学纤维。还用来制造医药、农药、化肥等。

#### 3. 液碱

理化性质：无色透明液体，相对密度为 1.328～1.349。

主要用途：化学工业用于制造甲酸、草酸、苯酚、合成脂肪酸等。另外在搪瓷、医药、化妆品、涂料、农药等工业都有广泛应用。

### （二）产品

#### 1. 烷基化油

理化性质：烷基化油辛烷值高、挥发性小、有毒物（芳烃、烯烃、硫）含量少、燃烧清洁性好，是清洁汽油的理想调和组分。

主要用途：可用作航空汽油或车用汽油的重要调和组分。

#### 2. 异丁烷

理化性质：在室温和大气压下是无色的可燃气体，具有特殊气味。

主要用途：作为产品销售。

#### 3. 丁烷

理化性质：无色气体，有轻微的不愉快气味。常温加压溶于水，易溶醇、氯仿。易燃易爆。

主要用途：用作溶剂、制冷剂和有机合成原料作为产品销售。

## 三、碳四烷基化生产安全与环保

### （一）安全基础知识

#### 1. 硫酸的防护知识

**（1）健康危害**　对皮肤、黏膜等组织有强烈的刺激和腐蚀作用。蒸气或雾可引起结膜炎、结膜水肿、角膜混浊，以致失明；引起呼吸道刺激，重者发生呼吸困难和肺水肿；高浓度引起喉痉挛或声门水肿而窒息死亡。口服后引起消化道烧伤以致溃疡形成；严重者可能有胃穿孔、腹膜炎、肾损害、休克等。皮肤灼伤轻者出现红斑、重者形成溃疡，愈后瘢痕收缩影响功能。溅入眼内可造成灼伤，甚至角膜穿孔、全眼炎以至失明。慢性影响：牙齿酸蚀症、慢性支气管炎、肺气肿和肺硬化。

**(2) 环境危害** 对环境有危害，对水体和土壤可造成污染。

**(3) 燃爆危险** 本品助燃，具强腐蚀性、强刺激性，可致人体灼伤。

**(4) 皮肤接触** 立即脱去污染的衣着，用大量流动清水冲洗至少15min。就医。

**(5) 眼睛接触** 立即提起眼睑，用大量流动清水或生理盐水彻底冲洗至少15min。就医。

**(6) 吸入** 迅速脱离现场至空气新鲜处。保持呼吸道通畅。如呼吸困难，给输氧。如呼吸停止，立即进行人工呼吸。就医。

**(7) 食入** 用水漱口，给饮牛奶或蛋清。就医。

**(8) 危险特性** 遇水大量放热，可发生沸溅。与易燃物（如苯）和可燃物（如糖、纤维素等）接触会发生剧烈反应，甚至引起燃烧。遇电石、高氯酸盐、异氰酸盐、硝酸盐、苦味酸盐、金属粉末等猛烈反应，发生爆炸或燃烧。有强烈的腐蚀性和吸水性。

**(9) 有害燃烧产物** 氧化硫。

**(10) 灭火方法** 消防人员必须穿全身耐酸碱消防服。灭火剂：干粉、二氧化碳、砂土。避免水流冲击物品，以免遇水会放出大量热量发生喷溅而灼伤皮肤。

**(11) 应急处理** 迅速撤离泄漏污染区人员至安全区，并进行隔离，严格限制出入。建议应急处理人员戴自给正压式呼吸器，穿防酸碱工作服。不要直接接触泄漏物。尽可能切断泄漏源。防止流入下水道、排洪沟等限制性空间。小量泄漏：用砂土、干燥石灰或苏打灰混合。也可以用大量水冲洗，洗水稀释后放入废水系统。大量泄漏：构筑围堤或挖坑收容。用泵转移至槽车或专用收集器内，回收或运至废物处理场所处置。

**(12) 操作注意事项** 密闭操作，注意通风。操作尽可能机械化、自动化。操作人员必须经过专门培训，严格遵守操作规程。建议操作人员佩戴自吸过滤式防毒面具（全面罩），戴橡胶耐酸碱手套。远离火种、热源，工作场所严禁吸烟。远离易燃、可燃物。防止蒸气泄漏到工作场所空气中。避免与还原剂、碱类、碱金属接触。搬运时要轻装轻卸，防止包装及容器损坏。配备相应品种和数量的消防器材及泄漏应急处理设备。倒空的容器可能残留有害物。稀释或制备溶液时，应把酸加入水中，避免沸腾和飞溅。

**(13) 储存注意事项** 储存于阴凉、通风的库房。库温不超过35℃，相对湿度不超过85%。保持容器密封。应与易（可）燃物、还原剂、碱类、碱金属、食用化学品分开存放，切忌混储。储区应备有泄漏应急处理设备和合适的收容材料。

**(14) 运输注意事项** 本品铁路运输时限使用钢制企业自备罐车装运，装运前需报有关部门批准。铁路非罐运输时应严格按照铁道路《危险货物运输规则》中的危险货物配装表进行配装。起运时包装要完整，装载应稳妥。运输过程中要确保容器不泄漏、不倒塌、不坠落、不损坏。严禁与易燃物或可燃物、还原剂、碱类、碱金属、食用化学品等混装混运。运输时运输车辆应配备泄漏应急处理设备。运输途中应防曝晒、雨淋，防高温。公路运输时要按规定路线行驶，勿在居民区和人口稠密区停留。

**(15) 监测方法** 氰化钡比色法。

**(16) 工程控制**　密闭操作，注意通风。尽可能机械化、自动化。提供安全淋浴和洗眼设备。

**(17) 呼吸系统防护**　可能接触其烟雾时，佩戴自吸过滤式防毒面具（全面罩）或空气呼吸器。紧急事态抢救或撤离时，建议佩戴氧气呼吸器。

**(18) 眼睛防护**　呼吸系统防护中已做防护。

**(19) 身体防护**　穿橡胶耐酸碱服。

**(20) 手防护**　戴橡胶耐酸碱手套。

**2. 防火防爆知识**

① 燃烧是物质相互作用，同时有热和光发生的化学反应过程，在化学反应过程中，物质会改变原有的性质变成新的物质。燃烧的条件是可燃物质、助燃物质、点火能源必须同时存在。

② 在一定温度下，易燃、可燃液体表面上的蒸气和空气的混合气与火焰接触时，能闪出火花，但随即熄灭，这种瞬间燃烧的过程叫闪燃。液体能发生闪燃的最低温度叫闪点。

③ 可燃物开始着火所需要的最低温度，叫燃点。可燃物质不需火源的直接作用就能发生自行燃烧的最低温度叫自燃点。

④ 物质由一种状态迅速变成另一种状态，并在瞬间以声、光、热机械功等形式放出大量能量的现象叫爆炸。

⑤ 可燃气体、蒸气或粉尘和空气构成混合物，并不是在任何浓度下遇火源都能燃烧爆炸，而只在一定的浓度范围内才能发生燃烧爆炸。这个浓度范围也称爆炸极限。

⑥ 在火源作用下，可燃气体、蒸气或粉尘在空气中，恰足以使火焰蔓延的最低浓度称为该可燃气体、蒸气或粉尘与空气构成混合物的爆炸下限。也称为燃烧下限。下限和上限之间的浓度称为爆炸范围。

⑦ 在火源作用下，可燃气体、蒸气或粉尘在空气中，恰足以使火焰蔓延的最高浓度称为该可燃气体、蒸气或粉尘与空气构成混合物的爆炸上限。也称为燃烧上限。下限和上限之间的浓度称为爆炸范围。

⑧ 可燃气体、蒸气或粉尘的爆炸极限可以用单位体积中所含可燃物质的质量表示，通常以体积百分数表示。

**3. 设备安全知识**

**(1) 按压力容器的设计压力**　分为低压、中压、高压、超高压四个压力等级，具体划分如下：

① 低压（代号 L），$0.1\text{MPa} \leqslant p < 1.6\text{MPa}$；

② 中压（代号 M），$1.6\text{MPa} \leqslant p < 10\text{MPa}$；

③ 高压（代号 H），$10\text{MPa} \leqslant p < 100\text{MPa}$；

④ 超高压（代号 U），$p \geqslant 100\text{MPa}$。

**(2) 按《压力容器使用登记管理规则》的规定**　根据压力容器的安全状况，分为 1 级、2 级、3 级、4 级、5 级五个等级。超高压压力容器的安全状况等级分为三级，分别为继续使用、监控使用、判废。监控使用的超高压容器，应根据技术状况和使用条件确定监控使用时间，一般不应超过 12 个月，且只允许监控使用一次。监控使用必须保证监控措施的落实。

**(3) 压力容器的定期检验**

① 外部检查。指专业人员在压力容器运行中定期的在线检查，每年至少一次。

② 内外部检查。指专业检查人员在压力容器停机时检验。其期限分为：安全状况等级为1～3级的每6年至少一次；安全状况等级为3～4级的每3年至少一次；安全状况等级为3级的，可视缺陷严重程度，适当延长或缩短检验周期。

③ 耐压试验。是指压力容器停机检验时，进行的超过最高工作压力的液压或气压试验，其周期为每10年至少一次。

**(4) 压力管道的监督要点**

① 阀件、法兰、排放点、滑件、支架、保温、防腐完好无损，符合安全规定，建立管道档案。

② 输送油品、液化石油气、燃料气、氧气和放空油气的管线，有良好的防静电措施。

③ 腐蚀、易磨损的管道，专业部门要定期测厚和进行状态分析，有监测记录。

④ 防止高低压及不同物料互窜的安全措施可靠。

⑤ 长输易燃易爆物料管线，落实巡检制度和各项安全措施。

**(5) 压力表的使用注意事项**

① 使用中的压力表，应根据设备的最高工作压力，在它的刻度盘上划明警戒红线，但不要涂画在表盘玻璃上，以免玻璃转动使操作人员产生错觉，造成事故。

② 未经检验合格和无铅封的压力表均不准安装使用。

③ 压力表的接管要定期吹扫，在容器运行期间，如发现压力指示失灵，刻度不清，表盘玻璃破裂，泄压后指针不回零位，铅封损坏等情况，应立即校正或更换。

④ 压力表上应有检验标记，下一次检验日期或检验有效期。检验后的压力表加铅封。

⑤ 固定式压力容器的压力表每年检验一次，合格的应加铅封。

**(6) 阻火设备** 包括安全液封、水封井、阻火器、单向阀、阻火闸门、火星熄灭器、防油堤、燃烧池、防火墙等。

**(7) 常见安全泄压装置** 按结构形式可分为阀型、断裂型、熔化型和组合型等几种。

① 阀型安全泄压装置。即常见的安全阀。

② 断裂型安全泄压装置。常用的是爆破片和防爆帽。

③ 熔化型安全泄压装置。即常用的易熔塞。

④ 组合型安全泄压装置 。常见的有弹簧安全阀和爆破片的组合型。

**4. 消防安全知识**

**(1) 可燃气体的危险性分类** 可燃气体与空气混合物的爆炸下限小于10%的为甲类，如氢气、硫化氢、乙烯、丙烯等；大于等于10%的为乙类，如一氧化碳、氨等。

**(2) 液态烃、可燃液体火灾危险性分类**

甲A：液态烃，15℃时的蒸气压力＞0.1MPa的烃类液体及其他类似的液体。

甲B：甲A类以外，闪点＜28℃的可燃液体。

乙A：28℃≤闪点≤45℃的可燃液体。

乙B：45℃＜闪点＜60℃的可燃液体。

丙A：60℃≤闪点≤120℃的可燃液体。

丙B：闪点＞120℃的可燃液体。

**(3) 常用的灭火剂** 有水、泡沫、干粉、蒸汽、惰性气体、卤代烷等。

**(4) 消防“三懂三会”内容**

三懂：懂得本岗位发生火灾的危险性，懂得预防火灾的措施，懂得扑救初期火灾的办法。

三会：会报警、会使用消防器材、会扑救初期火灾。

**(5) 防火烟熏**　果断迅速逃离火场，寻找逃生之路，等待他救。

**(6) 发生火灾报警流程**

① 首先拨打公司火灾报警电话；

② 讲清自己的姓名和电话号码；

③ 讲清起火单位和详细地址；

④ 讲清起火部位，什么物质着火，着火程度；

⑤ 讲清消防通道，然后到十字路口接消防车。

**(7) 灭火四种基本方法**　窒息法、冷却法、隔离法、抑制法。

**(8) 干粉灭火器使用方法**　将干粉灭火器提至火灾现场，颠倒摇动几次，使粉松动，拔取保险销（卡），一手握住胶管之喷头处，另一只手按下压把，干粉即喷出。喷射干粉应对准火源根部，由近及远。向前平推，左右横扫，防止火焰回窜。扑救液体火灾时，不要使粉流冲击液面，以防止飞溅和造成灭火困难。

**5. 电气安全**

**(1) 母线的相序排列（观察者从设备正面所见）原则**

从左向右排列时，左侧为A相，中间为B相，右侧为C相。

从上到下排列时，上侧为A相，中间为B相，下侧为C相。

从远至近排列时，远为A相，中间为B相，近为C相。

涂色：A-黄色，B-绿色，C-红色，中性线（不接地）紫色，正极-赭色，负极-蓝色，接地线-黑色。

**(2) 我国规定工频有效额定安全电压**　有42V、36V、24V、12V和6V等五个等级。

**(3) 造成人身触电的原因**

① 人们在某些场合没有遵守安全工作规程，直接接触或过分靠近电气设备的带电部分。

② 电气设备安装不符合规程的要求，带电体的对地距离不够。

③ 人体触及到因绝缘损坏而带电的电气设备外壳和与之相连接的金属框架。

④ 不懂电气常识或一知半解的人，到处乱拉电线、电灯，乱动电气用具造成触电。

**(4) 人体触电的急救措施**

① 使触电者迅速脱离电源；

② 触电人还没有失去知觉，只是在触电过程中曾一度昏迷，或因触电时间较长而感到不适，必须使触电者在医生到来前保持安静，观察2～3h。若不能迅速请医生前来诊治，必须立即将触电者送往医院。

③ 触电者失去知觉，但呼吸尚存在，应当使他舒适、平坦、安静地平卧在空气流通场所，解开衣服，用冷水向身上淋，摩擦全身，使之发热，并迅速请医生。如触电人呼吸困难，呼吸稀少，不时发生痉挛现象，则必须施行人工呼吸。

④ 如发现呼吸、脉搏及心脏跳动停止，仍然不可认为已经死亡，在这种情况下，应立即施行人工呼吸进行紧急救护。

**(5) 扑救电气火灾应注意事项**

① 扑救人员及所使用的消防器材与带电部分应保持足够的安全距离。

② 高压电器设备或线路发生接地时，在室内，扑救人员不得进入故障点4m以内的范

围；在室外，扑救人员不得进入故障点8m以内的距离；进入上述范围的扑救人员必须穿绝缘靴。

③ 应使用不导电的灭火剂，如二氧化碳和化学干粉等灭火剂。

**6. 职业卫生与劳动防护**

① 工业企业建设单位应委托有资质认证的评价机构对建设项目进行职业卫生评价，当需要采取卫生防护措施和配置卫生辅助设施时，要与主体工程同时设计、同时施工、同时投产使用，使之符合卫生要求。

②《工业企业设计卫生标准》(GBZ 1—2010) 对噪声限值的规定；

工业场所每周工作5d，操作人员每天工作噪声8h，稳态噪声限值为85dB (A)，非稳态噪声等效声级的限制为85dB (A)，见表3-1。

**表3-1　工作地点噪声声级的卫生限值**

| 接触时间 | 接触限值/dB(A) | 备注 |
|---|---|---|
| 5d/W，=8h/d | 85 | 非稳态噪声计算8h等效声级 |
| 5d/W，≠8h/d | 85 | 计算8h等效声级 |
| ≠5d/W | 85 | 计算8h等效声级 |

③ 从产品制造完成之日计算，植物枝条编织帽不超过两年，塑料帽、纸胶帽不超过两年半，玻璃钢（维纶钢）橡胶帽不超过三年半。Y表示一般作业类别的安全帽；T表示特殊作业类别的安全帽。

④ 高处作业是指在坠落高度离基准面2m以上（含2m）有可能坠落的场所进行的作业。高处作业分为一般高处作业和特殊高处作业两类。

⑤ 安全带由带子、绳子和金属配件组成，总称安全带。

a. 安全带应高挂低用，注意防止摆动碰撞。使用3m以上长绳应加缓冲器，自锁钩用吊绳例外。

b. 缓冲器、速差式装置和自锁钩可以串联使用。

c. 不准将绳打结使用，也不能将钩直接挂在安全绳上使用，应挂在连接环上使用。

d. 安全带上的各种部件不得任意拆掉，更换新绳时要注意加绳套。

e. 安全带使用两年后，按批量购入情况，抽验一次。围杆带做静载荷实验，以2206N拉力5min，无破断可继续使用。悬挂式安全带做冲击实验时，80kg重量做自由落体实验，若不破断，该批安全带可继续使用。对抽试过的安全带必须更换安全绳后才能继续使用。

f. 使用频繁的绳，要经常做外观检查，发现异常时，应立即更换新绳。带子使用期为3～5年，发现异常应提前报废。

⑥ 凡在生产区域内进入或探入炉、塔、釜、罐、槽车以及管道、烟道、隧道、下水道、沟、井、池、涵洞等封闭、半封闭设施及场所作业统称有限空间作业。凡进入有限空间作业必须办理《进入有限空间作业票》，否则严禁作业。

⑦ 危险化学品是指具有不同程度的燃烧、爆炸、毒害、腐蚀、放射性等危险特性的物质，受到摩擦、撞击、震动、接触火源、日光暴晒、遇水受潮、温度变化或遇到性能有抵触的其他物质等外界因素的影响，能引起燃烧、爆炸、灼伤等人身伤亡或使财产损坏的物质。

⑧ 滤毒罐的贮存期为5年，滤毒盒为3年，且产品应符合《呼吸防护　自吸过滤式防毒面具》(GB 2890—2009) 的要求。过期产品应抽检，合格后方能使用。

⑨ 滤毒罐防毒性能见表 3-2。

表 3-2　滤毒罐防毒性能

| 型号 | 标色 | 防毒类型 | 防护对象举例 | 试验毒剂 |
| --- | --- | --- | --- | --- |
| 1L | 绿色＋白道 | 综合防毒 | 氢氰酸、氯化氰、砷化氢、光气、双光气、苯、溴甲烷、二氯甲烷等 | 氢氰酸（HCN） |
| 1 | 绿色 | | | |
| 2L | 橘红色＋白道 | 综合防毒（防 CO） | 一氧化碳、各种有机蒸气、氢氰酸及其衍生物等 | 氢氰酸 |
| | | | | 一氧化碳 |
| 3L | 褐色＋白道 | 防有机气体 | 有机气体与蒸气如：苯、氯气、丙酮、醇类、苯胺类、二硫化碳、四氯化碳、氯仿、溴甲烷、氯甲烷、硝基烷、毒烟、毒雾等 | 苯（$C_6H_6$）氯（$Cl_2$） |
| 3 | 褐色 | | | |
| 4L | 灰色＋白道 | 防氨、硫化氢 | 氨、硫化氢等 | 氨（$NH_3$） |
| 4 | 灰色 | | | 硫化氢（$H_2S$） |
| 5 | 白色 | 防一氧化碳 | 一氧化碳 | 一氧化碳 |
| 6 | 黑色 | 防汞蒸气 | 汞蒸气 | 汞（Hg） |
| 7L | 黄色＋白道 | 防酸性气体 | 酸性气体和蒸气如：二氧化硫、氯气、硫化氢、氮的氧化物等 | 二氧化硫 |
| 7 | 黄色 | | | |

注：型号有“L”者，兼防烟雾。

**7. 可燃气体报警设施**

智能可燃气体探测器（催化燃烧原理）GQB-200A8 安装在泵房、管廊、气压机室内及房后易发生可燃性气体或毒性气体或毒性气体泄漏的场所，并对这些场所进行长期不间断监测，当检测到超过预设的危险浓度时，将发出大于 90dB 的声报警信号及 20m 距离 5 个方位清晰可视的光报警信号是保证人身安全及工厂安全的重要监测仪表。

**8. 工业用火的管理范围**

生产动火安全管理执行操作规程和安全规程。

**(1) 固定动火**　固定动火区申请单位向安全部（HSE 监督站）提出申请并办理审批手续，对设置的固定动火区进行风险评价并制定相应安全措施，画出固定动火范围平面图，经炼油厂安全部（HSE）审查并签字后，报公司消防支队审批。固定动火有效期为 6 个月。固定动火区必须符合以下要求。

① 边界外 50m 范围内不准有易燃易爆物品。

② 制定固定动火区域管理制度，指定防火负责人。

③ 配备足够的消防器材。

④ 设有明显的“固定动火区”标志，并标明动火区域界限。

⑤ 建立应急联络方式和应急措施。

⑥ 固定动火区域主管部门和属地单位定期对其管理情况进行检查。

**(2) 临时动火**　临时动火主要包括以下几种。

① 电焊、气焊、钎焊、塑料焊等焊接切割。

② 电热处理、电钻、砂轮、风镐及破碎、锤击、爆破、黑色金属撞击等产生火花的作业。

③ 喷灯、火炉、电炉、熬沥青、炒沙子等明火作业。

④ 进入易燃易爆场所的机动车辆、燃油机械等设备。

⑤ 临时用电。

## （二）动火作业规范

能直接或间接产生明火的工艺设置以外的非常规作业，包括但不限于：各种焊接、切割作业；使用喷灯、火炉、液化气炉、电炉等明火作业；煨管、熬沥青、炒沙子等施工作业；在易燃易爆区打磨、喷沙、锤击等产生和可能产生火花的作业；在易燃易爆区临时用电或使用非防爆电动工具等；使用雷管、炸药等进行爆破作业；在易燃易爆区使用非防爆的通讯和电气设备。动火作业分为特级动火作业、一级动火作业和二级动火作业。

### 1. 特级动火

在生产、经营运行状态下的易燃易爆物品生产装置、输送管道、储罐、容器等部位上及其他特殊危险场所的动火作业。带压不置换动火作业按特级动火作业管理。

在带有可燃、有毒介质的容器、设备、管线、工业下水井、污水池等部位不允许动火，确属生产需要必须进行的动火作业，按特殊动火处理。特殊动火必须经地区公司主管领导、二级单位主管领导和有关职能科室、属地及动火作业单位共同进行风险评价，制定可靠的动火安全工作方案、安全措施和应急预案并有效落实后方可动火。

### 2. 一级动火

在易燃易爆场所进行的除特级动火以外的动火作业。主要包括易燃易爆生产车间，储存易燃易爆物品的场所，易燃易爆液体、气体的送出主管道周围 10m 以内，已废弃的存放过易燃易爆气、液体的容器，有易燃气体散发的场所等。在以下地点动火为一级动火：

① 处于生产状态的工艺生产装置区（爆炸危险场所以内区域）；

② 各类油罐区、可燃气体及助燃气体罐区防火堤内（无防火堤的距罐壁 15m 以内的区域）；

③ 有毒介质区、液化石油气站；

④ 可燃液体、可燃气体、助燃气体及有毒介质的泵房与机房；

⑤ 可燃液体、气体及有毒介质的装卸区和洗槽站；

⑥ 工业污水场、易燃易爆的循环水场、凉水塔等地点，包括距上述地点及工业下水井、污水池 15m 以内的区域；

⑦ 危险化学品库、油库、加油站等；

⑧ 储存、输送易燃易爆、有毒液体和气体的容器、管线；

⑨ 运行生产装置内按照爆炸性气体（粉尘）环境划分属于 1、2（11）区的区域。

依据《爆炸和火灾危险环境电力装置设计规范》“爆炸性气体环境危险区域划分”如下。

0 区：连续或长期出现爆炸性气体混合物的环境；1 区：在正常运行时可能出现爆炸性气体混合物的环境；2 区：在正常运行时不可能出现爆炸性气体混合物的环境，或即使出现也仅是短时存在的爆炸性气体混合物的环境。

依据《爆炸和火灾危险环境电力装置设计规范》“爆炸性环境危险区域划分”，11 区：有时会将积留下的粉尘扬起而偶然出现爆炸性粉尘混合物的环境。

⑩ 装置停车大检修，工艺处理合格后装置内的第一次动火；

⑪ 档案室、图书馆、资料室、网络机房等场所。

### 3. 二级动火

指特级动火和一级动火以外的禁火区的动火作业。凡生产装置或系统全部停车，装置经清洗、置换、取样分析合格并采取安全隔离措施后，可根据其火灾、爆炸危险性大小，经属地单位批准后，动火作业可按二级动火作业管理。在下列地点动火为二级动火：

① 装置停车大检修，工艺处理合格后经厂级单位组织检查确认，并安全实施了第一次动火作业的装置内动火；

② 运到安全地点并经吹扫处理合格的容器、管线动火；

③ 在生产厂区内，不属于一级动火和特殊动火的其他临时动火。

**4. 用火作业票的申请及审批**

**(1) 动火作业许可申请**　动火作业申请人应实地参与动火作业所涵盖的工作，否则作业不能得到批准。申请人应准备好动火作业许可证三份申请表并要求属地提供如下相关支持资料：

① 动火作业内容说明；

② 相关附图，如作业环境示意图、工艺流程示意图等（必要时）；

③ 必须提交工作安全分析或安全工作方案；

**(2) 书面审查**

① 在收到申请人的动火作业许可申请后，批准人应组织申请人、属地人员及相关人员，按照本程序第 6 条的要求进行书面审查，审查内容包括：作业申请中所涉及的相关资料。

② 书面审查查未通过，对查出的问题应记录在案，申请人应重新提交一份带有对该问题解决方案的申请。

**(3) 现场核查**　书面审查通过后，所有参加书面审查的人员，应在现场共同核查动火作业许可证和安全工作方案中提出的安全要求的落实情况，核查内容包括但不限于：

① 动火作业有关的设备、工具、材料等；

② 现场作业人员资质及能力情况；

③ 系统隔离、置换、吹扫、检测情况；

④ 复测有毒有害、易燃易爆气体及粉尘的浓度（必要时）；

⑤ 涵洞、地沟、地漏、下水井等的封堵情况；

⑥ 个人防护装备的配备情况；

⑦ 安全消防设施的配备、应急措施的落实情况；

⑧ 作业人员的培训、沟通情况；

⑨ 安全工作方案中提出的其他安全要求的落实情况。

⑩ 现场核查未通过，对查出的问题应记录在案，申请人应重新提交一份带有对该问题解决方案的申请。

**(4) 动火作业许可证审批**

① 书面审查和现场核查通过后，批准人或其授权人、申请人、属地负责人和受影响的相关各方均应在动火作业许可证上签字。

② 作业人或监护人等现场人员在交接班或因其他情况发生变更时，应对作业安全措施重新确认，应经过批准人的审批后方可持续有效。

**(5) 动火作业许可证取消**

① 当作业环境发生变化、出现违章、发生事故等，双方有责任随时停止作业、取消许可，并通知相关方。

② 动火作业许可证一旦被取消即作废，如再开始工作，需要重新申请动火作业许可证。

**(6) 动火作业许可证管理**

① 动火作业许可证一式三联，白联作业现场张贴，粉联在属地办公区域公示，蓝联在受影响相关单位办公区域张贴。

② 工作完成后，白联由作业监护人签字关闭并交安全质量环保部存档并保存一年（包括已取消作废的许可证）。

③ 动火作业许可证是动火作业的操作依据，不得涂改、代签。动火作业许可证只限一处一次使用。

**(7) 用火监护及安全措施的落实**

① 用火过程的安全监督。用火作业实行“三不用火”，即没有经批准的用火作业许可证不用火、用火监护人不在现场不用火、防火措施不落实不用火。安全监督部门和消防部门的各级领导、专职安全和消防管理人员有权随时检查用火作业情况。在发现违反用火管理制度的用火作业或危险用火作业时，有权收回用火作业许可证，停止用火，并根据违章情节，对违章者进行严肃处理。

② 用火人员的资格与权限。用火作业人员必须持有有效的焊接工种作业证；用火作业人员应严格执行“三不用火”的原则；用火作业人员对不符合“三不用火”原则的用火要求，有权拒绝用火。

③ 用火监护人的资格和职责。用火监护人资格：用火监护人必须有岗位操作合格证；必须了解用火区域或岗位的生产过程，熟悉工艺操作和设备状况；必须有较强的责任心，出现问题能正确处理；必须有应对突发事故的能力。用火监护人培训：用火监护人应参加由安全管理部门培训组织的用火监护人培训班，考核合格后由安全管理部门发放用火监护人资格证书，做到持证上岗。用火监护人的职责：用火监护人在接到用火作业许可证后，应在安全技术人员和单位领导的指导下，逐项检查落实防火措施；检查用火现场的情况；用火过程中发现异常情况要及时采取措施；监火时要佩戴明显标志；用火过程中不得离开现场。用火监护人的权限：当发现用火部位与用火作业许可证不相符合，或者用火安全措施不落实时，用火监护人有权制止用火：当用火出现异常情况时有权停止用火；对用火人不执行“三不用火”又不听劝阻时，有权收回用火作业许可证，并报告有关领导。

## (三) 安全管理制度

### 1. 消防器材管理制度

为了确保职工生命财产安全和安全生产，充分发挥消防器材的作用，消灭初期火灾，防止火灾蔓延，特制定本制度。

① 车间领导要明确管理好消防器材等安全生产的重要性，教育职工提高安全意识，提高对消防器材的重视。

② 车间负责人和安全员要认真负责，加强对消防设施、消防蒸汽带、消防器材的管理，经常督促班组岗位人员维护好消防器材，并对职工进行消防器材使用知识培训，做到人人会使用和维护。

③ 消防器材应放在指定地点，分别放置以方便使用，每次使用后由使用器材的人员将消防器材放到指定地点，并及时上报安全部。

④ 车间要把消防设施和消防器材的管理列入交接班制度中，作为班组交接班的-项内容，并做好记录。

⑤ 室内消防灭火蒸汽管线要经常检查试验，以防阀门和管线锈蚀，保证随时灵活使用。消防灭火蒸汽胶管平常可作为生产用，但每次使用完后必须摆放整齐，不准乱堆乱放。干粉灭火器要经常擦拭保持清洁。干粉灭火器和消防带箱、消防水带不得丢失，不得随意拆卸和损坏，如有丢失和损坏，除按价赔偿外，同时扣除此项安全考核细则所规定的分数。

⑥ 任何人不得擅自动用消防设施和消防器材用于非消防工作上。

**2. 安全灭火规定**

① 严格遵守公安消防部门对本单位所提出的各项要求和规章制度，遵循安全消防所规定的一切措施。

② 确保本单位消防设施、器材完好有效，消防疏散通道保持畅通。

③ 密切关注进出场所的人员，对有可疑的人要进行检查盘问，一旦有事立即报告公安部门。

④ 严禁携带易燃易爆及危险品进入本单位。

⑤ 定期组织工作人员进行消防培训教育，提高消防意识，加强安全管理。

**3. 电器作业安全规定**

① 本规程适合电器作业人员。

② 电器作业人员必须经国家法定部门考试并获取合格证件后方可上岗。严禁酒后作业。

③ 上岗前必须按规定穿戴好劳保用品，严格按规程作业。带电设备的金属外壳必须有可靠的接地装置，接地电阻不得大于4Ω，发现接地不良和腐蚀氧化的部要及时更换或修理。

④ 停电检修设备时必须在停电的控制柜上挂“禁止合闸”的警告牌，防止造成事故。

⑤ 及时检修和排除各种电器故障，使电器设备经常处于良好状态。

⑥ 熔断器的熔丝严格按规定进行装配。

⑦ 所有电器柜门不得敞开并保持清洁完好，电器柜不许放置易燃易爆品和堆积其他物品。

⑧ 检修工作结束后要清洁场地，清点工用具。不得将工用具及材料遗忘在电器设备内。检查设备电路有无短路现象和对地现象，证明无误后方可使用。

⑨ 发生电器火灾时首先切断电源然后补救，防止在补救中电击伤人。

**4. 上岗员工着装规定**

**(1) 目的**　确保员工工作期间的安全与健康，严格执行公司现场作业安全管理规定，正确穿着工作服、工作鞋和佩戴安全帽，特制定本规定。

**(2) 要求**

① 所有员工工作期间必须正确着装公司统一发放的工作服，女员工禁止穿高跟鞋、凉鞋。

② 工作服必须保持清洁，不准出现掉扣、错扣、脱线现象；

③ 工作服的袖长至手腕并系好扣子，不准挽袖；裤长至脚面，不准挽裤；

④ 现场作业（职能、车间、外来）人员在岗期间必须穿劳保工作鞋，为保安全决不能穿凉鞋、拖鞋和带铁钉鞋在现场作业；

⑤ 进入生产区（职能、车间、外来）工作人员必须佩戴安全帽，安全帽的帽遮朝前，并系紧下颌带；

⑥ 安全帽的帽衬必须与帽壳连接良好，同时帽衬与帽壳不能紧贴，应有一定间隙，间隙一般为25～50mm（视材质情况）；

⑦ 外单位来公司进入现场作业，着装（服、鞋、帽）配品由外来单位自行解决，同等执行本规定。

**5. 装置大检修安全规定**

**(1) 一切检修项目检修前必须办理好《设备检修安全作业证》** 《设备检修安全作业证》中的各项内容必须认真填写，并在工作中严格执行，任何人不得改变。若在检修过程时，发现安全措施有问题，必须经原批准人修改后方可改变。

**(2) 检修涉及人员的安全职责说明**

① 检修项目负责人。检修前办理、检修后保存《设备检修安全作业证》；编制检修内容、质量及安全要求，组织现场安全交底及竣工验收；检查安措落实情况，对检修安全及质量负直接和管理责任。

② 设备交出方案编制人。认真检查待修设备和其他设备、管道的连接情况，正确编制设备交出方案；组织岗位人员做好交出的系统处理工作；向安全、施工队、安技、消防人员做好现场交底，讲解安全措施及要求，并对设备交出措施的落实与否负责。

③ 设备交出检查人。检查设备的排放、隔断、置换、分析项目的正确性与完整性，对设备交出安全可靠性负责。

④ 施工组长。认真执行检修中的质量安全要求：对检修人员进行安全教育，严格遵守检修制度及有关工种的安全技术规程；进行作业中的安全检查及监护，保证文明、安全检修。

⑤ 操作班长。检修前及检修中现场检查，防止危及运转系统及作业人员安全，对现场签证负责。检修人员经常联系，如发现跑料、泄漏等事故，应立即通知有关人员，情况严重，有权责令停止检修，组织人员撤离现场并立即向领导报告。

**(3)** 生产单位必须检修单位创造安全检修条件，检修单位遵守各项安全管理制度，保质保量完成检修任务。

**(4)** 项目检修负责人工作前，必须全面检查《检修证》中的安全技术措施落实情况，确认后方可开始工作。

**(5)** 凡有两人以上同时参加检修项目，必须指定一人负责安全工作。

**(6)** 检修人员必须穿戴好工作服、安全帽等劳动保护用品，不准穿凉鞋、钉子鞋。在施工中，必须严格遵守检修规程和本工种的安全技术规程。

**(7)** 检修中必须严格明火管理，如要动火须按程序办理《动火证》。

**(8)** 在易燃、易爆区域内检修，不得使用能产生火花的工具敲打、拆卸设备，临时用电设施或照明，必须符合电气防爆安全技术要求。

**(9)** 凡进入有毒、有害部位（包括进入容器、设备内、下地槽、进下水道内）作业，必须按进塔入罐规定办证，在采取了有效防护措施后，方可作业（详见“进塔入罐规定”）。

**(10)** 电气设备检修必须严格执行电气安全技术规程和有关的其他规定。高处作业时必须遵守以下安全规定：

① 在离地面 2m 以上位置的作业为高处作业；

② 高处作业必须系好安全带，多层、交叉作业必须戴好安全帽，同时设置安全护体或安全网；

③ 有心脏病、高血压、贫血、眩晕、癫痫病者，不得进行高处作业；

④ 禁止从高处往下面乱扔工具、物件及杂物；

⑤ 在易散发有毒气体的厂房上部及塔罐顶部施工时，要设专人监护。若有异常情况，应立即停止工作，人员马上撤离现场；

⑥ 高处作业要与架空的电线保持 2m 以上距离，运送导体材料时，要防止触碰电线，以防触电；

⑦ 脚手架的设必须符合安全规定，在脚手架上堆放物料和作业人员的总重不得超过 $270kg/m^2$；

⑧ 脚手架的跳板和斜面上，要做好防滑措施和扎好围栏；

⑨ 晚间作业要求照明充足，遇有六级以上强风暴雨和雷电时就停止高处作业。

**(11)** 在易燃、易爆、易中毒区域检修时，必须遵守的安全规定

① 设备、容器、储罐、管道检修前，必须进行吹扫、置换，置换后经取样分析氧含量应在 20%～22%，有毒物质不超过国家允许标准；

② 准备好必要的防毒面具和防护用品；

③ 应有两人以上监护，并采取可靠的安全措施；

④ 加强通风换气和有害气体分析。

**(12)** 动火、焊接时，必须遵守以下安全规定

① 凡是动火项目，事先须按规定办好“动火证”。

② 动火地点周围的易燃、易爆物质必须清除干净。含油污水系统的检查井、漏斗要确实封死盖；明沟、地坑（包括其他下水井）、地面、平台、设备、管道外表的污油、物料要吹干净，避免动火发生着火或爆炸。

③ 高压线下、管道下、重要设施附近禁止放置乙炔瓶，乙炔瓶、氧气瓶和动火点之间的距离均应相距 20m 以上。

④ 氧气瓶勿靠近热源，不接触油脂，夏季禁止在日光下曝晒。氧气不可用尽，应留有余压（不低于 0.3～0.5MPa）。安全附件要齐全，保持良好状态，搬运时严禁碰撞。

⑤ 在多人交叉作业场所从事电焊作业时，要设有防护遮板，以防电弧刺伤他人眼睛。

⑥ 在电焊作业时，不得任意移动或拆除防护接地的设施。

⑦ 在地面上焊接时，应穿绝缘胶鞋。

⑧ 焊接作业中，要佩戴好个人防护用具；在有害、有毒气体处检修作业时，应备好防毒面具和口罩，在等离子切割氩弧焊时，应采取有效的安全防护措施。

**(13)** 生产、检修和机动在方执行竣工交接验收手续，三方验收人进行现场检查保证质量合格，安全设施齐全。

**(14)** 现场必须做到工完、料尽、场地清。检修过的设备、管道内部不得遗忘的工具、杂物等，同时必须清扫干净，经仔细检查确认后进行封闭。

**(15)** 检修后的压力容器及储罐等设备，必须按规定进行试压、试漏和气密性试验。

**(16)** 接受易燃、易爆物料的密闭设备和管道，在接受物料前必须按工艺要求进行氮气置换，按抽堵盲板流程图规定的项目逐个逐项抽出盲板，不能遗漏。工艺负责人必须进行复查确认。

**(17)** 设备、管道接受物料的，应缓慢进行，并注意排凝，防止冲击或水击现象，接受蒸气时要先预热、放水、逐渐升温升压。

**(18)** 开工前，由安环部门组织一次安全大检查，对通风、通信，消防、梯子、平台、

栏杆、照明等一切安全设施，进行全面检查，确保开车安全。

(19) 生产装置的日常维护、检修参照本制度的有关规定执行。

## (四) 装置防冻凝规定

为防止冬季生产运行中有管线地点及盲肠区出现冻凝，损坏设备，必须遵守装置防冻凝规定。

① 对间歇性使用的管线要及时脱水。

② 有伴热的管线要及时投用，列入冬季巡检项目。

③ 脱水斗等脱水完成后，要将水管内存留的水处理干净或用蒸汽吹扫。

④ 如出现生产中断，要加强介质管线的脱水。

## (五) 个人防护装备

### 1. 3M 防毒面具

3M 防毒面具（图 3-1）戴在头上，保护人员呼吸器官、眼睛和面部，防止毒剂、生物战剂、免受毒剂、细菌武器和放射性灰尘等有毒物质伤害的个人防护器材。不刺激皮肤。面具本体可清洗，配件可更换。

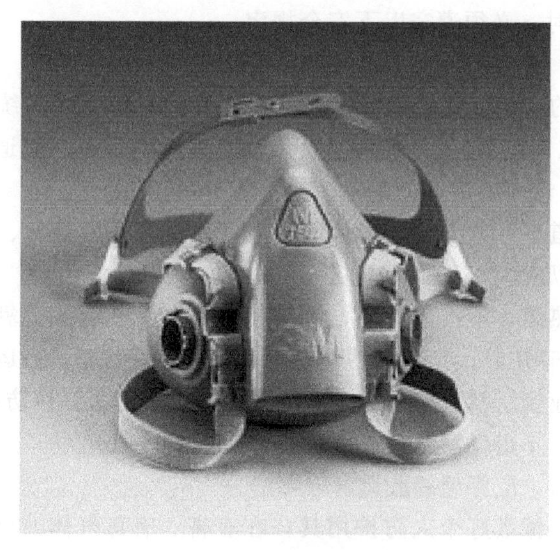


图 3-1 3M 防毒面具

防毒面具作为个人防护器材，用于对人员的呼吸器官，眼睛及面部皮肤提供有效防护。面具由面罩、导气管和滤毒罐组成，面罩可直接与滤毒罐连接使用，或者用导气管与滤毒罐连接使用。防毒面罩可以根据防护要求分别选用各种型号的滤毒罐，应用在化工、仓库、科研等各种有毒、有害的作业环境。

### 2. 正压式呼吸器

正压式空气呼吸器是一种消防员自携储存压缩空气的储气瓶，呼吸时使用气瓶内的气体来防止环境中的毒气或浓烟危害，面罩内压力始终保持高于环境压力状态的安全仪器。正压式空气呼吸器正常情况下 60～70min 的使用时间。结构上气瓶内的压缩空气依次经过气瓶阀、减压器、供气阀后进入面罩内供给佩戴者吸气，呼气则通过呼气阀排出面罩外。正压式空气呼吸器结构简单紧凑，可在无人帮助的情况下进行着装和使用，在狭小的通道通行时不会产生攀挂现象，使用安全系数更高。

**3. 安全帽**

安全帽的防护作用有防止物体打击伤害。防止高处坠落伤害头部。防止机械性损伤安全帽的正确佩戴方法如下。

① 安全帽在佩戴前，应调整好松紧大小，以帽子不能在头部自由活动，自身又未感觉不适为宜。

② 安全帽由帽衬和帽壳两部分组成，帽衬必须与帽壳连接良好，同时帽衬与帽壳不能紧贴，应有一定间隙，该间隙一般为 2～4cm（视材质情况），当有物体附落到安全帽壳上时，帽衬可起到缓冲作用，不使颈椎受到伤害。

③ 必须拴紧下颚带，当人体发生坠落或二次击打时，不至于脱落。由于安全帽戴在头部，起到对头部的保护作用。

④ 应戴正、帽带系紧，帽箍的大小应根据佩戴人的头型调整箍紧；女生佩戴安全帽应将头发放进帽衬。

**4. 防化服**

防化服的穿法很重要的一点是一定要先戴防毒面具再穿防化服，否则很可能还没穿好衣服就已经中毒了。

**(1) 穿法**

① 将防化服展开（头罩对向自己。开口向上）；

② 撑开防化服的颈口、胸襟，两腿先后伸进裤内，穿好上衣，系好腰带；

③ 戴上防毒面具后，戴上防毒衣头罩，扎好胸襟、系好颈扣带；

④ 戴上手套放下外袖并系紧。

**(2) 脱法**

① 自下而上解开各系带；

② 脱下头罩，拉开胸襟至肩下，脱手套时，两手缩进袖口内并抓住内袖，两手背于身后脱下手套和上衣；

③ 再将两手插进裤腰往外翻，脱下裤子。

**5. 乳胶手套**

乳胶手套具有耐磨性、耐穿刺；抗酸碱、油脂、燃油及多种溶剂等；有着广泛的抗滑性能，防油效果良好。

**6. 耳塞**

一般劳保性的耳塞均带绳子，方便随时摘除。佩戴时搓细：将耳塞搓成长条状，搓得越细越容易佩戴。3M 防噪声耳塞如图 3-2 所示。

图 3-2　3M 防噪声耳塞

塞入：拉起上耳角，将耳塞的 2/3 塞入耳道中。

按住：按住耳塞约 20s，直至耳塞膨胀并堵住耳道。

拉出：用完后取出耳塞时，将耳塞轻轻地旋转拉出。

**7. 防静电工作服**

防静电工作服必须与GB 4385规定的防静电鞋配套穿用；禁止在防静电服上附加或佩戴任何金属物件。需随身携带的工具应具有防静电、防电火花功能；金属类工具应置于防静电工作服衣带内，禁止金属件外露；禁止在易燃易爆场所穿脱防静电工作服。

**8. 胶粒手套**

主要起到抗磨的作用，对皮肤起到一定保护作用。

**9. 口罩**

对进入肺部的空气有一定的过滤作用，在呼吸道传染病流行时，在粉尘等污染的环境中作业时，戴口罩具有非常好的作用。

**10. 一次性手套**

多数用在取液体样品时。主要让皮肤与样品隔离，保护皮肤。

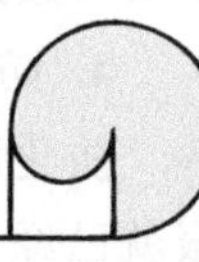

## 学一学　石油加工企业管理文化

**管理篇**

一切为了员工、一切相信员工、一切依靠员工：“企”无人则“止”。从根本上讲，无论什么形式的经济活动都是人在起决定性作用。企业管理必须坚持以人为本，要把每个人的积极性都调动起来，让每一个人都充满激情，充满活力。只有每个人都淋漓尽致地发挥出自己的潜能，企业才会充分发挥出潜能，才会有竞争力。

企业管理的主要内容包括以下几个方面：

企业的计划管理；企业的生产管理；企业的物资管理；企业的质量管理；企业的成本管理；企业的财务管理；企业的劳动人事管理。

# 项目十二

# 碳四烷基化工艺原理及流程

## 一、碳四烷基化工艺原理

### （一）烷基化生产技术

本项目所介绍的碳四综合利用装置由洛阳智达设计院设计，采用流出物制冷硫酸法烷基化工艺及专有设备。是以液化气中的烯烃及异丁烷为原料，在硫酸作为催化剂的作用下，生成烷基化油。装置设计烷基化油生产能力为 30 万吨/年。装置由脱轻水洗、反应、制冷、流出物精制分馏等几部分组成。

### （二）工艺原理

碳四烷基化是化合物分子引入烷基（甲基、乙基）的反应，即烷基由一个分子转移到另外一个分子的过程。烷基化有热烷基化法和催化烷基化法两种。热烷基化要求在高温高压下操作，由于裂解等副反应激烈、产品质量不好，所需设备投资费用较大，故一般不被采用。催化剂烷基化法是由异丁烷与烯烃在催化剂的作用下化学加成生成异构烷烃的工艺。

该工艺涉及的反应是烯烃同异丁烷的烷基化反应。初级烷基化反应涉及异丁烷同烯烃的反应，使用硫酸作为催化剂生成高辛烷值的三甲基戊烷异构物。通常三甲基戊烷异构物被称为烷基化油。

$$i\text{-}C_4 + C_4H_8 \longrightarrow 2,2,4\text{-三甲基戊烷}$$

类似的反应也在异丁烷和其他烯烃如丙烯和戊烷之间发生，分别生成庚烷和壬烷异构物，但就低选择性生产高辛烷值产品而言，选择丁烯进料更适宜。

$$i\text{-}C_4 + C_3H_6 \longrightarrow i\text{-}C_7$$

$$i\text{-}C_4 + C_5H_{10} \longrightarrow i\text{-}C_9$$

除了上述反应外，同时副反应中有副产品产出，生成少量其他组分。这些副反应会降低产品的辛烷值。因此，需优化异辛烷合成反应器的操作条件，尽可能减少这些副反应的发生。

歧化反应：两个烃分子反应生成带有不同碳链原子的轻烃。

裂解：大轻烃分子裂解生成小轻烃分子。

醚化反应：烯烃同硫酸反应产生中间产品，即硫酸酯。这些中间产物可留存于反应产品中，其性质极不稳定，一经加热就会断裂生成二氧化硫和硫酸，从而使带水的分馏设备产生腐蚀和污垢。酸溶蚀油（ASO）的形成是烯烃连续加成反应的结果，进料中的杂质与硫酸反应会增加酸溶性油的生成。酸溶性油也被称为红油或混合聚合物，是一种碳数大于 16 的高分子量物料。这些副反应都会增加硫酸的消耗量，酸溶性油可稀释硫酸催化剂的浓度。进料中一些普通的杂质是：乙烯、二烯烃、硫化合物、芳烃、水和氧化物。二烯烃发生聚合反应，水和二甲基醚稀释硫酸，硫醇同硫酸发生反应生成硫黄、水及二氧化硫。

### （三）工艺流程及说明

碳四工艺总图见图 3-3、图 3-4。

30 万吨/年碳四综合利用装置分五部分：烯烃进料处理、烷基化反应工段、制冷工段、蒸馏工段、废酸处理工段。30 万吨/年碳四综合利用装置中含有大量的甲醇、二甲醚（DME）和乙烯。如果烯烃进料中的这些杂质不被脱除，反应中的硫酸消耗量会增加，因此设置脱轻塔和水洗塔来除去这些杂质。

#### 1. 烯烃进料处理

**（1）脱轻塔（T-102）**　来自界区外的混合 $C_4$ 烯烃进料在脱甲醇换热器 E-101A/B 中进行预热，然后进入脱轻塔 T-102 脱除较轻的组分。在脱轻塔 T-102 中，乙烯、丙烷、二甲醚和其他轻组分在塔顶物集中流出，通过脱轻塔 T-102 顶冷凝器 E-103A/B 被部分冷凝后，进入脱轻塔 T-102 顶回流罐 V-101。回流罐中出来的液体烃类经回流泵 P-106A/B 输送到脱轻塔 T-102 顶部控制塔顶温度，一部分出装置。塔顶不凝气被直接送到燃料气系统。导热油提供脱轻塔底重沸器 E-106 中的热量。塔底产品用脱轻塔底泵 P-105，经用脱甲醇换热器 E-101A/B 进入脱氢冷却器 E-104，冷却后出装置。

**（2）水洗塔（T-101）**　来自界区外的脱轻 $C_4$ 进料中含有超过 500$\mu$g/g 的甲醇，如此含量的甲醇会大大增加反应器系统中的硫酸耗量。为了脱除甲醇，烯烃进料需在水洗塔 T-101 中进行逆流水洗。将烯烃物料中的甲醇有效脱除掉。脱氢烯烃水洗后从塔顶流出经脱氢过滤器 FD-101 进入脱氢反应产物换热器 E-105A/B/C，冷却后进入脱氢聚结器 FD-101 脱除沉淀的水，处理后的烯烃与循环烃、制冷剂经脱氢循环烃混合器 MI-201 一同进入反应器 R-201。

#### 2. 烷基化反应工段

反应工段烷基化反应器由反应器、相应的聚结器、气液分离罐、换热器组成。

反应器 R-201 是一个带有专有固定填料的立式反应器，填料的作用是加强传质。烷基化反应器采用了一个分形板分布器，它能使酸和烃类均匀地分布在反应器的整个横截面上。硫酸和烃类通过烷基化反应器在一定速率下循环，其目的在于能使整个填料断面层保持有大约 3.5bar 的压差。填料层以下的反应器压力略高于大气压（0.2bar 表压），通过制冷压缩机 C-301 进行控制。离开填料底部的烃类浓度将决定反应器底部的温度。丙烷、丁烷和烷基化油的混合物在填料的底部达到泡点，并且在绝热条件下继续汽化，直至填料以下的压降达到 0.2bar 表压。在反应段中丙烷的量将直接控制着反应器底部的温度，并且影响着整个反应温度。在填料之下，气相和液相进行分离，气化物通过填料下方的两条气化物管线直接出反

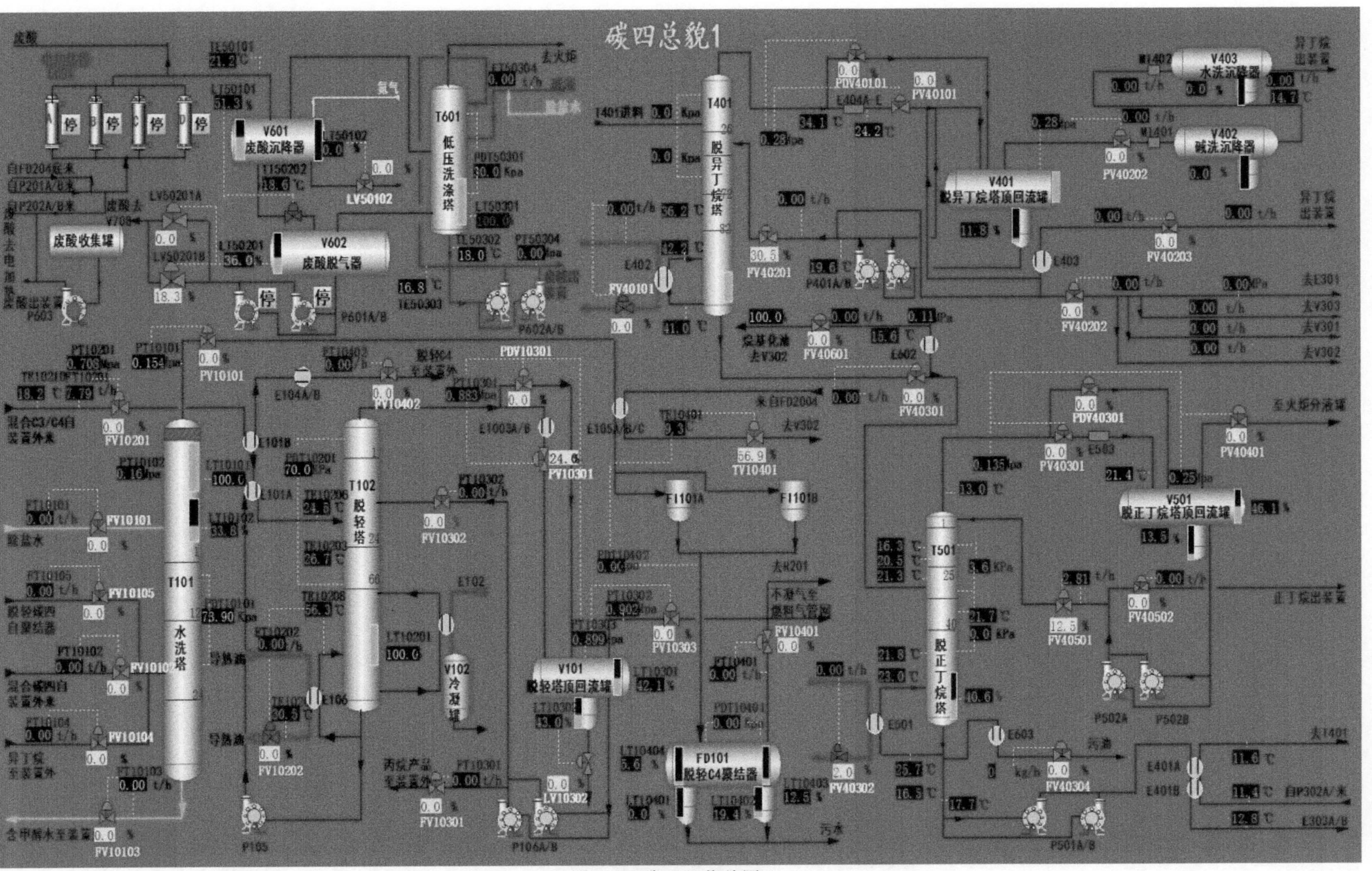
碳四总貌1
T101
水洗塔
T102
脱轻塔
T401
脱异丁烷塔
T501
脱正丁烷塔
T601
低压洗涤塔
V101
脱轻塔顶回流罐
V102
冷凝罐
V401
脱异丁烷塔顶回流罐
V402
碱洗沉降器
V403
水洗沉降器
V501
脱正丁烷塔顶回流罐
V601
废酸沉降器
V602
废酸脱气器
FD101
脱轻C4聚结器
废酸收集罐

图 3-3　碳四工艺总图 1

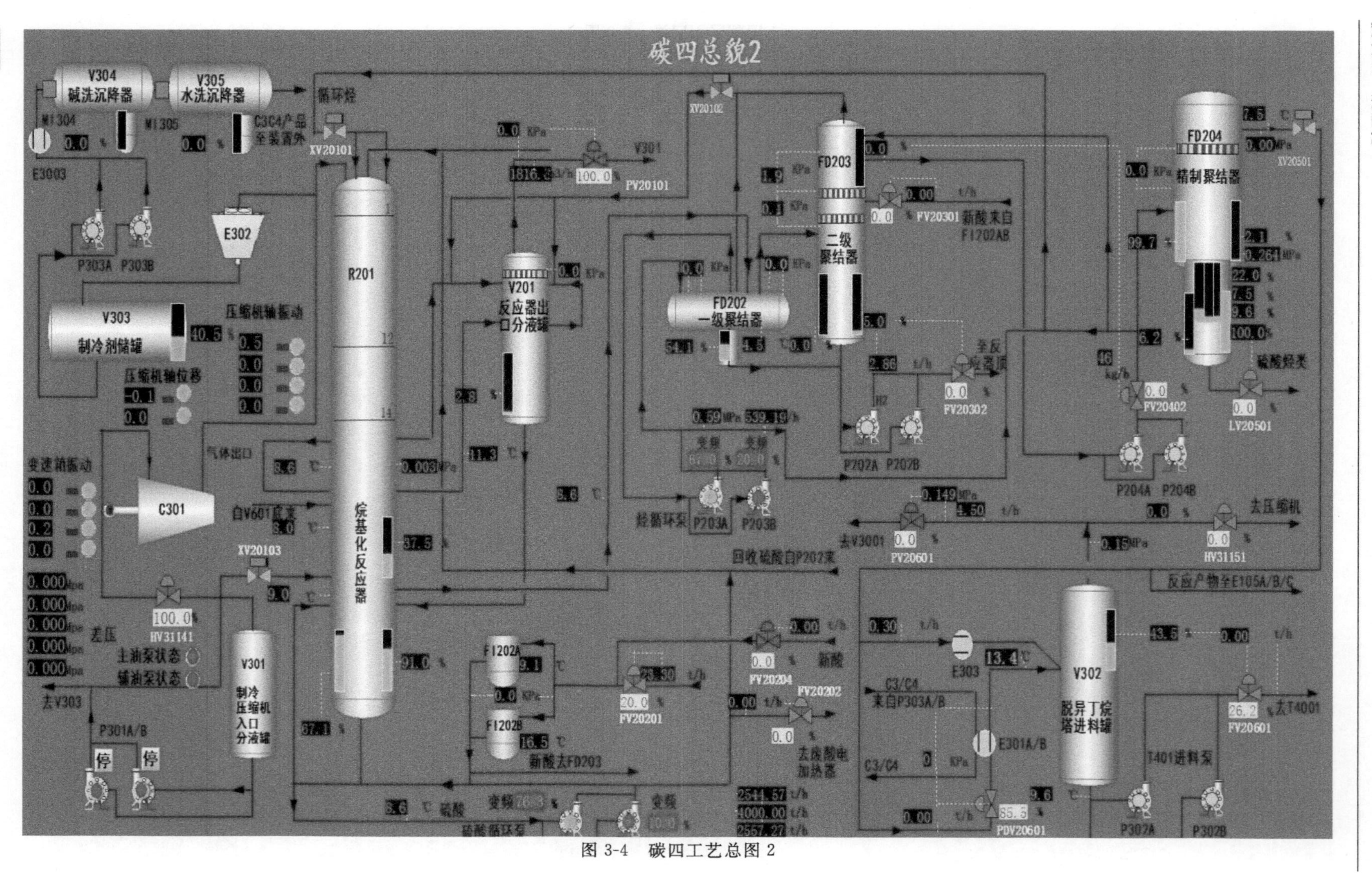

碳四总貌2
V304
碱洗沉降器
V305
水洗沉降器
C3C4产品
全装置外
循环烃
XV20101
E3003
P303A P303B
E302
V303
制冷剂储罐
压缩机轴振动
压缩机轴位移
R201
V201
反应器出口分液罐
FV20101
V301
XV20102
FD202
一级聚结器
FD203
二级聚结器
FV20301
新酸来自
F1202AB
FD204
精制聚结器
XV20501
硫酸烃类
LV20501
FV20402
FV20302
P202A P202B
P204A P204B
去压缩机
HV31151
烃循环泵
P203A
P203B
去V3001
PV20601
回收硫酸自P202来
反应产物至E105A/B/C
变速箱振动
C301
气体出口
自V601底来
烷基化反应器
XV20103
HV31141
差压
主油泵状态
辅油泵状态
去V303
V301
制冷压缩机入口分液罐
P301A/B
停
F1202A
F1202B
新酸去FD203
FV20201
FV20204
新酸
FV20202
去废酸电加热器
硫酸循环泵
硫酸
变频
E303
C3/C4
来自P303A/B
E301A/B
PDV20601
V302
脱异丁烷塔进料罐
T401进料泵
P302A
P302B
FV20601
去T4001


图 3-4 碳四工艺总图 2

应器，进入反应器出口分液罐 V-201。在反应器出口分离罐 V-201 中的液体通过自流排回到反应器烃类料层中。反应器内剩余的液体烃类和硫酸继续流向烷基化反应器底部。从酸乳液中分离的烃类从反应器升汽管塔盘之下抽出，排出反应器的烃类物流中含有夹带的硫酸，这股物流被送到反应器旁边的两个聚结器中的第一个聚结器 FD-202 中。在聚结器内部进料管上带有分布孔，使进料能够均匀地分布在容器内。一级聚结器 FD-202 采用了板式填料型聚结介质，便于来自轻烃相的硫酸大液滴进行重力（密度）沉降。聚结后的硫酸被收集在水包中，通过自流排至二级聚结器 FD-203 的硫酸回收线中。大部分烃类通过烃循环泵 P-203A/B 循环回反应器，剩余的烃类则直接送至二级聚结器 FD-203 进行进一步分离。二级聚结器 FD-203 被用来去除来自一级聚结器 FD-202 烃物流中的硫酸。一级聚结器 FD-202 的气化物管线同固定填料下方的反应器气化物管线相互连通，基于反应器 R-201 和二级聚结器 FD-203 之间的管线压降，二级聚结器中的液位将略低于反应器中的液位，这样，通过调节二级聚结器 FD-202 中的液位来保持碳四综合利用反应器 R-201 中的烃类液位。从该聚结器回收的烃类被送至精制聚结器 FD-204。硫酸通过二级聚结器 FD-203 的底部排出，一级聚结器 FD-202 和二级聚结器 FD-203 回收的酸合并后，通过回收硫酸回流泵 P-202A/B，与酸循环泵 P-201 的硫酸合并后，一部分经硫酸过滤器 FI-202 返回到烷基化反应器 R-201 底部，一部分循环到反应器顶部进入反应器。二级聚结器 FD-203 轻烃产品通过精致聚结器进料泵 P-204A/B 送入精制聚结器 FD-204，精制聚结器 FD-204 用来去除来自反应器的烃类物流中所夹带的硫酸液滴。来自精制聚结器 FD-204 的烃类产物被分为三股工艺物流，一股物流被直接送到脱烃反应产物换热器 E-105A-C 的管程，用于冷却进入反应器烯烃进料，并通过调节该换热器的物料流量来保持烯烃进料的目标温度。另一股来自精制聚结器的物流在制冷剂-反应产物换热器 E-301A/B 中被用来进一步冷却循环的制冷剂和回收的异丁烷物流。还有一股物流在反应产物-烷基化油换热器 E-303 中与产品烷基化油换热。这三股物流经换热后汇合进入脱异丁烷塔进料罐 V-302。

**3. 制冷工段**

反应器气化物通过填料下方的两条气化物管线直接出反应器，进入反应气出口分液罐 V-201，反应气出口分液罐 V-201 用来脱除反应器气化物中夹带的液体，然后将液体返回到反应器 R-201，气体进入制冷压缩机入口分液罐 V-301，被用来脱除来自反应器的气化物产品和制冷压缩机循环气体中夹带的液体，气液分离罐 V-301 的气体进入到制冷压缩机 C-301 的第一段，聚集在该罐底部的所有液体用泵送回到反应器。丙烷也被加到该罐中，根据需要控制反应器底部的温度。从制冷压缩机 C-301 出来的制冷剂，经制冷压缩气体空冷器 E-302A/B 到制冷剂储罐 V-303，制冷剂储罐制冷剂用制冷剂循环泵 P-303 抽出与脱异丁烷塔回流罐 V-401 产品异丁烷一同作制冷剂进入反应器中控制反应器温度。制冷剂储罐中少量不凝气含有二氧化硫，直接被送去低压洗涤塔洗涤后排空。脱异丁烷塔进料罐气化物进入制冷压缩机第二段。

**4. 蒸馏工段**

从脱异丁烷塔进料罐 V-302 来的混合烃类经脱异丁烷塔进料泵进入脱异丁烷塔 T-401，脱异丁烷塔进料罐气化物进入制冷压缩机第二段，脱异丁烷塔塔顶馏出物为异丁烷，经脱异丁烷塔顶空冷器 E-401A/B/C 冷凝冷却后进入脱异丁烷回流罐 V-401。冷凝液经过脱异丁烷塔顶回流泵 P-401A/B 加压后分三部分：一部分作为冷回流返回脱异丁烷塔顶一层塔盘；一部分经制冷剂/反应产物换热器 E-301A/B 冷却作为循环异丁烷返回烷基化反应部分，以保证反应器 R-201 总进料中适当的烷烯比；另一小部分作为异丁烯产品送至罐区。脱异丁烷塔底部设有脱异丁烷塔底重沸器 E-402，该重沸器以导热油作为加热介质，为分离出异丁烷提供热源。脱异丁烷塔底物靠自压进入正丁烷塔 T-501。

脱正丁烷塔的目的是将正丁烷与烷基化油分开。塔顶馏出物为正丁烷，经脱正丁烷塔顶空冷器 E-503 冷凝冷却后进入脱正丁烷塔顶回流罐 V-501。冷凝液经脱正丁烷塔顶回流泵 P-502A/B 抽出，一部分作为冷回流返回脱正丁烷塔顶一层塔盘处，另一部分作为正丁烷产品送至装置外罐区。脱正丁烷塔底部设有脱正丁烷塔底重沸器 E-501，该重沸器以导热油作为加热介质，为分离出正丁烷提供热源。塔底馏出物即为烷基化产品，主要为异辛烷，有脱正丁烷塔底泵 P-501A/B 抽出，经脱异丁烷塔进料/烷基化油换热器 E-401、烷基化油产品冷却器 E-602 冷却后送出装置。

**5. 废酸处理工段**

自反应部分来的废酸经废酸加热器 E-601A-D 加热至 40℃后进入废酸沉降器 V-601，闪蒸出的气体进入低压洗涤塔 T-601，分离出的烃类返回烷基化反应器 R-201，废酸进入废酸脱气罐 V-602。废酸脱气罐为负压操作，释放出的部分含酸废气经碱液喷射器 EJ-601A/B 加压后送出装置。自各部分排放处的气体进入低压洗涤塔底部，经少量的碱液中和后，排放至火炬系统。塔底碱液由低压洗涤塔循环泵 P-602A/B 加压后分三部分：一部分循环至塔顶，作为中和用碱液；一部分进入碱液喷射器 EJ-601A/B；另一部分作为废碱液送出装置。

**6. 低压洗涤塔（T-601）**

设计该塔的目的是为了处理工艺设备排放汽化物中的二氧化硫。被处理的轻气体可能来自于异辛烷合成装置其他工段的设备的排放，例如，制冷剂储罐、脱异丁烷塔回流罐、废酸沉降器及废酸脱气器。低压洗涤塔是一个填料塔，碱溶液在其内循环。

## 二、工艺指标

**1. 装置原料指标**

装置主要烯烃进料指标见表 3-3。

**表 3-3 装置主要烯烃进料指标**

| 序号 | 分析项目 | 单位(摩尔分数) | 组成 | 限制值 |
|---|---|---|---|---|
| 1 | 甲烷 | % | 0.01 | |
| 2 | 乙烷 | % | 0.395 | |
| 3 | 乙烯 | % | 0.01 | |
| 4 | 丙烷 | % | 12.81 | |
| 5 | 丙烯 | % | 1.1 | |
| 6 | 异丁烷 | % | 33.305 | |
| 7 | 正丁烷 | % | 16.91 | |
| 8 | 反丁烯 | % | 12.76 | |
| 9 | 1-丁烯 | % | 9.62 | |
| 10 | 异丁烯 | % | 2.075 | |
| 11 | 顺丁烯 | % | 8.89 | |
| 12 | 异戊烷 | % | 1.45 | |

续表

| 序号 | 分析项目 | 单位(摩尔分数) | 组成 | 限制值 |
| --- | --- | --- | --- | --- |
| 13 | 正戊烷 | % | 0.02 | |
| 14 | 1,3-丁二烯 | % | 0.1 | |
| 15 | 二甲醚 | % | 0.18 | |
| 16 | 甲醇 | % | 0.065 | |
| 17 | 其他 | % | 0.3 | |
| | 合计 | | 100 | |

酸的使用量是基于轻组分塔中乙烯的脱除情况和有机含氧化合物减少的情况而定。就水洗塔和脱轻塔的上述规格而言，估计酸的使用量要比技术附件中的估算量增加2%。

由于脱轻塔中异丁烷和烯烃损耗，所以最低的异丁烷和烯烃必须达到11.2%，异丁烷进料化学计算要求进反应器中异丁烷和烯烃比例为1.05～1.12，根据业主提供的原料性质，正常情况下系统中需要补充异丁烷。

随着使用脱轻塔脱除掉装置进料中的乙烯和二甲醚（DMA），进料中的所有丙烷也将被脱除，为了对异辛烷合成反应器中的温度进行控制并对二氧化硫进行排放，将需要一小股丙烷。

**(1) 硫酸进料**　异辛烷合成装置使用的硫酸进料是典型的在碳四综合利用装置使用的再生硫酸。所需的硫酸保证浓度为99.2%。该装置的设计上可接受98%的再生硫酸。硫酸的平衡物料是水，由于酸中的金属可影响废酸的再生，所以要对酸中的铁和其他金属进行监测和记录。

**(2) 碱液进料**　烧碱进料异辛烷合成装置的碱进料为30%的氢氧化钠碱液。液碱用来脱除来自排放物流和来自从废酸中脱除出来的气化物中的二氧化硫。弱碱也可用来在维修操作之前中和废酸和设备。

**(3) 冲洗水**　异辛烷合成装置所用的冲洗水在注入化学品之前是脱盐水（不含基础氮化合物），脱盐水用来稀释碱进料以求达到理想的浓度。

**(4) 产品规格指标**　表3-4～表3-9中表述的碳四综合利用装置产品性能是在装置正常操作期间所应达到的期望值。

**表3-4　烷基化油产品指标值**

| 烷基化油产品 | 指标 |
| --- | --- |
| 研究法 | ≥96.7 |
| 总硫/(μg/g) | ≤10 |
| 雷德蒸汽压/MPa | 45 |

**表3-5　异丁烷产品指标值**

| 异丁烷产品 | 指标 |
| --- | --- |
| 异丁烷/% | ≥87 |

**表3-6　丁烷产品指标值**

| 丁烷产品 | 指标 |
| --- | --- |
| 正丁烷/% | ≥95 |

表 3-7 $C_3/C_4$ 产品指标值

| $C_3/C_4$ 产品 | 指标 |
|---|---|
| 丙烷/% | 5～7(典型的) |
| 二氧化硫/% | 0.3(典型的) |

表 3-8 废酸的预期参数指标值

| 排出的废酸 | 指标 |
|---|---|
| 硫酸/% | 90～92 |
| 水/% | 2～3.5 |
| 酸溶性油(ASO)/% | 5～8 |

表 3-9 界区条件参数值

| 序号 | 物料名称 | 温度/℃ | 压力/MPa | 进/出 | 状态 | 输送方式 | 备注 |
|---|---|---|---|---|---|---|---|
| A | B | C | D | E | F | G | H |
| 1 | 混合 $C_4$ | 40 | 2.3 | 进/出 | 液态 | 连续 | 自罐区至 T-101 |
| 2 | 混合 $C_4$ | 40 | 2.3 | 进 | 液态 | 连续 | 自罐区至 T-101 |
| 3 | 萃取水 | 40 | 2.3 | 进 | 液态 | 连续 | 自罐区至 T-101 |
| 4 | 含甲醇水 | 40 | 0.55 | 出 | 液态 | 连续 | 自罐区 T-101 至 |
| 5 | 不凝气 | 40 | 0.9 | 出 | 气态 | 连续 | 至燃料气管网 |
| 6 | 不凝气 | 40 | 0.9 | 出 | 气态 | 连续 | 至装置外 |
| 7 | 烷基化油 | 40 | 1.13 | 进/出 | 液态 | 连续 | 自/至罐区来 |
| 8 | 丙烷 | 25 | 1.8 | 出 | 液态 | 连续 | 自 V-101 至罐区 |
| 9 | 异丁烷 | 40 | 1.1 | 进/出 | 液态 | 间断 | 自/至罐区 |
| 10 | 正丁烷 | 40 | 0.64 | 出 | 液态 | 连续 | 至罐区 |
| 11 | 碱液 | 32 | 0.518 | 进 | 液态 | 间断 | 自装置外来 |
| 12 | 废碱液 | 38 | 0.345 | 出 | 液态 | 连续 | 至装置外 |
| 13 | 污油 | 40 | 0.602 | 出 | 液态 | 间断 | 至原料罐 |
| 14 | 放火炬 | 40 | 0.05 | 出 | 气态 | 间断 | 至火炬系统 |
| 15 | 新鲜水 | 24 | 0.35 | 进 | 液态 | 间断 | 自装置外来 |
| 16 | 除盐水 | 40 | 0.5 | 进 | 液态 | 连续 | 自装置外来 |
| 17 | 循环冷水 | 32 | 0.4 | 进 | 液态 | 连续 | 自装置外来 |
| 18 | 循环热水 | 42 | 0.15 | 出 | 液态 | 连续 | 至装置外 |
| 19 | 净化风 | 40 | 0.6 | 进 | 气态 | 连续 | 自装置外来 |
| 20 | 非净化风 | 40 | 0.6 | 进 | 气态 | 连续 | 自装置外来 |
| 21 | 氮气 | 40 | 0.55 | 进 | 气态 | 连续 | 自装置外来 |
| 22 | 含油污水 | 40 | 0.02 | 出 | 液态 | 间断 | 至含油污水 |
| 23 | 导热油 | Max280 | 0.5 | 进 | 液态 | 连续 | 自导热油炉来 |
| 24 | 导热油 | Max280 | 0.2 | 出 | 液态 | 连续 | 至导热油炉 |
| 25 | 低压蒸汽 | 250 | 1 | 进 | 气态 | 间断 | 自系统来 |
| 26 | 凝结水 | 180 | 1 | 出 | 气态 | 间断 | 至系统 |
| 27 | 导热油 | 280 | 0.63 | 出 | 液态 | 间断 | 至导热油炉 |

## 2. 公用工程要求

碳四综合利用装置界区现场的公用工程条件见表 3-10，导热油用量、脱盐水用量和冷却水用量见表3-11～表3-13，碳四综合利用装置操作预估的电力需求见表3-14。

**表3-10　碳四综合利用装置界区现场的公用工程条件**

| | 压力/MPa(表压) | | | | 温度/℃ | | | |
|---|---|---|---|---|---|---|---|---|
| | 最小 | 正常 | 最大 | 设计 | 最小 | 正常 | 最大 | 设计 |
| 冷却水供水 | | 0.4 | | | | 32 | | |
| 冷却水回水 | | 0.2 | | | | 42 | | |
| 低压冷凝液 | | 0.5 | | | | | | |
| 氮气 | | 0.55 | | | 环境 | 环境 | 环境 | |
| 工厂风 | | 0.6 | | | | 环境 | | |

注：在干燥、开车的停车工序中需要使用氮气。蒸汽下面显示的蒸汽消耗量是根据设计工况进料组分在正常操作下设定的期待值，实际蒸汽消耗会因进料组分变化而发生变化。

**表3-11　导热油用量**

| 设备位号 | 导热油用户 | kg/h |
|---|---|---|
| E-102 | 脱轻塔再沸器 | 2620 |
| E-402 | 脱异丁烷塔再沸器 | 21000 |
| E-501 | 脱正丁烷塔再沸器 | 2150 |

在正常操作中，异辛烷合成装置脱盐水的消耗取决于预期的硫的负荷。

**表3-12　脱盐水用量**

| 设备位号 | 脱盐水用户 | kg/h |
|---|---|---|
| T-101 | 水洗塔 | 2003 |
| T-601 | 低压汽化物洗涤塔 | 2632 |

注：注入之前的脱盐水(无基础氮化合物)。

**表3-13　冷却水用量**

| 设备位号 | 冷却水用户 | $m^3/h$ |
|---|---|---|
| E-103A/B | 脱轻塔顶冷凝器 | 125 |
| E-104A/B | 脱轻 $C_4$ 冷却器 | 23 |
| E-302A/B | 制冷压缩机空冷器 | 21 |
| E-303 | $C_3/C_4$ 产品冷却器 | 0.42 |
| E-403 | 异丁烷产品冷却器 | 1.2 |
| E-502 | 正丁烷产品冷却器 | 4.5 |
| E-602 | 烷基化油产品冷却器 | 5.3 |
| 总量 | | 180.42 |

**表3-14　碳四综合利用装置操作预估的电力需求**

| 设备位号 | 电力用户 | 轴功率/kW |
|---|---|---|
| P-105 | 脱轻塔底泵 | 29.6 |
| P-106A/B | 脱轻塔底回流泵 | 8.8 |
| P-201A～B | 硫酸循环泵 | 375.4 |
| P-202A/B | 回收硫酸回流泵 | 40.2 |
| P-203A～B | 烃循环泵 | 184.9 |
| P-204A/B | 精制聚结器进料泵3 | 9.2 |

续表

| 设备位号 | 电力用户 | 轴功率/kW |
|---|---|---|
| P-301A/B | 制冷压缩机入口分液罐底泵 | 9.6 |
| P-302A/B | 脱异丁烷塔进料泵 | 52.2 |
| P-303A/B | 制冷剂循环泵 | 20.6 |
| P-401A/B | 脱异丁烷塔顶回流泵 | 67.8 |
| P-501A/B | 脱正丁烷塔底泵 | 4.5 |
| P-502A/B | 脱正丁烷塔顶回流泵 | 28.9 |
| P-601A/B | 废酸排放泵 | 7.6 |
| P-602A/B | 低压洗涤塔循环泵 | 14 |
| E-601 | 废酸电加热器 | 42 |
| E-404A～D | 脱异丁烷塔顶空冷器 | 70.8 |
| E-503 | 脱正丁烷塔顶空冷器 | 13 |
| 总量 | | 1009.1 |

工厂风：碳四综合利用装置正常不消耗工厂风，开停工最大需用量 600$m^3$/h。

仪表风：碳四综合利用装置的仪表风正常需用量 220$m^3$/h。

氮气：碳四综合利用装置的氮气正常需用量 417$m^3$/h，最大间断用量 2200$m^3$/h。

开车对工艺化学品（烷基化油）的要求：反应器初次进料需要一些烷基化油或合适的饱和烃类，烷基化油进料的质量应同碳四综合利用装置将要生产的产品类似。

在制冷循环开启之前，加入烷基化油时需要对混合物气化物压力进行控制，给反应器加入烷基化油是必要的，因为在初次装料温度下，异丁烷进料的气化物压力可能高于理想的压力。表 3-15 规定了碳四综合利用装置开车物料允许的最大杂质参数标准。表 3-16 为异辛烷开车物料举例。

**表 3-15　碳四综合利用装置开车物料允许的最大杂质参数**

| 烯烃/(μg/g) | ＜1000 | 总硫/(μg/g) | ＜5 |
|---|---|---|---|
| 总芳烃/(μg/g) | ＜10 | $H_2S$/(μg/g) | ＜1 |
| 氮化合物/(μg/g) | ＜10 | $H_2O$/(μg/g) | ＜100 |
| 总氯化物/(μg/g) | ＜1 | | |

**表 3-16　异辛烷合成开车物料举例**

| 容量/$m^3$ | 500 | 10% | 仅记录 |
|---|---|---|---|
| RVP/kPa(a) | ＜41 | 50% | 104～113℃ |
| ASTMD 86 | ℃ | 90% | ＜191℃ |
| IBP | 仅记录 | EP | ＜221℃ |

氮气：氮气在装置试车之前被用来对工艺进行干燥处理，需使用足够的氮气吹扫容器，去除系统中的水分。

碱液：停车所需要的工艺化学品 2%的含水碱液在加入之前，有必要对设备中残留的硫酸进行中和，纯碱液需要用低氯化纯碱（纯碱中含有低于 0.05%的氯化物）和除盐水或者含有低于 50μg/g 氯化物的其他水源进行制备。除了纯碱液之外，需要用除盐水和空气对填料在其投用前进行清扫。

**3. 主要工艺操作指标**

碳四综合利用装置的主要工艺操作指标见表 3-17。

**表 3-17　碳四综合利用装置的主要工艺操作指标**

| 项目 | | 温度/℃ | 压力/MPa | 项目 | 温度/℃ | 压力/MPa |
|---|---|---|---|---|---|---|
| 水洗塔 | 塔顶 | 40 | 1.5 | 脱轻塔顶回流罐 | | 1.6 |
| | 塔底 | 40 | 1.75 | 反应器进料 | 3 | 0.434 |
| 脱轻塔 | 塔顶 | 48.5 | 1.65 | 反应器出口分液罐 | −2 | 0.017 |
| | 塔底 | 99.5 | 1.68 | 制冷压缩机入口分液罐 | −2 | 0.007 |
| 反应器 | 底部 | 0 | 0.365 | 制冷剂储罐 | 40 | 0.713 |
| | 中部 | −2 | 0.02 | 一级聚结器 | −2 | 0.021 |
| 脱异丁烷塔 | 塔顶 | 56.5 | 0.699 | 二级聚结器 | −2 | 0.021 |
| | 塔底 | 131.3 | 0.761 | 精制聚结器 | −1 | 0.498 |
| 脱正丁烷塔 | 塔顶 | 60 | 0.548 | 废酸沉降器 | 40 | 0.45 |
| | 塔底 | 193.2 | 0.573 | 废酸脱气器 | 38 | −0.013 |
| 低压洗涤塔 | 塔顶 | 32 | 0.035 | 脱异丁烷进料罐 | 31 | 0.199 |
| | 塔底 | 30 | 0.04 | | | |

## 三、反应系统工艺生产控制

碳四综合利用装置是以气体分馏装置的碳四烃类和外购碳四为原料，在催化剂浓硫酸的作用下，生产烷基化油。原料中的杂质对酸耗及产品质量都有影响。日常操作中必须加强脱水工作，原料为 MTBE 装置的未反应碳四时，还要加强对原料中丁二烯、甲醇、MTBE、二甲醚等杂质的监测以便及时进行调整。影响烷基化反应因素很多，平稳操作的重点是控制好以下操作参数：反应温度、反应压力、循环异丁烷纯度、反应器进料的异丁烷与烯烃之比、反应中的酸烃比，还要注意原料组成，同时要稳定塔顶回流罐、制冷剂缓冲罐与流出物侧液位。在操作过程中要控制酸浓度在 90%以上，及时调整碱浓度在正常指标内。寻找最佳操作参数，做到高效、低耗、安全生产。对操作的变化要冷静分析，果断处理，将事故消灭在萌芽状态。为此，要求每个操作员必须对本系统各项操作充分理解，经常有针对性地进行事故预案的演练，一旦发生事故才能及时有效地处理。

**1. 水洗塔（T-101）液位控制**

**(1) 控制范围**　塔顶液位（LIC-10101）为 40%～60%。

**(2) 控制目标**　正常操作中塔顶的液位不超过控制范围。

**(3) 相关参数**

① 烯烃流量加法计算器控制器 FQIC-10102。

② 除盐水加法计算器控制器 FQIC-10101。

③ 塔底的抽提水/甲醇流量 FIC-10103。

④ 塔的压力控制阀 PIC-10101 控制。

**(4) 控制方式**　自动/手动。

**(5) 影响因素**

① 烃水界位过高。

② 烃水界位过低。

③ 界位故障，烯烃原料带水。

④ 水洗后原料中甲醇超标。

**(6) 调节方法**

① 增加塔底抽出流量或减少除盐水加入量。

② 减少塔底抽出流量或增加除盐水加入量。

③ 联系仪表处理，加强 $C_4$ 聚结器脱水。

④ 增加除盐水的补入量和抽出流量。

**2. 脱氢塔（T-102）塔顶温度控制（TI-10201）**

**(1) 控制范围** 塔顶温度 TI-10201 为 48～52℃。

**(2) 控制目标** 正常操作中塔顶的温度不超过控制范围，设定塔顶的温度波动不超过±5℃。

**(3) 相关参数**

① 压力控制器 PIC-10103。

② FIC-10202 到脱轻塔底重沸器 E-1002 的中压蒸汽或导热油流量。

③ LIC-10201 重新设定 FIC-10401 到烷基化反应器 R-2001 的烯烃进料。

④ 压力控制阀 PIC-10301 控制塔的压力。

**(4) 控制方式** 自动/手动。

**(5) 影响因素**

① 塔底温度变化。塔底温度高，塔顶温度高。反之，塔顶温度低。

② 进料温度高低。进料温度高，塔顶温度高。

③ 回流温度及回流量。回流温度高且回流量小，塔顶温度高。

④ 进料量变化及进料组成。进料量变大或进料变轻，塔顶温度高。反之，塔顶温度低。

⑤ 有关仪表出故障。仪表故障将引起塔顶温度波动。

**(6) 调节方法**

① 缓慢调节加热蒸汽量。

② 调节塔进料换热器，降低塔进料温度。

③ 调节冷却水量，反扫冷却器，依据塔顶温度高低，调整回流量。

④ 调整装置进料量，将轻组分向系统放空。

⑤ 联系仪表工处理。

**3. 反应温度控制（TI-20103G/H/J）**

**(1) 控制范围** 反应器的反应温度 TI-20103G/H/J 为－4～0℃。

**(2) 控制目标** 正常操作中反应温度应控制在上述范围内。

**(3) 相关参数** 原料进料量 FI-10401；冷剂流量 FIC-30302；冷剂温度 TG-20602

**(4) 控制方式**

① 通过调节原料进料量 FI-10401 来调节反应放热量控制反应温度。

② 通过调节冷剂温度 TG-20602 和冷剂量 FIC-30302 以调节取热量控制反应温度。

**(5) 影响因素**

① 原料进料量 FI-10401 的变化。进料量过大，反应器超负荷，反应温度高。进料量小，反应温度低。

② 原料中烯烃含量。原料中烯烃含量高，反应温度高。原料中烯烃含量低，反应温度低。

③ 反应酸浓度。反应酸浓度低，反应温度高。

④ 反应分子比。反应分子比低，反应温度高。

⑤ 酸烃比。酸烃比低，反应温度高。

⑥ 冷剂温度或冷剂量。冷剂温度高或量小，反应温度高。冷剂温度低或冷剂量大，反应温度低。

⑦ 原料及循环异丁烷温度。原料及循环异丁烷温度高，反应温度高。

⑧ 原料或循环异丁烷带水。原料或循环异丁烷带水，反应温度高。

**(6) 调节方法**

① 稳定好原料进料量。

② 调整进料量、联系生产管理部门调节原料纯度。

③ 反应酸浓度低，增大补充酸量。

④ 提高循环异丁烷量和浓度。

⑤ 反应分子比低，提高酸烃比。

⑥ 调整冷剂温度或冷剂量。

⑦ 调节有关冷却器的循环水量，调整产物经过深冷器的流量。

⑧ 加强原料缓冲罐和塔顶回流罐及 $C_4$ 聚结器的脱水，球罐区加强脱水。

**4. 反应压差**

**(1) 控制范围**　反应器的反应压差 PI-20103 为 0.4～0.5MPa。

**(2) 控制目标**　正常操作中反应压差应控制在上述范围内。设定的反应压力 0.45MPa。

**(3) 相关参数**　原料进料量 FI-10401；循环异丁烷流量 FIC-40202；硫酸循环量 FIC-20203；烃循环量 FI-20401。以上参数波动会引起反应压差 PI-20103 波动。

**(4) 控制方式**　正常情况下，反应器压控投自动 FIC-20203。如果压力自动控制失灵，改手动控制。

**(5) 影响因素**

① 硫酸流量波动引起压力波动。

② 原料进料量 FI-10401；循环异丁烷流量 FIC-40202。提降原料量或异丁烷量过猛，引起压力波动。

③ 反应温度。反应急剧超温，引起压力波动。

④ 反应器负荷。反应器超负荷，对压力也有影响。

**(6) 调节方法**

① 正常情况下，反应器压力自动控制投自动。如果压力自动控制失灵，改手动调节硫酸流量控制。

② 缓慢提降量。

③ 针对影响因素进行调节。

④ 降低原料及循环异丁烷量。

**5. 反应器外烃烯比**

**(1) 控制范围** 反应器外烃烯分子数比为（7～12）：1。

**(2) 控制目标** 正常操作中反应器外烃烯分子数比应控制在上述范围内。

**(3) 相关参数** 原料进料量 FI-10401；循环异丁烷流量 FIC-40202；烃循环量 FI-20401；制冷剂流量 FIC-30302。以上参数波动会引起反应外烃烯分子比波动。

**(4) 控制方式** 一般情况下通过调整原料分子比及循环异丁烷流量来调节反应器外烃烯分子比。

**(5) 影响因素** （烃烯分子比以下简称分子比）

① 原料烯烃含量。原料烯烃含量高，反应器外分子比低。

② 循环异丁烷纯度及循环量。循环异丁烷纯度低，循环量小，反应器外分子比低。反之，反应器外分子比高。

**(6) 调节方法**

① 联系生产管理部门，控制好原料烯烃含量。

② 调节循环异丁烷纯度及循环量。

**6. 反应酸浓度**

**(1) 控制范围** 反应酸浓度>90%。

**(2) 控制目标** 正常操作中反应酸浓度应控制在上述范围内。

**(3) 相关参数** 排酸量 FIC-20202、新酸补充量 FIC-20204。

**(4) 控制方式** 通过加酸排酸来调整。

**(5) 影响因素**

① 原料中大量带水。

② 原料甲醇含量。

③ 原料含其他杂质。

**(6) 调节方法**

① 加强原料罐、脱轻塔回流罐、$C_4$ 聚结器脱水。

② 联系生产管理部门调整原料质量，增加水洗塔除盐水流量。

③ 控制原料杂质含量。当原料中突然带入大量的杂质而导致反应酸浓度突降（可能降低至 88%左右），造成产品的干点上升，质量变坏，还可能造成跑酸。此时应采取的措施是降反应进料量（必要时切除含杂质的原料），大量排出废酸，然后大量补进新酸，保证酸浓度在正常的水平。酸浓度过低时需要彻底换酸。

## 四、制冷系统工艺生产控制

**1. 制冷压缩机入口分液罐（V-301）压力 PI-30101**

**(1) 控制范围** 制冷压缩机入口分液罐 V-301 压力 PI-30101 为 0.018～0.021MPa。

**(2) 控制目标** 正常操作中分液罐压力控制在上述范围内。

**(3) 相关参数** 温度控制 TIC-30101；原料进料量 FI-10401；循环异丁烷流量 FIC-40202；反喘振阀 FV-30202。以上参数波动会引起制冷压缩机入口分液罐 V-301 压力 PI-30101 波动。

**(4) 控制方式** 通常情况下，原料进料量和循环异丁烷流量以及补充异丁烷流量一定时，通过调整制冷压缩机吸入量及一级反喘振阀 FV-30202 流量，控制分液罐压力。

**(5) 影响因素**

① 原料进料量 FI-10401 和循环异丁烷流量 FIC-40202。原料量与循环异丁烷量变化，将会引起分液罐气体量的变化，从而导致压力波动。

② 一级反喘振流量 FV-30202。一级反喘振流量增减，引起分液罐气体量的变化，使压力变化。

③ 分液罐出口温度 TIC-30101。出口温度高，压力高。

**(6) 调节方法**

① 调整原料量及循环异丁烷量。装置进料量和循环异丁烷量的大小以及系统中轻组分的含量多少也直接影响分液罐的压力。

② 控制一级反喘振流量。分液罐的压力不可控制的过低，要保证一定的压力，也就是保证压缩机的吸入量，防止压缩机发生喘振。

③ 及时调整分液罐出口温度。分液罐的压力过低，达到负压，可能使空气进入分液罐，形成爆炸性混合气体，导致爆炸的发生。调节分液罐的压力也是用来调节冷剂温度的高低。

**2. 反喘振阀 FV-30202 控制及调节**

**(1) 控制范围**　依据压缩机入口流量来调节。

**(2) 控制目标**　控制在需求范围内。

**(3) 相关参数**　原料进料量 FI-10401；循环异丁烷流量 FIC-40202。

**(4) 控制方式**　制冷压缩机入口吸入量正常情况下，反喘振量的大小由压缩机入口流量自动控制二次表根据压缩机入口流量自动控制反喘振量。如果发现自动控制失灵时，应改为手动并及时联系仪表工处理。

**(5) 影响因素**

原料进料量（FI-10401）与循环异丁烷流量 FIC-40202。压缩机入口吸入量。根据压缩机吸入量及冷剂温度的高低，反喘振流控 FV-30202 会自动开关，防止振喘发生，调节冷剂温度在某一适当范围内。

**(6) 调节方法**

① 稳定原料进料量与循环异丁烷流量。

② 确保控制阀完好，处于自动状态，如果发现自动控制失灵时，应改为手动并及时联系仪表工处理。

**3. 制冷剂缓冲罐液位（LIC-30301）**

**(1) 控制范围**　制冷剂缓冲罐液位 LIC-30301 为 40%～60%。

**(2) 控制目标**　正常操作中冷剂缓冲罐液位控制在上述范围内。

**(3) 控制方式**　自动/手动。

**(4) 正常调整**　正常情况下制冷剂缓冲罐液位通过控制阀 LIC-30301 自动进行调节，如果发现仪表出现故障自动控制失灵时，应改为手动调节，并联系仪表处理。

如果制冷剂缓冲罐液控自动控制失灵，从安全的角度考虑应通过控制阀副线阀，现场检测液位，进行操作，防止缓冲罐液相憋压。

## 五、蒸馏系统工艺生产控制

**1. 脱正丁烷塔顶温度（TI-40307）**

**(1) 控制范围**　塔顶温度 TI-40307 为 44～48℃。

**(2) 控制目标** 正常操作中塔顶的温度不超过控制范围，设定塔顶的温度波动不超过±5℃。

**(3) 相关参数** 塔顶压力 PI-40302；塔进料量 FI-40301；塔进料温度 TI-40106；塔顶回流量 FIC-40501；塔顶回流温度 TI-40401；正丁烷抽出量 FIC-40502；塔底温度 TI-40304。以上参数波动会引起塔顶温度 TI-40307 波动。

**(4) 控制方式** 自动/手动。

**(5) 影响因素**

① 塔底温度变化。塔底温度高，塔顶温度高。反之，塔顶温度低。

② 进料温度高低。进料温度高，塔顶温度高。

③ 回流温度及回流量。回流温度高且回流量小，塔顶温度高。

④ 进料量变化及进料组成。进料量变大或进料变轻，塔顶温度高。反之，塔顶温度低。

⑤ 有关仪表出故障。仪表故障将引起塔顶温度波动。

**(6) 调节方法**

① 缓慢调节加热蒸汽量

② 调节塔进料换热器，降低塔进料温度。

③ 调节冷却水量，反扫冷却器，依据塔顶温度高低，调整回流量。

④ 调整装置进料量，将轻组分向系统放空。

⑤ 联系仪表工处理。

**2. 脱正丁烷塔顶压力（PI-40301）**

**(1) 控制范围** 脱正丁烷塔顶压力 PI-40301 为 0.30～0.40MPa。

**(2) 控制目标** 正常操作中塔顶压力控制在上述范围内。

**(3) 相关参数** 塔进料量 FI-40301；塔进料温度 TI-40106；塔顶回流量 FIC-40501；塔顶回流温度 TI-40401；塔底温度 TI-40304。以上参数波动会引起塔顶压力（PI-40301）波动。

**(4) 控制方式** 自动/手动。

**(5) 影响因素**

① 塔底温度。蒸馏塔其他参数都处于稳定状态时，塔底温度高，塔压力高。反之，塔压力低。

② 回流温度。回流温度高，塔压力高。

③ 塔进料量。塔进料量过大，塔压力高。

④ 塔进料温度。塔进料温度高，塔压力高。

⑤ 回流量。回流量过大，塔压力高。反之，塔压力低。

⑥ 塔进料组成。进料含轻组分过多，会使塔压升高。

⑦ 有关仪表出现故障。仪表出现故障，塔压力会出现波动。

⑧ 回流罐液位。回流罐液位会引起液相憋压，使塔压升高。

**(6) 调节方法**

① 调节塔重沸器的加热蒸汽量。

② 调节空冷器运行效果。

③ 调节装置进料量。

④ 调节塔进料换热器，降低进料温度。

⑤ 调节回流量。

⑥ 向系统放空降压。

⑦ 联系仪表工处理。

⑧ 将多余的正丁烷送出装置。

**3. 脱正丁烷塔底温度（TI-40304）**

**(1) 控制范围**　脱正丁烷塔底温度 TI-40304 为 100～104℃。

**(2) 控制目标**　正常操作中塔底温度控制在上述范围内，设定塔底的温度波动不超过±5℃。

**(3) 相关参数**　塔顶压力 PI-40301；塔进料量 FI-40301；塔进料温度 TI-40106；塔顶回流量 FIC-40501；塔顶回流温度 TI-40401。以上参数波动会引起塔底温度 TI-40304 波动。

**(4) 控制方式**　正常操作时，根据塔底温度设定范围，给定重沸器蒸汽流量 FIC-40302，设定塔底温度与塔下重沸器蒸汽流量串级调节，通过塔下重沸器蒸汽流量调节阀 FIC-40302 自动调节蒸汽流量控制塔底温度。如果发现仪表出现故障自动控制失灵时，应改为手动调节，并联系仪表处理。

塔底温度的控制原则是：根据塔进料量、塔顶压力、温度和产品烷基化油的蒸汽压控制指标来进行调节。要保证产品质量合格。从成本的角度考虑，应尽可能降低塔底温度（要保证烷基化油的蒸汽压合格）。重沸器蒸汽流量根据灵敏板温度进行控制（34 层）。

**(5) 影响因素**

① 系统蒸汽的压力、温度。系统蒸汽的压力、温度下降，塔底温度低。

② 塔底液位。塔底液位过高，引起塔低温度下降。

③ 重沸器蒸汽流量控制阀状态。重沸器蒸汽流量控制阀失灵，引起塔低温波动。

④ 塔重沸器换热效果。塔重沸器结垢严重也会对重沸器的换热效率产生明显的不良影响，使蒸汽消耗大，塔底温度易波动。

**(6) 调节方法**

① 相应提重沸器蒸汽量或装置降量生产，联系管网车间查找原因。

② 开塔底液控阀副线阀，开泵送油出装置。

③ 改为走副线，联系仪表工处理。

④ 依据实际情况进行清理。

**4. 烷基化油质量**

**(1) 控制范围**　烷基化油：终馏点≤205℃。

**(2) 水溶性酸碱**　无。

**(3) 腐蚀**　1 级。

**(4) 蒸气压**　夏≤68kPa；冬≤74kPa。

**(5) 控制指标**　正常操作烷基化油质量控制在上述范围内。有变更时根据调度令执行。

**(6) 相关参数**　塔顶压力 PI-40301；塔进料量 FI-40301；塔顶回流量 FIC-40501；塔底温度 TI-40304；塔底液位 LIC-40301；原料进料量 FIC-10401。

**(7) 控制方式**　通过反应系统、制冷系统、精制系统、蒸馏系统的调节来控制产品的质量。

## 六、DCS仪表控制系统

**1. DCS系统概述**

监视DCS系统运行，预防可能产生的危险。随时干预系统运行，确保安全、正常生产。系统授权运行参数的更改。

报警处理：工艺指标产生报警时会有声音提示，报警信息在报警信息栏和报警一览画面中指示，报警情况了解后，用消声按钮关闭当前的报警声音，并在报警一览中确认。

**2. DCS操作站组成及使用方法**

**（1）系统硬件** 系统的开启与停止、操作人员口令等系统维护工作由专职维护人员完成，未经授权人员不得进行此操作。操作站计算机、键盘和鼠标为专用设备，严禁挪用。

**（2）系统软件** 需要特别注意的是，为保证系统正常运行，不许在操作站计算机上运行任何其他非本公司系统所提供的软件，否则将可能造成严重后果。系统供电用的UPS为DCS系统专用设备，只能用于系统的各操作站和控制站供电，不能用于其他用途。

**（3）注意事项** 系统对操作人员主要规定了五种权限，规定如下。

① 观察：只能观察数据，不能作任何修改和操作。

② 操作员：本权限适用于合格的DCS操作人员，可以进行合分按钮开关、更改阀位输出（软手动）和设定值等相关操作。

③ 操作员（+）：本权限适用于合格的DCS操作班长，可以进行所有操作人员的操作，可以执行报警声音修改，可以查询操作记录，可以进行报表打印等操作。

④ 工程师：可以修改控制系统的P、I、D参数和其他一些数据；可以下载系统文件；可以退出监控系统；可以增减操作员及修改密码。本权限适用于系统运行维护人员。

⑤ 特权：可以对系统进行维护，增加减少操作人员、工程师；改变操作人员、工程师权限和修改其口令；以及其他一些系统特殊功能。本权限适用于DCS系统维护人员。

**（4）术语**

① 注意：表示涉及的事物或操作可能引起不可预测的危险后果。

② 警告：表示涉及的事物或操作能引起可预见的系统运行故障。

③ 危险：表示涉及的事物或操作将引起系统停运，甚至设备损坏及人身伤害。

**（5）操作员操作职责** 监视DCS系统运行，预防可能产生的危险。随时干预系统运行，确保安全、正常生产。系统授权运行参数的更改。维持控制室秩序、爱护设备，文明操作，保持清洁，防灰防水。

**（6）系统异常情况处理** DCS操作界面数据不刷新（正常情况数据每秒刷新一次），手自动切换无法操作等情况，应联系DCS维护人员进行维护，同时立即到现场操作。出现变送器故障，自动控制过程应立即切回手动。出现阀门执行机构，回路输出卡件等故障现象，应改为现场操作。出现DCS系统回路输入卡件故障时应把相应控制回路切回手动，并更换故障卡件，检查确认故障消除后方可再次投入自动。DCS系统出现异常断电，应改为现场操作。重新供电后，要求工程师检查系统情况，检查回路参数等系统数据是否正常，确认各调节阀的开度。若有异常应重新下传组态，一切正常后方可再次投入自动。

**（7）报警处理** 工艺指标产生报警时会有声音提示，报警信息在报警信息栏和报警一览画面中指示，报警情况了解后，用消声按钮关闭当前的报警声音，分析报警原因后采取相应的操作。

**(8) 检测控制点**　随时密切监视与控制息息相关温度、压力、液位、电流、阀位等。

**3. 操作员站简介**

计算机监控系统是集现场信号采集、动态显示、自动控制、电气设备（泵）遥控操作及联锁控制等功能于一体的综合性系统。系统以浙江中控技术股份有限公司的 AdvanTrol-ProDCS 系统为核心，配以适当和操作画面，在计算机操作和监视画面上可实现以下功能（图 3-5）。

图 3-5　计算机监控系统功能图标

系统简介：介绍本公司产品功能、特点以及系统规模。

报警一览：当参数报警时，报警信息自动登录到报警画面，以历史报警方式进行记录，记录最长为 1000 条报警信息。查阅报警一览画面，可得到历史报警情况。

系统总貌：系统检索目录。从中可以查看系统流程图、趋势曲线、数据一览、控制分组等信息，并可从总貌画面直接进入某页选中的流程图、趋势曲线、数据一览、控制分组等画面；也可从总貌画面直接弹出某个选中的动态参数的棒状仪表，从中查阅该参数的详细信息。

控制分组：可从中查阅有关调节或可调整参数的信息，在操作权限许可的情况下，可对调节或调整参数进行修改操作。并可从控制分组画面直接进入调整画面。作用：将相关仪表放在同一个画面，同时进行操作。

调整画面：点击该键查看被选中位号的调整画面。

趋势图：趋势曲线画面：可从中查阅有关参数的记录曲线。每页趋势曲线画面最多可记录 8 个参数的变化趋势。每条曲线可单独查阅，以便更清楚地查阅。时标可左右移动，以便查阅允许记录长度内某一时间某一参数的当时值（即查阅历史记录数据），参数记录时间间隔可以根据用户情况而定。

流程图：工艺流程画面，为系统主要监控和操作界面，在流程图上可以实现监视和控制现场的功能。

弹出式流程图画面：点击相关链接命令按钮可以弹出相关弹出式流程图画面，并可以在相应画面上实现相关操作。为防止弹出式流程图画面弹出过多影响主画面操作，最多可以弹出 3 幅弹出式流程图画面，3 幅以上每再弹出一幅，将会把最前一幅弹出式流程图画面自动关闭。

数据一览：每页数据一览画面最多可显示 32 个动态参数，选择某页数据一览画面，可集中查阅多个参数的动态变化情况。

故障诊断：可查阅到下位机系统主要硬件工作状态信息。

历史报表：点击该键查看已生成的历史报表。

口令登录：操作登录及权限设置：保证系统安全性。

前页：翻到前一页。

后页：翻到后一页。

翻页：翻到当前的任何一页。

系统：点击该键可进行一些系统设置（打印设置、报警声音设置、主操作站设置）。

报警确认：点击该键确认报警。

消声：点击该键可消除报警声音。

查找位号：点击该键进入位号查找画面。

打印画面：点击该键进行打印。

退出系统：点击该键进入退出画面。

载入组态：点击该键进入监控起始画。

操作记录一览：可查阅到相应操作站的所有操作记录信息。

**4. 基本操作**

**(1) 操作界面** 系统操作界面为计算机操作界面。通过对鼠标和操作员键盘的操作，可实现本计算机系统所具有的所有监视和控制操作。

鼠标器以左键单击或双击或拖动为操作方式进行选择和参数修改操作。

左键单击：移动计算机屏幕上鼠标到目标位置，按下鼠标左键（以右手操作习惯称呼）。

左键单击：移动计算机屏幕上鼠标到目标位置，按下鼠标右键。

左键双击：移动计算机屏幕上鼠标到目标位置，连续二次按下鼠标左键。

左键拖动：移动计算机屏幕上鼠标到目标位置，按下鼠标左键不放，拖动鼠标到另一目标位置。

**(2) 画面切换及翻页** 画面切换：是指流程图、总貌画面、报警一览、控制分组、趋势曲线、数据一览等不同类型画面之间的切换；翻页：是指流程图、总貌画面、报警一览、控制分组、趋势曲线、数据一览等同类型画面之间的前后翻页。

① 画面切换操作方法。

第一步，选择所要进入的画面类型：流程图图标、总貌画面图标、报警一览图标、控制分组图标、趋势曲线图标、数据一览图标等（位于实时监控画面上部）屏幕显示画面，用鼠标左键单击该类型，即可自动切换到对应类型的画面。

第二步，用鼠标左键单击实时监控画面上部的翻页图标，弹出同类型画面目录，用鼠标左键单击目录的画面名称，即进入该画面的该页面。

② 画面切换操作方法二。用鼠标左键单击实时监控画面上部的总貌画面图标，弹出总貌画面，翻到总貌画面第一页，用鼠标左键单击所需翻页的画面名称，直接进入该类型该页画面。系统总貌含主要流程图画面及重要参数画面。

③ 翻页操作方法一。用鼠标左键单击实时监控画面上部的前翻图标、后翻图标，实现同类型画面间的前后翻页。

④ 翻页操作方法二。用鼠标左键单击实时监控画面上部的翻页图标，弹出同类型画面目录，用鼠标左键单击目录的画面名称，即进入该画面的该页面。

直接用鼠标单击实施监控画面上部的翻页条，点击所要进入的画面名称即可进入相应流程图画面。

弹出式流程图也可以直接点击弹出式流程图图标，选择相关画面点击进入。

注意事项如下。

① 翻页响应时间约为0.5s，故鼠标单击翻页键后，可稍待片刻。如鼠标连续点击翻页图标，可能会导致连翻数页，故尽量不要连续点击翻页图标。

② 同类画面的页码是循环排列的，单独用前翻或后翻功能，都可以找到该类画面中的

任何一页。

图标如为灰色，则表示当前页此图标无效，即不能操作。

**5. 报警信息**

画面说明：在报警一览画面中显示最近产生的999个报警信息；每条报警信息的颜色也表明报警状态，具体见表3-18。

**表3-18　报警信息颜色一览表**

| 报警类型 | 描述 | 颜色 | 级别 | 信号类型 |
|---|---|---|---|---|
| 正常 | NR | 绿色 | 0 | 模入 |
| 高限 | HI | 黄色 | 1 | 模入 |
| 低限 | LO | 黄色 | 1 | 模入 |
| 高高限 | HH | 红色 | 2 | 模入 |
| 低低限 | LL | 红色 | 2 | 模入 |
| 正偏差 | ＋DV | 黄色 | 1 | 回路 |
| 负偏差 | －DV | 黄色 | 1 | 回路 |

**(1) 报警消声**

① 消声方法一：鼠标左键单击画面上部的消声图标消声。

② 消声方法二：按下操作员键盘中的消声键消声。

**(2) 报警确认**　在报警信息一览中选择某一条报警信息，此时工具栏上的报警确认按钮变为有效，则可确认该条报警信息，同时该条报警信息中登记当前时间为确认时间，颜色变为蓝色（如果报警没有消除）。

**(3) 报警打印**　鼠标左键单击实时监控画面上部图标，屏幕弹出报警一览表，在报警一览表的任何空白位置用鼠标右键单击，屏幕弹出报警显示打印选择框。鼠标光标指向显示内容栏，下拉显示内容菜单，鼠标左键单击菜单某项，选择显示或不显示该项（菜单项左侧显示“√”为选择显示，不显示“√”为不显示）；鼠标左键单击“显示范围”，屏幕弹出显示范围选择框，选择显示范围后鼠标左键单击“确定”，报警一览画面将显示选择的显示范围。

鼠标左键单击“打印”，屏幕弹出打印内容选择框，用鼠标左键单击选择打印内容后单击“确定”，打印系统将打印选择的内容。

**6. 操作登录与切到观察**

**(1) 操作登录**　鼠标左键单击画面上部的口令图标画面弹出操作框，鼠标左键单击姓名栏右边的下拉出操作员姓名，用鼠标左键单击姓名列表中的“操作员姓名”，鼠标左键单击口令框，用操作员键盘中的数字键键入相应口令，按“确认”键或用鼠标左键单击屏幕弹出操作员已登录信息，按“确认”键或用鼠标左键单击信息框中的操作员登录成功，可在系统中进行操作员权限内的所有操作。

**(2) 切到观察**　鼠标左键单击画面上部的口令图标画面弹出操作框，鼠标左键单击操作系统切到观察状态，观察状态不能进行对现场遥控及参数修改等操作。

出于系统安全性能考虑，要求操作员上班时以相应用户名登录监控操作系统，下班时必须将系统切到观察状态。系统用户的增删、用户密码的修改等设置由的维护人员完成。

7. 调节阀操作

**（1）调节阀的操作有手动及自动两种操作方式**

① 手动：是指控制回路的手动操作状态下，操作员直接在DCS上手动调整各调节阀的开度。

② 自动：是指DCS系统自动根据测量值和给定值的偏差计算调节阀的开度自动调节调节阀的，使测量值保持在允许的范围内。

**（2）手/自动切换**　用鼠标左键单击流程图画面上的动态数据，屏幕弹出仪表框图（见图3-6），鼠标左键单击仪表框图中的“手动”图标按钮，调节回路切换到手动操作；鼠标左键单击二位开关式图标中的“自动”图标按钮，调节回路切换到自动控制，调节回路调用回路的设定值进行自动控制。鼠标左键单击仪表框图右上角的×，关闭仪表框图。

用鼠标左键双击控制仪表框图的阀位数字框MV: 0.00 %使数字框底色变蓝，或左键单击阀位数字框，用操作员键盘的上升与下降键，调到要达到的阀位值，即完成阀位的调节。

**（3）自动控制下的设定值调节**　在调节回路切到自动时，控制回路的被调参数设定值可根据实际要求进行调节。

① 第一种调节方法：用鼠标左键双击设定值图标，再点击数字框，使数字框底色变蓝，或左键单击设定值数字框，用操作员键盘的上升与下降键，调到要达到的控制设定值，即完成设定值的调节。

② 第二种调节方法：在控制分组回路控制画面中进行手动/自动切换、手动调节和控制回路参数修改，并可在控制分组画面（回路控制）中单击调节仪表棒图头部直接进入调整画面，在工程师权限下对调节回路的参数进行修改。

在控制分组画面下的操作方法同前述操作方法。

**（4）从控制分组画面进入调整画面的方法**　鼠标左键单击控制分组画面某棒状图上部位号框，画面切换到该回路的调整画面，在调整画面下，可对诸如P、I、D参数、阀位上下限幅值等参数进行修改。

**注意**

在计算机手动切换到计算机自动时，控制回路必须处于较平稳工作状态，用计算机手动将测量值调到希望控制的设定值附近，并较稳定的运行。这时才能切到计算机自动控制状态。这时须密切注意测量值的变化，如测量值变化剧烈，须由计算机自动切到计算机手动状态。

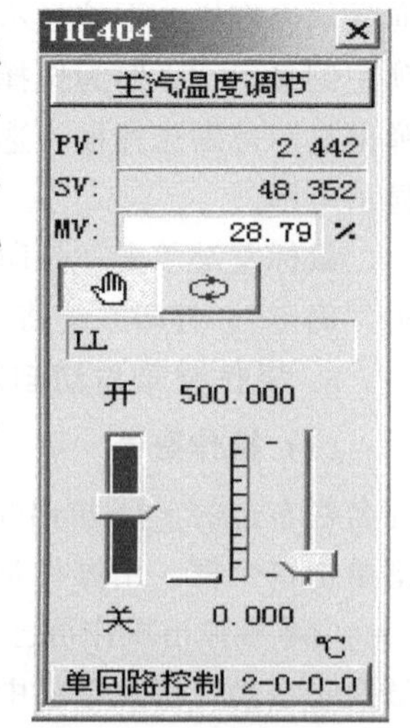


图3-6　主汽温度调节仪表框图

**注意**

计算机串级控制手动调节时只能调节内环的MV值，自动时只能调节外环的SV值。

仪表中：PV代表测量值；

SV代表设定值；

MV代表阀位值。

**注意**

当数据框底色为白色时，此数据方可修改；

数据框底色为灰色的时，此数据不可修改。

备注：阀位值和设定值等参数修改可通过操作员键盘来进行操作，操作员键盘上有增键、减键、快增键、快减键，使用此类键进行修改数据无须按“ENTER”确认。

**8. 工艺参数修改**

工艺参数的修改通常在调整画面或内部仪表中进行。其修改方法有如下三种。

方法一：在操作画面上调出相应的参数或回路，确认无误后，用操作员键盘上的增减键增加或减少数值完成参数修改。

方法二：在操作画面上调出相应的参数或回路，将数据框中原有数据先删除，再用操作员键盘中的数字键输入数值，确认无误后确认完成修改。

方法三：在操作画面上调出相应的内部仪表，拉动内部仪表中的上下拖动按钮，拖到相应的数值后再确认。

说明：测点的内部仪表中只显示了测量值，中下方的棒状图也指示了测量值占量程的相应比例。而回路的内部仪表中测量值（PV）、设定值（SV）、阀位值（MV）均有显示，并设有手动/自动切换按钮。手动时允许阀位输出，自动时允许修改设定值。中下方有两个拖动按钮和一个棒状图，左边的拖动按钮表示阀位输出，中间的棒状图表示测量值，右边的拖动按钮表示设定值。

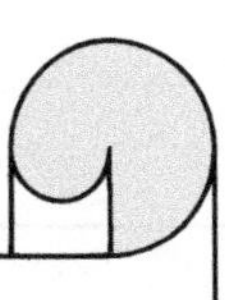

## 学一学　石油加工企业管理文化

**管理就是服务**

在管理上我们要树立“管理就是服务”的观念，要从控制型管理向服务型管理转变。通过强化服务实现有效控制，提高效率；通过学习交流提高管理水平，使管理者与被管理者之间由原来的控制与被控制的关系，转变为同一目标下的互相服务、团结协作关系。通过服务实现有效控制，需要我们在内部管理上引入客户的观念。

·项目十三·

# 碳四烷基化装置开停工操作

## 一、碳四烷基化装置开工操作

### 1. 开工前准备

① 建立开工指挥机构，写好开工方案、开工风险预评价及事故预案，并交生产运行部、技术发展部进行审核，开工方案经审批合格后对岗位人员进行培训并考核。

② 搞好装置环境卫生，清除各种杂物。

③ 准备好消防、安全工具（灭火器、防酸服、防酸碱面屏、防酸手套）。

④ 备用好各种配件（螺栓、垫片、阀门等）。

⑤ 备用好工具用品（扳子、活扳子、油桶、油壶、手电、交接班日记、岗位记录、分析记录等）。

⑥ 装置的照明设施完好，电缆沟盖板完好，下水畅通，环保措施落实好，污水中和池已具备处理装置排放污水能力。

⑦ 各机泵、压缩机注好润滑油。

⑧ 将校验好的压力表、安全阀按规定安装好。

⑨ 公用系统 1.0MPa 蒸汽、净化风、循环水、新鲜水、氮气、除盐水装置准备就绪。

⑩ 设备管线贯通试压合格（列出需处理管线清单），反应器、塔、容器、压缩机、冷换设备、管线、机泵确保无遗漏质量问题。

⑪ 组织人员学习开工方案，技术人员交代装置改动项目。

**2. 开工前确认**

① 装置内所有阀门是否都处于关闭状态，确认安全阀是否投用。

② 确认转动设备是否全部好用。

③ 确认设备、管线试压是否全部合格，具备开工条件。

④ 确认按照盲板表拆下盲板并做好记录。

⑤ 仪表维护人员对各电气仪表、压缩机各探头及自保系统进行开工前检查并联校仪表及 DCS 系统。

⑥ 确认安全、消防，通信设备是否齐全好用。

⑦ 确认原料异辛烷、异丁烷、硫酸、固体碱已经备足。

⑧ 蒸汽、新鲜水、循环水、脱盐水、净化风是否已引入装置。

⑨ 确认动力电是否引入装置。

⑩ 确认工艺卡片是否上墙，交接班日记及操作记录纸是否备齐。

**3. 开工前检查**

① 对装置进行全面系统的 PSSR 检查，确认整改完毕。

② 检查装置所有公用工程设施（水、气、汽、风、电等）是否全部按要求输送，装置开工公用火炬系统已正确投用。

③ 检查装置所有设备和管道均已进行气密性试验，并已清洗和吹扫、置换合格。

④ 检查装置开工各类化工物料。

⑤ 检查装置所有转动设备已受电，具备开工条件。

⑥ 检查装置内所有阀门，仪表、电气已经调校、确认合格。

⑦ 检查装置内各工艺及设备联锁点校验全部结束、测试合格。

⑧ 检查安全消防器材配备齐全，安全措施已落实。

**4. 开工操作**

**(1) 反应器引硫酸建立酸循环**

① 引酸通过酸罐 V-706 自酸泵 P-705A/B 送出，其路径是通过废酸电加热 E-601 到硫酸过滤器 FI-202A/B、然后进入反应器底部。如果酸的环境条件高于 10℃（烷基化反应器底部温度），则酸能够通过过滤器进入反应器。建立在正常操作液位下的烷基化反应器底部液位 LI-20102 为 70％～80％。

② 烷基化反应器底部液位 LI-20102 液位建立后，启动小循环，打开硫酸循环泵 P-201A/B 上的入口和出口阀门。开启回收酸回流泵 P-202A，建立小循环，浸没反应器填料，通过变频使流量达到泵的最小流量能力（逐渐加大 90％频率），使硫酸循环泵处于正常流量。保持反应器底部酸的液位 LI-20102 为 70％～80％。如有下降开启加酸泵 P-705A/B 继续向反应器注入新酸。回收酸回流泵 P-202A 运行稳定后，启动酸循环泵 P-201A，停回收酸回流泵 P-202A，逐渐提高酸循环泵 P-201A 频率至 70％，酸流量 2400～2600m$^3$，保持反应器底部酸的液位 LI-20102 为 60％～70％。如有下降开启加酸泵 P-705A/B 继续向反应器注入新酸。

**注意**

液位 LI-20102 不易控制高液位，当烃补入时，酸液位会增加。

③ 酸循环过程中注意监测反应器中酸浓度及酸温度。当酸浓度低于 90％时，需加酸进

行置换。当酸温度达到 25℃时，需要马上停泵，保证循环酸的温度小于 25℃。

④ 反应器酸回路处于全循环操作状态。

**(2) 引异辛烷进行烃循环**

① 异辛烷通过开车管线从储运装置来，通过脱轻 $C_4$ 过滤器 FI-101、脱轻 $C_4$-循环烃混合器进入基化反应器 R-201。异辛烷的循环路线为从烃类进料循环管线到反应器顶部。异辛烷在分布器出口与酸混合，向下流经反应器内件，在反应器中形成烃类液位 LI-20103 为 95%。

② 继续向反应器注入异辛烷，然后到一级聚结器 FD-202，再流至二级聚结器 FD-203，并形成一个液位。当二级聚结器液位 LIC-20302 为 80%～90%时，开启烃循环泵 P-203A/B 以最小流量开始回路循环。继续通过进料系统接收异辛烷，保持液位 LI-20103 为 60%～70%。烃循环泵 P-203A/B 出口流量 FI-20401 稳定在 550t 左右。

③ 通过精制聚结器进料泵 P-204A/B 将烷基化油从二级聚结器泵送至精制聚结器 FD-204。一旦精制聚结器完成烷基化油注入，关闭 XV-20501。打开精制聚结器进料调节阀去烃循环线上阀门，通过精制聚结器进料泵 P-204A/B，将异辛烷用泵送至烃类进料循环管线。实现异辛烷反应器外循环。目的是使异辛烷含酸指标合格。

④ 继续往反应系统注入异辛烷，使各液位达到工艺要求水平。使精制聚结器进料泵 P-204A/B 达到流量 FIC-20402 为 50～60t。当二级聚结器处于液位 LIC-20302 为 50%时，停止从界区外注入异辛烷。

⑤ 烷基化反应器处于完全酸和烃循环状态。

**(3) 蒸馏塔开车循环**

蒸馏塔工段由脱异丁烷塔进料罐 V-302，脱异丁烷塔 T-401 和脱正丁烷塔及其附属设备组成。

① 引异丁烷至 V-401。从储运通过装置开工线引入异丁烷至回流罐 V-401 的物料达到液位 LIC-40201 为 50%～60%，检查水包中是否有水，如有必要则将其排放。异丁烷出装置流量计 FT-40701，异丁烷出装置调节阀 FV-40202 通过开工线异丁烷至 V-401→V-302→E-401→T-401。通过开工线烷基化油至 V-302→E-401→T-401 液位 LIC-40101 为 50%～60%。

② 引烷基化油至 T-501。从储运通过装置开工线引入烷基化油，经过烷基化油引油流量计 FT-60501→烷基化油引油入 T-501 前流量计 FQI-40303→脱正丁烷塔底液位 LIC-40301 为 50%～60%。

③ 脱异丁烷塔底重沸器 E-402、脱正丁烷塔底重沸器 E-501 投用。建立 V-302→T-401→T-501→V-302 循环，T-401 初期温度（底 135℃、顶 55℃），T-501 初期温度（底 145℃、顶 50℃）。

④ 如果 T-401、T-501、V-401 液位下降，可继续引异丁烷、烷基化油。

**(4) 原料预处理单元**

① 脱轻塔建立循环。

a. 来自罐区的烯烃进料将通过混合 $C_4$ 自装置外来管线，经过地面管线进入脱轻塔进料调节阀 FIC-10201 被送至脱轻塔，将脱轻塔 T-102 填充至液位 LIC-10201 至

70%～80%。

b. 通过脱轻塔进料调节阀 FIC-10201 下游管线 P-10208/1，烯烃原料进入脱轻塔顶回流罐 V-101。脱轻塔顶回流罐液位 LIC-10301 达到 50%～60%，关闭该管线阀门。

c. 缓慢地开启去脱轻塔底重沸器 E-102 的导热油流量控制阀 FV-10202。控制塔底温度逐步升高至 99℃。

d. 随着脱轻塔底温度 TI-10208 升高，脱轻塔顶回流罐 V-101 中的液位 LIC-10301 会有增长变化。运行脱轻塔顶回流泵 P-106A/B，建立塔的回流。建立循环，正常后回流罐 V-101 多余丙烷，通过化验分析合格（丙烷 $C_4$）丙烷后，外送至储运罐区。

e. 塔底物料分析合格后，进 T-101。

② 水洗塔建立循环。

a. 将除盐水，通过注水调节阀 FQIC-10101 开始注入 T-101。

b. 当塔 LIC-10101 中获得了足够的水位时，通过脱轻塔底泵 P-105，将液化气从脱轻塔底，经 E-101A/B、E-104A/B，以及跨线 P-10404/2 至水洗塔。

c. 待各系统具备为开工条件后，开始进料。

③ 制冷剂压缩机和异丁烷循环。

a. 制冷压缩机循环。通过开车管线将异丁烷注入制冷剂储罐 V-303 并达到正常液位。制冷压缩机出口冷凝器 E-302、制冷剂储罐 V-303 的管线以及急冷管线被投入使用；如果必要，继续向系统进料。监测是否需要汽化；用注入异丁烷的方法保持制冷剂储罐中的液位，并继续循环。

b. 反应器异丁烷循环。来自界区外的异丁烷，经 V-401 通过烃循环管线，经制冷剂-反应产物换热器 E-301A/B 去烷基化反应器，异丁烷与酸/烃类一起流过反应器内件填料并开始气化，使反应器被冷却。当循环异丁烷流量 $55m^3/h$，蒸馏系统操作平稳、反应压力平稳时，开压缩机，进行反应器制冷剂异丁烷循环。随着制冷剂储罐中的液位增加，制冷剂循环泵 P-303A/B 将制冷剂泵送回反应器，并减少来自界区外的补充异丁烷，以平衡流量和液位。在将烯烃注入系统之前，初始目标是将系统温度调节到 10℃。异丁烷处于循环之中。

④ 低压洗涤塔 T-601 碱液循环。

将 PK-701 配制好的浓度 10%氢氧化钠溶液通过加碱泵打入 T-601 内，使塔液面为 50%～70%液位。

确认碱洗喷射器好用，V-602 微负压。

开低压洗涤塔循环泵 P-602A/B，以 $2m^3/h$ 量使其自身循环。碱液浓度低于工艺指标，随时加碱。

## 二、碳四烷基化装置停工操作

### 1. 停工前准备

① 联系调度确定准确的停工时间操作。

② 联系相邻车间共同对公用工程系统退料、吹扫。

③ 确认各岗位人员已经阅读、掌握停工方案。

④ 通知仪表、电气、维修有关部门装置停车时间，要求其做好停工配合工作。

⑤ 准备好盲板明细表，按要求准备好所用盲板。

⑥ 准备好最新版流程图。

⑦ 组织人员现场熟悉流程。

⑧ 各种劳动保护准备齐全。

⑨ 停工所用工具准备齐全。

**2. 停工前确认**

① 确认罐区各罐有足够空间收纳退出物料。

② 界区外已将建立了异丁烷、烃类和废酸的库存计划。

③ 联系调度，保证停工期间氮气的供给。

④ 确认可燃气体报警仪设施完好。

⑤ 确认氮气管网压力稳定。

⑥ 确认地下线系统畅通。

⑦ 确认放火炬系统畅通。

⑧ 确认消防水、灭火器、消防蒸汽带等消防设施完好。

⑨ 确认通信设施电话、对讲机完备好用。

⑩ 确认停工所用工具准备齐全。

⑪ 停工盲板准备完毕。

**3. 停工操作**

**(1) 反应部分停工退料**

[M]—通知厂调度，烷基化装置停工

[I]—减少烯烃进料50%

[I]—硫酸循环泵P-201处于手动，减少20%流量，确保泵的最小流量系统处于运行中同时废酸抽出保持速率1.64$m^3/h$

[I]—观察反应器底界面，硫酸液面低于20%，停止向废酸系统排酸，通知外操停硫酸P-201循环泵

[P]—关闭烯烃进料

[I]—确认去压缩机汽化物的负荷减少，使系统处于循环状态。精馏工段操作

[M]—通知外操停压缩机

[P]—停压缩机

[P]—停烃循环泵P-203

[P]—切断从聚结器FD-202到回收硫酸回流泵的入口管线。打开从反应器底部到回收硫酸回流泵入口的临时操作连接。开回收硫酸回流泵

[P]—开回收硫酸回流泵P-202

[I]—确认反应器中的烃类液位达到7300mm的水平，停止废酸抽出

(M)—确认并进行烃洗

[I]—用回收酸返回泵P-202循环反应器周围的烷基化物

[P]—回收酸返回泵P-202的流出物送至烃存储区，彻底排净反应器

(M)—确认烃洗完毕

[P]—开停工退烃阀，将反应器底部料用回收硫酸回流泵 P-202 泵出。彻底排净反应器

[P]—停精制聚结器进料泵 P-204 将聚结器中的所有物料泵送至精制聚结器

[M]—确认并进行碱洗

[P]—向反应器底部加入来自界区外的碱，至正常的酸液位

[I]—用回收酸返回泵 P-202 循环反应器周围的碱。对反应器底部的物料进行取样，按需加入/清除碱

[P]—将回收酸返回泵 P-202 的流出物送至界区外的废碱区，彻底排净反应器

(M)—确认碱洗完毕

(M)—确认并进行水洗

[P]—向反应器底部加入来自界区外的水，至正常的酸液位

[I]—使用回收酸返回泵将水在反应器周围循环

[P]—pH 测量值为中性，则可将水从反应器中清除

(M)—确认水洗完毕

[P]—用来自反应器顶部的氮气对反应进行置换，置换掉反应器内剩余的物料

(M)—确认反应部分所有物料都已排尽

**(2) 制冷压缩机部分停工退料**

[I]—V-301、V-303 采用空罐操作

[P]—停压缩机（见停压缩机操作法）

(M)—压缩机系统具备用氮气，以清除系统中的空气

[P]—停 P-303 泵

[P]—将 V-301、V-303 容器内残余的物料通过密排排出

[P]—将 P-301、P-303 泵内残余的物料通过密排排出

**(3) 蒸馏部分停工退料**

(I)—反应停原料进料

(P)—确认反应系统退酸结束

[I]—至脱异丁烷塔的流量将降低，确保脱异丁烷塔进料泵 P-302 处于最小流量

[P]—停 P-302 泵，将残余的物料通过密排排出

[I]—停循环异丁烷，分馏塔自身循环

[I]—减少 E-402、E-501 热源流量，控制 T-401、T-501 压力

(I)—V-401 异丁烷送净

(P)—P-401 抽空

[P]—停 P-401

[I]—T-401 无液位，关闭 E-402 热源流量

(I)—V-501 正丁烷送净

(P)—P-501 抽空

[P]—停 P-501

[I]—T-501 底烷基化油送至成品至无液位，通知外操停 P-501 泵

[P]—停 P-501

[I]—关闭 E-501 热源流量

[P]—将 T-401、V-401、T-501、V-501 容器内残余的物料通过密排排出

[P]—将 P-302、P-401、P-501 泵内残余的物料通过密排排出

**(4) 水洗和脱轻部分停工退料**

[I]—停脱轻塔 T-102 进料量，观察 T-102 底液位，减少去 E-106 热源流量

[P]—关闭混合碳四进入界区阀

(I)—T-102 脱轻碳四送净，至 T-102 无液位

(P)—P-105 抽空

[P]—停 E-106

[I]—关闭 E-102 热源

(I)—V-101 丙烷送净，至 V-101 无液位

(P)—P-106 抽空

[P]—停 P-106

[P]—将 T-102、V-101 容器内残余的物料通过密排排出

[P]—将 P-105 泵内残余的物料通过密排排出

[P]—打开系统火炬放空线向 V-703 放空泄压

[I]—水洗塔 T-101 将减少流量，减少量与烯烃进料减少量相同

[P]—用除盐水将 T-101 住满，将脱甲醇碳四从塔内全部顶出

[P]—停除盐水 P-707 泵

[I]—将 T-101 中甲醇水退至最低液位

[P]—将 T-101 容器内残余的物料通过密排排出

**(5) 系统放空泄压**

(M)—确认所有容器都不存有物料

[P]—打开各系统火炬放空线向 V-703 放空

(P)—确认所有容器压力泄净

[P]—将管线低点残余的烃排净（要确保安全）

[P]—将所有物料包括副线、密封油、辅助线等物料阀门全部打开

**(6) 置加拆盲板**

**(7) 蒸汽吹扫**

① 吹扫每条管线及设备都应有专人负责，记录吹扫时间，吹扫人签字；

② 吹扫前应放净管线和设备中的存水，以防水击，关闭无关的连通阀，防止串汽、串风、串水，每条管线要做到扫净，不留死角；

③ 吹扫过程中，设备内存水及时排净，严禁水击；冷却器先将冷却水切断，打开排凝阀和放空阀，将水放净，防止存水汽化憋压损坏设备；

④ 换热器一程扫线另一程必须放空防止憋压；控制阀先扫副线后扫阀门；

⑤ 集中汽量，阀门节流，憋压吹扫；

⑥ 计量表一律经副线吹扫；吹扫前应先与有关岗位和装置联系，以便配合吹扫。

## 学一学：石油加工企业管理文化

### 行为篇

**行为准则标准**

(1) 尊重无差异：在人格尊严上，没有高低贵贱的差异。我们要尊重客户、尊重供应商、尊重同事、尊重自己、尊重所有的人；礼貌待人，平等待人，文明待人，用尊重打开成功的大门。

(2) 诚信为根本：企业视诚信为立身之本、发展之基、信誉之源。我们要诚实守信，为人正直，待人忠诚，实事求是，讲究信誉；要对公司忠诚、对同事忠诚、对合作伙伴忠诚，依法行事，照章办事，用诚信铺平成功的道路。

(3) 沟通无边界：沟通是无所不在的。在很多时候，工作上的不和谐实际上出自信息和其他方面的误解。误解消除了，工作也就可以平稳、高效地进行。而消除误解，增进了解，形成共识最主要的手段就是沟通。因此我们要建立良好的沟通氛围和畅通的沟通渠道，用沟通扫除成功的障碍。

(4) 合作为共赢：良好的合作是个人和企业获得成功的重要条件。无论是企业内部的单位与单位、部门与部门、岗位与岗位、专业与专业、员工与员工之间的合作，还是企业与外部相关对象的合作，都应当以诚相待，把共赢作为合作的出发点和落脚点，用合作加快成功的进程。

· 项目十四 ·

# 碳四烷基化工艺参数控制

## 一、离心泵的开、停与切换操作

适用范围：开车、停车、异常事故处理。

用电机驱动的泵：常温泵、轻烃泵、硫酸泵。

**1. 开泵**

**(1) 初始状态确认**

(P)—泵单机试车完毕

(P)—泵处于无工艺介质状态

(P)—联轴器安装完毕

(P)—防护罩安装好

(P)—泵的机械、仪表、电气完好

(P)—确认泵盘车均匀灵活

(P)—公用工程冷却水循环系统正常

(P)—冷却循环水引至泵前

(P)—润滑油油位、油色符合要求

(P)—机械密封油、冲洗液及白油罐液位、压力报警、液位报警正常符合要求

(P)—泵的出、入口阀关闭

(P)—泵的出、入口排凝阀打开

(P)—泵的电动机开关处于关或停止状态

(P)—泵周围杂物清理干净，紧固地脚螺栓

(P)—循环水视镜干净、透明

(P)—压力表安装好

〈P〉—附近消防器材配备齐全

**(2) 离心泵开泵前准备**

① 泵体。

[P]—拆盲板

[P]—关闭泵的排凝阀

[P]—关闭泵的排气阀

[P]—泵盘车 2～3 周

[P]—投用压力表

② 冷却水投用。

[P]—打开冷却水给水阀和排水阀

(P)—确认回水视窗排水畅通

③ 投封油系统。

(P)—确认密封油液位正常，确认机械密封正常无泄漏

[P]—打开封油出入口阀门

[P]—投用封油压力表

(P)—确认机械密封正常无泄漏

④ 电机送电。

**(3) 灌泵**

[P]—缓慢打开泵入口阀

[P]—打开放空阀排气

(P)—确认排气完毕

[P]—关闭放空阀

**(4) 启泵**

[P]—点动电动机确认泵转向正确

[P]—与相关岗位操作员联系

[P]—启动电动机，观察电流和出口压力

[P]—缓慢打开出口阀门，观察电流和出口压力

(P)—确认泵运行状况，电流和出口压力是否达到正常参数

[P]—出现下列情况立即停泵

严重泄漏异常振动异味火花烟气撞击电流持续超高

**注意**

离心泵严禁无液体空转，以免损坏零件

热油泵启动前必须预热，以免温差过大造成事故

离心泵启动后，在出口阀未开的情况下，严禁长时间运行

离心泵严禁使用入口阀来调节流量，以免抽空

**(5) 泵启动后确认和调整**

① 泵的确认。

(P)—确认泵的振动在指标范围内

(P)—确认轴承温度和声音正常

(P)—确认润滑油的液面正常

[P]—调整压力正常

(P)—确认机械密封无泄漏，压力正常
[P]—调整冷却水
② 电动机。
(P)—确认振动，声响无异常
(P)—确认电动机空间加热器停用（如有）
(P)—确认电流表指示正常
(P)—确认电动机轴承，绕组温度正常
(P)—确认冷却水投用正常（如有）
(P)—确认电动机碳刷无火花
③ 工艺系统。
(P)—确认泵入口压力稳定
(P)—确认泵出口压力正常
[P]—调整泵出口流量
[P]—若发现流量不正常，则进行以下方面的检查和确认
[P]—泵的排凝口和排气口加盲板或丝堵

**(6) 最终状态确认**

(P)—泵入口阀全开
(P)—泵出口阀开度适当
(P)—泵出口压力正常
(P)—泵出口流置正常
(P)—排凝口、排气口加丝堵或盲板
(P)—动静密封点无泄漏

**2. 停泵**

适用范围：用电机驱动的泵（常温泵、轻烃泵、硫酸泵）。

**(1) 初始状态**

(P)—泵入口阀全开
(P)—泵出口阀开
(P)—放空阀关闭
(P)—泵在正常运转

**(2) 停泵**

[P]—关闭泵出口阀
[P]—与相关岗位操作员联系
[P]—立即停电动机
(P)—确认泵转子不转动
[P]—盘车 2～3 圈，确认泵机械部分正常
(P)—确认泵入口阀全开
(P)—确认泵机械密封及其他静密封部位无泄

**(3) 泵备用**

① 停用辅助系统。
[P]—关闭封油出入口阀门（如有）

最终状态确认：

(P)—冷却水畅通

(P)—电动机处于送电状态

(P)—泵出口阀关闭

(P)—离心泵具备紧急备用状态

(P)—泵出口阀关闭

(P)—确认电动机送电（冬季将电机加热器开关调至开启状态）

(P)—确认密封无泄漏

[P]—停用冷却水

[P]—停封油系统（如有）

② 隔离。

[P]—关闭泵入口阀

③ 排空。

[P]—打开泵入口密排阀（如有）及泵体导淋阀

[P]—打开放空阀

(P)—确认泵排干净

[P]—关闭放空阀、密排阀

**(4) 离心泵交付检修**

存在以下故障情况之一或更多时，需进行非正常停泵操作：

(P)—泵轴端机械密封泄漏严重

(P)—润滑油系统出现异常（油质乳化、油温超高、油品泄漏等）

(P)—泵轴承温度超高

(P)—泵体或电机机体振动过剧

(P)—各冷却点出现冷却水不畅、水温过高或中断现象

(P)—泵出口流量波动较大，泵工作声音异常

(P)—电机电流异常

(P)—电机轴承温度或电机机体表面温度异常

(P)—入口过滤器堵塞

(P)—各静密封点有泄漏情况发生

**(5) 最终状态确认**

(P)—冷却水切除

〈P〉—电动机处于停送电状态，挂牌

〈P〉—泵出入口阀加盲板，挂牌

〈P〉—机封封油出入口阀关闭（如有）

〈P〉—放空阀、密排阀关闭加盲板，挂牌

要随时密切关注泵的排空情况。

泵附近准备好以下设施：在液态烃泄压时，应缓慢排放，避免管线结霜。

**3. 正常切换**

**(1) 初始状态确认**

① 运转泵。

(P)—泵入口阀全开

(P)—泵出口流量正常

(P)—泵出口压力在正常稳定状态

(P)—放空阀关闭

② 备用泵。

(P)—泵入口阀全开

(P)—泵出口阀关闭

(P)—辅助系统投用正常

(P)—放空阀、密排阀关闭

(P)—电机送电

**(2) 启动备用泵(不带负荷)**

[P]—与相关岗位操作员联系准备启泵

[P]—备用泵灌泵

[P]—备用泵盘车

[P]—启动备用泵电动机

[P]—如果出现下列情况立即停止启动泵

(P)—确认泵出口达到启动压力且稳定

**(3) 切换**

[P]—缓慢打开备用泵出口阀

[P]—逐渐关小运转泵的出口阀

(P)—确认运转泵出口阀全关,备用泵出口阀开至合适位置

[P]—停运转泵电动机

(P)—确认备用泵压力,电动机电流在正常范围内

[P]—调整泵的排量

**注意**

切换过程要密切配合,协调一致尽量减小出口流量和压力的波动

**(4) 切换后的调整和确认**

① 运转泵。

② 停用泵。

**注意**

切换过程要密切配合,协调一致尽量减小出口流量和压力的波动

## 二、冷换设备的投用与切除

### (一) 投用

**1. 适用范围**

① 有或无相变的换热器。

② 单台或一组换热器。

③ 流动介质:循环水、软化水、蒸汽、液体烃类化合物、气体等。

**2. 初始状态确认**

(P)—换热器检修验收合格

(P)—换热器与工艺系统隔离

(P)—换热器放火炬线隔离

(P)—换热器放空阀和排凝阀的盲板或丝堵拆下，阀门打开

(P)—压力表、温度计安装合格

(P)—换热器周围环境整洁

**3. 换热器拆盲板**

(P)—确认换热器放火炬阀，冷介质入口、出口阀，热介质入口、出口阀及其他与工艺。系统连接阀门关闭

[P]—拆换热器放火炬线盲板

[P]—拆换热器冷介质入口、出口盲板

[P]—拆换热器热介质入口、出口盲板

[P]—拆其他与工艺系统连线盲板

**4. 换热器置换**

用蒸汽置换的换热器：

[P]—蒸汽排凝

(P)—确认换热器管、壳程高点放空阀，低点排凝阀打开

(P)—壳程接上蒸汽胶皮管并投用蒸汽

(P)—壳程放空阀和排凝阀见蒸汽

[P]—管程接上蒸汽胶皮管并投用蒸汽

(P)—确认管程放空阀和排凝阀见蒸汽

[P]—调整管、壳程蒸汽量

(P)—确认管、壳程置换合格

[P]—关闭管、壳程放空阀

[P]—停吹扫蒸汽并撤掉管、壳程蒸汽胶皮管

[P]—关闭管、壳程排凝阀

**注意**

管壳程蒸汽置换时，防止超温、超压；防止烫伤

**5. 换热器投用**

〈P〉—现场准备好随时可用的消防蒸汽带

〈P〉—投用有毒有害介质的换热器，佩戴好防护用具

**(1) 充冷介质**

(P)—确认换热器冷介质旁路阀开

[P]—稍开换热器冷介质出口阀

[P]—稍开换热器放空阀（不允许外排的介质，稍开密闭放空阀）

(P)—确认换热器充满介质

[P]—关闭放空阀（或密闭放空阀）

**(2) 投用冷介质**

[P]—缓慢打开换热器冷介质出口阀

[P]—缓慢打开换热器冷介质入口阀

[P]—缓慢关闭换热器冷介质旁路阀

**(3) 充热介质**

(P)—确认换热器热介质旁路阀开

[P]—稍开换热器热介质出口阀

[P]—稍开换热器放空阀（不允许外排的介质，稍开密闭放空阀）

(P)—确认换热器充满介质

[P]—关闭放空阀（或密闭放空阀）

**(4) 投用热介质**

[P]—缓慢打开换热器热介质出口阀

[P]—缓慢打开换热器热介质入口阀

[P]—缓慢关闭换热器热介质旁路阀

**6. 换热器投用后的检查和调整**

(P)—确认换热器无泄漏

[P]—按要求进行热紧

[P]—检查调整换热器冷介质入口和出口温度、压力、流量

[P]—检查调整换热器热介质入口和出口温度、压力、流量

[P]—放火炬线或密闭放空线加盲板

[P]—放空阀和排凝阀加盲板或丝堵

(P)—确认换热器运行正常

[P]—恢复保温

**7. 最终状态确认**

(P)—换热器冷介质入口、出口温度、压力和流量正常

(P)—换热器热介质入口、出口温度、压力和流量正常

(P)—换热器排凝放火炬线加盲板

(P)—换热器放空阀、排凝阀加盲板或丝堵

## (二) 换热器停用

**1. 适用范围**

① 有或无相变的换热器。

② 单台或一组换热器。

③ 流动介质：循环水、软化水、蒸汽、液体烃类化合物、气体等。

**2. 初始状态确认**

(P)—换热器冷介质入口、出口阀开

(P)—换热器热介质入口、出口阀开

(P)—换热器密闭排凝线盲板隔离

(P)—换热器放火炬线盲板隔离

(P)—换热器放空阀、排凝阀盲板或丝堵隔离

**3. 换热器停用**

[P]—打开热介质旁路阀

[P]—关闭热介质入口阀

[P]—关闭热介质出口阀

[P]—打开冷介质旁路阀

[P]—关闭冷介质入口阀

[P]—关闭冷介质出口阀

**4. 换热器备用**

[P]—关闭热介质出口阀

[P]—关闭热介质入口阀

[P]—关闭冷介质出口阀

[P]—关闭冷介质入口阀

[P]—拆换热器密闭排凝阀线盲板

[P]—拆换热器放火炬线盲板

[P]—拆换热器放空阀，排凝阀丝堵或盲板

[P]—吹扫蒸汽排凝

[P]—打开热介质密闭排凝阀或打开放火炬阀

[P]—接上换热器热介质侧的蒸汽胶皮管

[P]—打开冷介质密闭排凝阀或打开放火炬阀

[P]—接上换热器冷介质侧的蒸汽胶皮管

(P)—确认热介质侧吹扫，置换合格

[P]—撤掉热介质侧蒸汽胶皮管

[P]—打开热介质侧排凝阀和放空阀

(P)—确认冷介质侧吹扫，置换合格

[P]—撤掉冷介质侧蒸汽胶皮管

[P]—打开冷介质侧排凝阀和放空阀

**注意**

换热器置换时，防止超温、超压；防止烫伤；泄压时，应特别注意防冻凝，严禁有毒有害介质随地排放

**5. 换热器交付检修**

[P]—换热器与工艺系统盲板隔离

[P]—换热器密闭排凝线盲板隔离

[P]—换热器放火炬线盲板隔离

[P]—换热器吹扫蒸汽胶皮管撤离

(P)—确认换热器排凝和放空阀打开

按检修作业票安全规定交付检修。

**6. 最终状态确认**

(P)—换热器与工艺系统盲板隔离

(P)—换热器密闭排凝线盲板隔离

(P)—换热器放火炬线盲板隔离

(P)—换热器吹扫、置换蒸汽胶皮管撤离

(P)—换热器排凝阀、放空阀打开

## 三、湿式空气冷却器投用、切除操作

### （一）投用

**1. 初始状态确认**

(P)—空气冷却器验收合格

(P)—空气冷却器与工艺系统隔离

(P)—换热器周围环境整洁

**2. 换热器拆盲板**

[P]—拆空气冷却器热介质入口、出口盲板

[P]—拆其他与工艺系统连线盲板

**3. 空气冷却器置换**

用氮气置换换热器。

(P)—确认空气冷却器与系统连接完好、正确

[P]—按吹扫流程充氮气

[P]—按气密方案进行空冷器气密

(P)—确认气密合格

(P)—确认置换合格

[P]—系统泄压，保持微正压

**4. 空气冷却器投用**

(P)—确认空气冷却器已送电

(P)—确认水箱内注满水

(P)—确认循环水泵防水罩安装好

[P]—启运空气冷却风机电机

[P]—启运循环水泵，将喷淋系统阀门开到最大

[P]—缓慢打开空气冷却器介质出入口阀门

**5. 换热器投用后的检查和调整**

(P)—确认空气冷却管束无泄漏

(P)—确认空气冷却风机、水泵振动正常，无杂音

[P]—调节调频风机及循环水泵出口开度，使介质出口温度达到要求

### （二）湿式空冷器停用

**1. 初始状态确认**

(P)—空气冷却器正常运行

(P)—换热器热介质入口、出口阀开

(P)—空气冷却器排凝阀盲板或丝堵隔离

**2. 换热器备用**

[P]—打开热介质旁路阀

[P]—关闭热介质入口阀

[P]—关闭热介质出口阀

[P]—停空气冷却风机

[P]—停循环水泵

**3. 空气冷却器交付检维修**

[P]—空气冷却器与工艺系统盲板隔离

(P)—确认空气冷却器排凝和放空阀打开

(P)—确认空气冷却器介质排净

[P]—空气冷却器氮气吹扫置换至合格

[P]—关闭空气冷却器排凝和放空阀，加盲板隔离

(P)—确认空气冷却器风机、循环水泵电机停电

按检修作业票安全规定交付检修。

**4. 最终状态确认**

(P)—空气冷却器与工艺系统盲板隔离

(P)—空气冷却器密闭排凝线盲板隔离

(P)—空气冷却器放火炬线盲板隔离

(P)—空气冷却器吹扫、置换胶皮管撤离

(P)—空气冷却器排凝阀、放空阀盲板隔离

(P)—空气冷却器风机、循环水泵电机停电

## 四、离心压缩机开停操作

### (一) 压缩机开机

**1. 状态确认**

〈P〉—确认压缩机试车完毕

〈P〉—确认机组周围环境整洁

〈P〉—确认梯子平台安全可靠

〈P〉—确认消防设施完备好用

(I)—确认润滑油化验分析合格

(P)—确认润滑油过滤器干净达到标准

(P)—确认润滑油泵处于完好备用状态，并试车好用

(P)—确认润滑油冷却器试压合格

(P)—确认管线和设备保温完好

(P)—确认自保联锁系统试验合格并可以投用

(I)—确认与DCS系统相连接仪表联校完好

**2. 压缩机氮气置换**

(P)——确认压缩机与系统连接完好、正确

[P]——按吹扫流程充氮气

(P)——确认气密合格

(P)——确认置换合格

[P]——系统泄压，保持微正压

**3. 启动机组**

[P]—联系内操，启动主电机

[P]—观察记录电机启动电流、转速正常时间

[P]—打开出口阀门及二段补气阀门，调整工艺参数，使压缩机正常运行

[P]—检查电机振动、温升、声响及电压

[P]—如有喘振，停机检查处理
[P]—消除喘振后重新启动
[P]—改一级密封气为介质

**4. 状态确认**

(P)—确认电机电流、电压在指标范围内
[P]—检查轴承的温升及响声
[P]—检查机组的振动及轴位移正常
(P)—确认油系统的油温、油压、油位及回油情况良好
(P)—确认干气密封系统工作正常
(P)—各段入口及出口的压力、流量、温度应由制冷岗位操作员配合调节，尽快达到给定值

### （二）压缩机停机操作

**1. 压缩机正常停机**

[I]—调节压缩机电机变频到最小输出
[P]—扭动机前停机按钮
[P]—关闭压缩机出入口阀门
[P]—机组停运后，检查记录转子惯性运转时间，机组有无异常现象
[P]—机组停运后，要保证润滑油、干气密封系统正常运转
[P]—待轴承温度冷却后不再升高方可停运润滑系统
[P]—10min 后，停干气密封系统

**2. 压缩机紧急停机（跳闸停机）**

[P]—立即扭动机前停机按钮
[P]—压缩机停运后迅速关闭压缩机出口阀
[P]—机组停运后，检查记录转子惯性运转时，机组有无异常现象
[P]—机组停运后，要保证润滑油、密封系统正常运转
[P]—待轴承温度冷却后不再升高，方可停运润滑密封系统
[P]—10min 后，停干气密封系统

**3. 压缩机交付检修**

(P)—确认压缩机出入口阀关闭
[P]—机体内物料排到火炬系统
[P]—用氮气置换机体内物料直至合格
[P]—停氮气
[P]—打开排空阀，机体泄压
(P)—机体常温、压力为零

**4. 状态确认**

(P)—确认压缩机入、出口阀全关
(P)—确认辅助系统停运
(P)—确认仪表、电气系统隔离
(P)—机体气样分析合格
(P)—确认机体压力为零

## 五、容器脱水

[P]—通知班长及内操作人员

[I]—监视脱水容器工艺参数

(P)—脱水周围无施工和动火

[P]—缓慢稍开脱水阀门

(P)—容器脱净水

[P]—关闭脱水阀门

容器脱水要求如下。

① 外操作人员按要求佩戴好防护用品，必须使用铜质阀门扳手。

② 外操作人员脱水时站在上风口，防止脱出介质流出被风吹到下风向熏人和溅到人身上。

③ 外操作人员脱水时防止静电产生，以免发生可燃气闪爆和火灾事故，包括：禁止穿易产生静电的服装；开关阀门时不能过快；不能带手机、传呼机等非防爆通信工具进入现场；脱水阀门开度不能过大，防止脱水结束时有液态烃喷出，流速过快，产生静电。

④ 外操作人员脱水时，阀门开度不能过大，防止脱水结束时大量液态烃喷出伤人以及可燃气排入大气污染环境，同时也会形成大量的爆炸性混合气体，导致爆炸的危险。

⑤ 外操作人员脱水时，现场不能离人，见烃后立即关闭阀门。减少瓦斯进入大气的量。

⑥ 外操作人员在脱水结束后，关严阀门。

⑦ 外操作人员在冬季脱水前，要暖脱水阀。防止硬开阀门造成损坏。阀门损坏可能会导致大量泄漏瓦斯事故发生。

## 六、反应器加酸

[P]—新酸罐检前尺

[P]—检查沉降器界面

(P)—确定先加酸还是先排酸

[P]—开反应器处加酸线阀门

[P]—打通新酸罐至加酸泵流程

[P]—启动加酸泵

(P)—确认泵上量

[P]—缓慢打开泵出口阀

[P]—新酸罐检查并检尺计量

(P)—确认加酸到预定量

[P]—关泵出口阀

[P]—停泵电机

[P]—关反应器处加酸线上游阀

解释说明如下。

① 根据反应酸浓度分析、产品质量、原料纯度及系统纯度、装置处理量、上一个班的加酸量估计本班的加酸量。

② 启动加酸泵，泵上量后逐渐开泵出口阀，阀开度不要过大，以保证操作的平稳。

③ 操作中要穿好防护用品，做好准备工作，启动加酸泵时要注意安全，防止酸烧伤。

④ 内操作人员要控制好缓冲闪蒸罐油侧液位。

## 七、收 98%酸的操作

[P]—对新酸罐检查并检尺计量

[P]—计入操作台账
(P)—确认收入的酸量
[P]—联系操作员，向对方讲清楚收酸浓度及收酸量
[P]—硫酸车与卸硫酸槽连接，打开硫酸车罐顶罐口，缓慢开卸硫酸阀门
(P)—确认硫酸槽液位升至60%
[P]—启动卸硫酸泵
[P]—沿管线到新酸罐进行检查
(P)—确认管线有无泄漏事故发生
(P)—确认硫酸装卸完毕
[P]—操作员停泵
[P]—关好入装置及罐入口阀
[P]—再次对新酸罐检尺
[P]—与硫酸单元岗位操作员联系
[P]—将所收酸量、浓度、密度及新酸罐检尺高度计入台账及交接班日记中

解释说明收入98%酸的操作如下。

① 新酸罐收入硫酸浓度为98%。

② 收酸前应对新酸罐检查并检尺计量，计入操作台账，以备查考。

③ 送酸前检查关闭各自的阀门，以免窜酸。

④ 对新酸罐随时检尺，防止收酸过量，导致冒罐的事故发生。

⑤ 新酸罐收酸后，罐内应留有至少700mm的空高。

⑥ 操作中应戴好劳动保护用品，严防酸烧伤。

## 八、废酸装车操作

[P]—对废酸罐进行检尺计量
[P]—计入操作台账
(P)—计算出需送的废酸量
[P]—开大返废酸罐返回阀门，防止憋压
[P]—确认鹤管插入槽车内
[P]—启动装车硫酸泵
[P]—观察硫酸车液位，防止溢酸
[P]—装至2/3时，关小阀门，缓慢装车
(P)—装至距罐口10cm时关闭阀门、停泵
[P]—进行检尺计量
[P]—将送酸量和罐检尺数据分别做好记录

将硫酸送废酸操作如下。

① 送酸前检查关闭各自的阀门，以免窜酸。

② 开泵前应做好启动泵的准备工作。流程要确保无误，先关闭新酸罐至废酸泵的流程，然后打通其流程。

③ 送废酸时注意废酸罐应留有500mm酸液位以上，以免将残油送至硫酸车间。

## 九、液化气采样步骤

[P]—将采样球胆内残余气体排净

[P]—稍开采样阀排净阀前滞留物料

[P]—站在上风头，采样阀侧面

[P]—将球胆口对准采样阀出口稍开采样阀

[P]—向球胆充满气样

[P]—排净气样后再次充样

[P]—反复置换 2～3 次

(P)—确认球胆内残余样品置换干净

[P]—稍开采样阀向球胆充气样至要求数量

[P]—关闭采样阀

液化气采样要求如下。

① 外操作人员要按要求佩戴好防护用品，防止冻伤。

② 采样时防止静电产生，以免发生可燃气闪爆和火灾事故，包括：禁止穿易产生静电的服装；开关阀门时不能过快；不能带手机、传呼机等非防爆通信工具进入现场；采样阀开度不能过大，防止液态烃等易燃易爆物质喷出，因流速过快产生静电造成着火事故发生。另外，采样时排放的瓦斯等介质量大会造成环境污染，因此，要尽可能减少物料对大气的排放量。

③ 采样结束后，关闭好采样阀门。

④ 采样时，禁止将采样容器充满，应留有一定空间，防止受热膨胀发生爆炸事故。

## 十、烷基化油采样步骤

[P]—先打开采样口锁箱

[P]—缓慢打开采样阀，用采样瓶接少许烷基化油

[P]—关闭采样阀

[P]—将采样瓶置换干净

[P]—采烷基化油油样

[P]—关闭采样阀

[P]—盖好瓶盖

[P]—将采样口锁箱锁好

〈P〉—采样时烷基化油流速不要过快，避免产生静电发生意外

(P)—不允许摇晃采样瓶，以免影响烷基化油质量

## 十一、反应器酸采样

[P]—采样半小时前关闭酸烃比例计引线下截止阀

[P]—站在上风头，采样阀侧面

[P]—缓慢稍开采样阀

[P]—微量排放掉管线中存的旧酸，之后关闭采样阀

[P]—将采样瓶对好采样阀

[P]—稍开采样阀，用采样瓶接一定量的酸

[P]—关闭采样阀

[P]—打开酸烃比例计下截止阀

反应器酸采样操作如下。

① 采样时必须保证采样瓶干燥无水。

② 采样时要避免酸中带油。
③ 采样前半小时可将酸烃比例计酸进行置换，然后再关酸烃比例计引线下截止阀。
④ 采样阀不能开得过大，防止酸喷溅出来伤人。
⑤ 采样前要穿戴好劳动保护用品，避免酸烧伤。

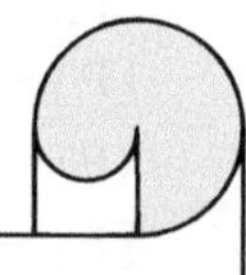

## 学一学 石油加工企业管理文化

### 如何争做优秀员工

(1) 认同企业文化

认同企业文化的人，做有利于企业、有利于员工的事情的人，就会得到广泛的认同，得到群众的支持和拥护；

(2) 增强主人翁责任感

员工是企业这个大家庭的成员。企业每时每刻都关心每一位员工，为每一位员工实现价值提供舞台。同时，企业的发展也要依靠员工的贡献；

(3) 做好每一件小事

每位员工都要踏踏实实地把自己应该做的每一件小事做得精益求精、完美无缺。持之以恒地按照统一的目标做好每一件小事，就很了不起，就会推进企业的物质文明建设和精神文明建设的进程；

(4) 德才兼备好学向上

一个优秀的员工应该具备诚实、敬业、勤劳和奉献的美德，具有完成工作的知识和技能，不断提高工作能力和与人相处、沟通的技巧，与团队成员通力合作，并能够接受新的挑战，为实现集体目标贡献个人才智；

(5) 积极主动地面对一切

所有的人都希望我们的企业能够更好，我们不能被动地等待别人尊重、理解、关心和信任自己，等待别人先对我们好，而要主动地尊重、关心、支持和帮助别人，使我们更快地得到别人的尊重、关心、支持和帮助；

(6) 善待他人彼此关爱

公司是员工的“家园”。在这个大家庭里，内部的和睦团结，外部的形象树立，都需要我们自身有良好的修养，需要我们彼此关爱，互相善待。

· 项目十五 ·

# 碳四烷基化装置应急处理

## 一、装置紧急停工

装置紧急停工应急操作卡见表 3-19。

**表 3-19 装置紧急停工应急操作卡**

| 事故名称 | 装置紧急停工 |
|---|---|
| 事故现象 | (1)停系统蒸汽,停循环水,全装置停电,长时间停净化风<br>(2)设备事故(包括反应器、制冷压缩机、主要运转机泵的事故及主要冷换设备、压力容器、管线的泄漏事故)<br>(3)DCS 系统故障<br>(4)重大的自然灾害如地震、飓风等<br>(5)外装置发生重大事故,严重威胁本装置安全 |
| 危害描述 | (1)温度大幅度变化,设备管线热胀冷缩,易出现泄漏、破裂、着火等情况<br>(2)压力变化大,会有超压情况发生,造成泄漏、安全阀起跳等<br>(3)由于思想紧张、动作不协调,易出错、易发生碰伤、摔伤、烫伤等人身事故 |
| 事故原因 | 在装置生产过程中,当遇到突发的重大事故时,为了迅速控制事态,避免事故的扩大和蔓延,保护人身、设备的安全,最大限度地减少损失,迅速恢复生产,即应果断地采取紧急停工手段 |
| 事故确认 | 确认需要紧急停工 |
| 事故处理 | (1)初期险情控制<br>[M]—通知厂调度,车间生产值班人员,说明停工原因、时间<br>[I]—通知球罐及后部的油品、液化气贮运单位,烷基化装置停工<br>[I]—停电时各仪表先改手动操作。停风时用上游阀控制风关阀的流量、压力,用副线阀控制风开阀的流量、压力<br>[P]—关闭各机泵出口阀,停电机<br>[P]—冬季要做好防冻凝工作<br>(2)反应系统停工<br>[P]—停原料进料泵,关泵出口阀,停电机<br>[P]—在停循环异丁烷进反应器后,停反应器总进料,关总进料阀<br>[P]—关酸循环阀 ,停酸循环泵<br>[P]—关 $C_4$ 储罐罐根阀<br>[P]—关闭加酸线阀门,停加酸泵,关闭泵出口阀,停电机 |

续表

| 事故名称 | 紧急停工 |
| --- | --- |
| 事故处理 | [P]—关闭排酸线阀门<br>(I)—保持反应系统压力<br>(I)—各仪表改为手动控制<br>(3)制冷系统停工<br>[P]—停流出物泵,关泵出口阀,停电机<br>[P]—停冷剂泵,关泵出口阀,停电机<br>[I]—保持入口分液罐的压力与冷剂的液位<br>[I]—各仪表改为手动控制<br>[P]—停制冷压缩机(参见停压缩机操作)<br>(4)蒸馏系统停工<br>[I]—各仪表改为手动控制<br>[I]—关循环异丁烷控制阀<br>[P]—关闭循环异丁烷控制阀上游阀,停塔回流泵<br>[P]—停收或送异丁烷操作,关异丁烷出装置阀<br>[P]—停正丁烷出装置泵,关正丁烷出装置阀<br>[P]—停碱循环,关循环碱泵出口阀,停泵<br>[I]—根据塔底温度、压力、液位情况,通知外操停烷基化油出装置<br>[P]—根据内操指令,停烷基化油出装置泵,关油出装置阀<br>[P]—停工期间加强巡检,冬季要加强防冻防凝检查<br>[P]—检查压缩机、反应器、各机泵完好备用情况<br>[I]—加强各操作参数的监控 |
| 退守状态 | 装置停工,做好随时开工或退料扫线工作 |

## 二、装置停电事故

装置停电事故应急操作卡见表 3-20。

**表 3-20　装置停电事故应急操作卡**

| 事故名称 | 装置停电 |
| --- | --- |
| 事故现象 | (1)机泵停止运转<br>(2)装置照明灯灭<br>(3)蒸馏塔压力迅速升高<br>(4)塔顶温度升高<br>(5)容器和分馏塔液面升高<br>(6)产品出装置量减小或无<br>(7)仪表控制失灵<br>(8)压缩机停运<br>(9)反应器停运<br>(10)各流量、压力指示仪表指示值大幅度变化 |
| 危害描述 | (1)进料中断,塔顶超温,蒸馏塔超压,容器分馏塔超液位<br>(2)压缩机、反应器停运,压力、温度难以控制,产品质量不合格<br>(3)系统压力急剧波动,设备法兰易泄漏,原料泄漏易着火 |
| 事故原因 | (1)厂总变故障<br>(2)装置内配电室供电系统故障或电工误操作<br>(3)打雷晃电造成电路故障 |
| 事故确认 | 机泵、风机等运转设备全部停运 |

续表

| 事故名称 | 装置停电 |
|---|---|
| 事故处理 | (1)局部短时间停动力电,启动备用泵,装置维持正常生产<br>[M] — 联系电工、调度查明原因,找电工及时恢复供电<br>[P] — 关闭停运机泵出口阀门,关闭电机开关<br>[P] — 启动备用机泵<br>[I]— 检查各操作参数运行情况,确保在指标范围内,加强与外操的联系工作<br>(2)只有照明电停,全装置正常生产<br>[M]—联系配电及厂调度,查明原因<br>[M]—联系配电排除故障,送电<br>(3)全装置停动力电,机泵全部停运,酸循环泵、压缩机停运,DCS系统停电,在线UPS立即启动,装置做紧急停工处理<br>[M]—汇报车间及厂调度,装置紧急停工,并询问停电原因和恢复供电时间<br>[M]—通知球罐区停供液化气<br>[M]—组织本班人员按照装置紧急停工方案进行全装置紧急停工<br>[I]—各仪表均改为手动控制<br>[I]—加强对各操作参数的监视,发现问题及时通知外操进行现场调节<br>(P)—蒸馏塔保温保压,冬季防冻<br>(P)—循环水冷却器确保循环水正常循环<br>[P]—现场加强各设备的巡检 |
| 退守状态 | 装置全面紧急停工处理,此时装置的退守状态为:<br>(1)机泵全停,硫酸循环停,压缩机停,工艺物料处于静止状态<br>(2)蒸馏塔回流泵停,稍给热源,保温保压<br>(3)产品出装置全部停,容器和蒸馏塔维持液位<br>(4)冬季做好防冻工作,等待恢复生产 |

## 三、装置停循环水事故

装置停循环水事故应急操作卡见表3-21。

**表3-21　装置停循环水事故应急操作卡**

| 事故名称 | 装置停循环水 |
|---|---|
| 事故现象 | (1)蒸馏塔压力迅速上升<br>(2) 回流温度迅速升高<br>(3)循环水流量表指示水量迅速降低或回零<br>(4)制冷压缩机出口冷后温度迅速上升<br>(5)制冷压缩机出口压力升高<br>(6)反应温度、冷剂温度迅速上升 |
| 危害描述 | (1)循环水中断,塔顶超温,蒸馏塔超压<br>(2)压缩机、反应器停运,压力、温度难以控制,产品质量不合格 |
| 事故原因 | (1)循环水场故障<br>(2)来本装置循环水线故障 |
| 事故确认 | (1)泵循环水中断<br>(2)产品出装置冷后温度上升<br>(3)塔顶压力、温度上升 |
| 事故处理 | 停循环水后,短时间内如果无法恢复,塔压力上升,无法正常生产,装置做紧急停工处理<br>(M)—联系循环水场,确认停循环水原因及恢复供应循环水时间<br>(M)—组织本班人员对装置做紧急停工处理<br>[I]—停蒸馏塔的加热热源,关闭有关控制阀<br>[I]—注意压缩机一级入口流量,防止压缩机超负荷<br>[I]—通知球罐区操作员停供原料 $C_4$<br>[P]—关闭原料进料泵出口阀,停电机 |

续表

| 事故名称 | 装置停循环水 |
|---|---|
| 事故处理 | [P]—关闭反应器循环酸阀门<br>[P]—停压缩机(参见压缩机停车操作),关闭压缩机出入口阀门,保持压缩机两油循环<br>[P]—关闭循环异丁烷控制阀上游阀,停循环异丁烷去反应器<br>[P]—关闭冷剂泵出口阀,停泵<br>[P]—关闭流出物泵出口阀<br>[P]—关闭反应器进料控制阀上游阀及副线阀,关闭控制阀旁的冷剂线阀门<br>[P]—停反应器加排酸<br>[I]—停产品出装置,关闭烷基化油、正丁烷、异丁烷出装置控制阀<br>[I]—通知外操,关闭烷基化油、正丁烷、异丁烷出装置控制阀上游阀及副线阀<br>[I]—根据蒸馏塔实际情况,停塔顶回流<br>[P]—根据内操指令,停塔顶回流泵,关闭泵出口阀,停电机<br>[P]—停产品出装置,关闭烷基化油、正丁烷、异丁烷出装置控制阀<br>[P]—其他操作参见装置紧急停工方案<br>[P]—冬季做好防冻工作 |
| 退守状态 | 循环水停,装置无法维持生产,全面停工,此时装置的退守状态为:<br>(1)装置所有机泵全部停,物料处于静止状态<br>(2)反应器停运,循环酸停,各阀门关闭<br>(3)制冷系统停,压缩机停运,各阀门关闭<br>(4)碱洗循环停<br>(5)蒸馏塔停热源,回流停,各产品停出装置 |

## 四、装置停净化风事故

装置停净化风事故应急操作卡见表 3-22。

**表 3-22 装置停净化风事故应急操作卡**

| 事故名称 | 装置停净化风 |
|---|---|
| 事故现象 | (1)各控制阀失灵,二次表呈现失控状态,手动调节控制阀,阀门开度无变化<br>(2)风开阀全关,风关阀全开,仪表流量、压力指示急剧变化(见阀门清单附件)<br>(3)各容器和蒸馏塔底液面迅速上升<br>(4)产品出装置量回零<br>(5)制冷压缩机吸入量急剧下降<br>(6)净化风罐压力表指示值下降或回零<br>(7)塔底温度迅速下降 |
| 危害描述 | (1)塔顶回流量过大或带水<br>(2)系统压力急剧波动,设备法兰易泄漏<br>(3)压缩机自动停车 |
| 事故原因 | (1)空压站发生故障<br>(2)净化风管路故障<br>(3)净化风入装置阀被他人误关 |
| 事故确认 | (1)现场调节阀压力指示大幅下降或回零<br>(2)各调节阀调整手段无效 |
| 事故处理 | 由于停仪表风后,压缩机无法自动控制,压缩机自保停车,所以装置做紧急停工处理<br>[M]—联系厂调度及管网车间,询问停风原因及恢复供风时间,装置做紧急停工处理<br>[M]—组织本班人员进行紧急处理<br>[P]—关闭反应器酸循环<br>[P]—停反应器<br>[P]—停压缩机 |

续表

| 事故名称 | 装置停净化风 |
|---|---|
| 事故处理 | [P]—停各机泵<br>[P]—关闭各控制阀上游及副线阀<br>[I]—监测各操作参数，通知外操随时进行现场调节<br>(P)—循环水正常循环<br>[P]—做好巡检工作 |
| 退守状态 | (1)全装置机泵停，物料处于静止状态<br>(2)反应、制冷、蒸馏系统设备全部停运，有关阀门关闭<br>(3)冬季装置内的循环水和蒸汽不停，装置防冻 |

## 五、装置压力容器泄漏事故

装置压力容器泄漏事故应急操作卡见表3-23。

**表3-23 装置压力容器泄漏事故应急操作卡**

| 事故名称 | 装置压力容器泄漏 |
|---|---|
| 事故现象 | (1)液化气容器泄漏，泄漏部位有白霜，严重时，附近瓦斯报警器报警<br>(2)烷基化油容器泄漏，泄漏处地面有明显油迹，有烷基化油气味，严重时，瓦斯报警器报警<br>(3)酸沉降器、酸洗罐泄漏时，会有酸液、油、烃混合液体喷出，有酸味，刺激皮肤 |
| 危害描述 | (1)泄漏区域人员发生酸碱烧伤<br>(2)酸性物质大量泄漏，易发生火灾、爆炸事故<br>(3)造成环境污染事件 |
| 事故原因 | (1)回流罐、反应器、精馏塔及高压瓦斯罐出入口阀门、法兰垫片呲开泄漏<br>(2)液面计、界位计、罐体焊口，发生泄漏<br>(3)操作压力过高或后部堵塞憋压 |
| 事故确认 | 从现象可以判断出是哪台压力容器存在泄漏问题，并且从工艺流程上可以判断出该设备能否从系统中切除，从而决定是否需要进行紧急停工处理 |
| 事故处理 | (M)—组织人员判明泄漏设备及其部位，分析泄漏原因，并进行有针对性的处理<br>(M)—如果泄漏设备能够从系统切除，则开泄漏设备的跨线，关闭泄漏设备的出入口阀门，切除泄漏设备<br>(M)—如果是主要设备泄漏，并且无法从系统中切除，无法维持生产，装置按紧急停工处理<br>[M]—通知车间领导及厂调度，必要时通知消防队<br>[M]—组织本班人员进行事故处理<br>[M]—安排本班人员封锁瓦斯泄漏区，禁止一切车辆通行<br>[P]—用蒸汽冲淡瓦斯<br>(I)—分析容器或塔压力高的原因，进行针对性地处理：塔底温度高，则降加热蒸汽量，回流温度高，可降量生产，回流罐向火炬系统放空泄压；因为液相憋压，则加大产品送出量，降低容器液位；机泵故障，则通知外操切换备用机泵运行<br>[P]—根据班长及内操安排，做好相关工作<br>[P]—如果系统压力恢复正常后，设备仍存在一定的泄漏情况，联系维护人员进行处理<br>设备垫片坏造成泄漏或设备本体有沙眼：<br>(M)—从工艺上判断能否切除泄漏设备，如果不能，装置按紧急停工处理<br>(M)—组织本班人员将泄漏设备甩掉，向火炬系统放空泄压<br>〈M〉—封锁瓦斯泄漏区，禁止一切车辆通行<br>(I)—关闭有关控制阀，停止向泄漏设备供料，并对泄漏瓦斯设备进行参数监控<br>[P]—关闭泄漏设备的上下游阀门，打开向火炬系统放空阀门，泄压<br>[P]—待泄漏设备压力回零后，打开对大气放空阀门<br>[P]—封锁瓦斯泄漏区域，禁止一切车辆通行<br>[P]—确认无压力后，联系维修人员处理<br>[P]—泄漏设备需要动火时，提前进行蒸汽吹扫，确保设备符合动火条件<br>[P]—存有酸碱设备发生泄漏，处理时要穿好劳动防护用品 |

续表

| 事故名称 | 装置压力容器泄漏 |
| --- | --- |
| 退守状态 | (1)泄漏设备从系统中切除，处于待修理状态<br>(2)装置所有机泵全部停，物料处于静止状态<br>(3)反应器停运，循环酸停，各阀门关闭<br>(4)制冷系统停，压缩机停运，各阀门关闭<br>(5)碱洗循环停<br>(6)蒸馏塔停加热蒸汽，回流停，各产品停出装置 |

## 六、装置酸沉降器泄漏事故

装置酸沉降器泄漏事故应急操作卡见表 3-24。

**表 3-24　装置酸沉降器泄漏事故应急操作卡**

| 事故名称 | 装置酸沉降器泄漏 |
| --- | --- |
| 事故现象 | (1)酸沉降器底部设备接管法兰口或接管存在砂眼出现泄漏情况，可以看到有物料泄漏<br>(2)酸沉降器泄漏，泄漏处地面有明显湿迹，有硫酸气味，刺激皮肤<br>(3)有时伴随烃油泄漏，有烃类气味 |
| 危害描述 | (1)泄漏区域人员发生酸碱烧伤<br>(2)酸性物质大量泄漏，易发生火灾、爆炸事故<br>(3)造成环境污染事件 |
| 事故原因 | (1)设备、管线腐蚀或垫片老化发生泄漏<br>(2)人员操作失误发生泄漏<br>(3)检修管理不当 |
| 事故确认 | 从上述现象可以判断出酸沉降器存在泄漏问题，并且从工艺流程上可以判断出该设备能否从系统中切除，从而决定是否需要进行紧急停工处理 |
| 事故处理 | (M)—判明酸沉降器泄漏部位，分析泄漏原因，并进行有针对性的处理<br>[M]—通知车间领导及厂调度，必要时通知消防队<br>[M]—组织本班人员进行事故处理<br>[M]—安排本班人员封锁设备泄漏区，禁止一切车辆通行<br>[I]—降低装置原料进料量，停止废酸外排<br>[I]—通知外操关小压缩机入口阀门，降低压缩机入口流量到一台反应器运行时<br>[P]—关闭酸沉降器出口压控阀上游及副线阀<br>[P]—关闭酸沉降器乳化液入口阀门<br>[P]—打开酸沉降器小流量和大流量排酸阀门，控制流量，将酸沉降器内酸排入废酸脱气器中<br>[P]—稍开向火炬系统放空阀门，适当泄压<br>[P]—切除泄漏的酸沉降器<br>[P]—泄漏酸沉降器退料、放空泄压<br>[P]—出现瓦斯泄漏情况时，用蒸汽冲淡瓦斯<br>[P]—根据班长及内操安排，做好相关工作<br>〈M〉—封锁瓦斯泄漏区，禁止一切车辆通行<br>〈P〉—存酸设备发生泄漏，处理时要穿好防酸防护用品 |
| 退守状态 | 反应器降量运行，系统暂停排酸 |

## 七、液态烃、汽油管线泄漏事故

液态烃、汽油管线泄漏事故应急操作卡见表 3-25。

**表 3-25　液态烃、汽油管线泄漏事故应急操作卡**

| 事故名称 | 液态烃、汽油管线泄漏 |
| --- | --- |
| 事故现象 | (1)泄漏管线在泄漏部位有白霜<br>(2)地面有瓦斯、油迹，泄漏部位附近有瓦斯、汽油味<br>(3)泄漏严重时瓦斯报警器报警 |

续表

| 事故名称 | 液态烃、汽油管线泄漏 |
| --- | --- |
| 危害描述 | (1)泄漏区域人员易发生中毒<br>(2)瓦斯大量泄漏,易发生火灾、爆炸事故<br>(3)造成环境污染事件 |
| 事故原因 | (1)设备、管线腐蚀或垫片老化发生泄漏<br>(2)人员操作失误发生泄漏<br>(3)检修管理不当 |
| 事故确认 | 从现场检查情况,判断是哪一条管线存在泄漏问题,并且从工艺流程上判断出该管线能否从系统中切除,从而决定是否需要进行紧急停工处理 |
| 事故处理 | [M]—组织人员判明泄漏管线及其部位,分析泄漏原因,并进行有针对性的处理<br>(M)—如果泄漏管线能够从系统切除,则关闭泄漏管线的两端阀门,切除泄漏管线<br>(M)—如果是主要管线泄漏,并且无法从系统中切除,装置按紧急停工处理<br>[M]—通知车间领导及厂调度,必要时通知消防队<br>[M]—组织本班人员进行事故处理<br>[M]—安排本班人员封锁瓦斯泄漏区,禁止一切车辆通行<br>[P]—用蒸汽冲淡瓦斯<br>[P]—根据班长及内操安排,做好相关工作<br>[P]—联系维护人员进行处理<br>[P]—装置需要紧急停工时按照装置紧急停工方案进行停工 |
| 退守状态 | (1)无法维持生产时,装置紧急停工<br>(2)装置原料停,所有机泵停运,物料处于静止状态<br>(3)反应器、压缩机停运,反应系统、制冷系统、蒸馏系统停<br>(4)泄漏管线从系统中切除,处于待处理状态,现场蒸汽掩护 |

## 八、硫酸泵出口法兰爆裂事故

硫酸泵出口法兰爆裂事故应急操作卡见表 3-26。

**表 3-26　硫酸泵出口法兰爆裂事故应急操作卡**

| 事故名称 | 硫酸泵出口法兰爆裂 |
| --- | --- |
| 事故现象 | (1)硫酸泵出口法兰出现泄漏情况,可以看到有物料成喷射状喷出<br>(2)泄漏处地面有明显湿迹,有硫酸气味,刺激皮肤 |
| 危害描述 | (1)泄漏区域人员易酸性物质烧伤<br>(2)酸性物质大量泄漏,易发生火灾、爆炸事故<br>(3)造成环境污染事件 |
| 事故原因 | (1)设备、管线腐蚀或垫片老化发生泄漏<br>(2)人员操作失误发生泄漏<br>(3)检修管理不当 |
| 事故确认 | 酸泵出口法兰腐蚀严重爆裂泄漏,从而决定需要进行紧急停工处理 |

续表

| 事故名称 | 硫酸泵出口法兰爆裂 |
|---|---|
| 事故处理 | (M)—判明酸泄漏部位,分析泄漏原因,并进行有针对性的处理<br>[M]—通知车间领导及厂调度<br>[M]—组织本班人员进行事故处理<br>[M]—安排本班人员封锁设备泄漏区,禁止一切车辆通行<br>[I]—停装置原料进料量,停止烃循环泵,停制冷压缩机<br>[I]—逐渐关小 T-102、T-401、T-501 塔底热源<br>[P]—依次停 P-106、P-204、P-302、P-401、P-501、P-502<br>[P]—停 P-602,酸性气放火炬<br>[P]—切断泄漏酸泵出入口阀门<br>[P]—待泄漏处无酸液流出时及时用沙土进行围堵泄漏酸液<br>[P]—根据班长及内操作人员安排,做好相关工作 |
| 退守状态 | (1)受伤人员送医院治疗<br>(2)全装置临时停工处理,此时的装置为退守状态<br>①装置原料停,所有机泵停运,物料处于静止状态<br>②反应器、压缩机停运,反应系统、制冷系统、蒸馏系统停工<br>③泄漏设备管线从系统中切除,处于待处理状态 |

## 九、管线冻凝事故

管线冻凝事故应急操作卡见表 3-27。

**表 3-27 管线冻凝事故应急操作卡**

| 事故名称 | 管线冻凝 |
|---|---|
| 事故现象 | (1)抽出物料的容器、塔底液位上升较快或塔底满液面淹塔<br>(2)物料流量无显示<br>(3)流经泵出口的物料,泵出口段管线冻凝时,泵出口压力上升,时间较长时泵体憋压发热。当入口段管线冻凝时泵抽空,打开出入口导淋,不见物料排出<br>(4)冻凝管线处导淋打不开,用蒸汽吹暖导淋后,导淋打开有水流出<br>(5)用铁器敲击冻凝管线时,发出的是较为沉闷的声音,而不是正常时清脆的声音 |
| 危害描述 | (1)液位上升淹塔,易发生泄漏酸烧伤<br>(2)物料憋压易发生泄漏<br>(3)造成环境污染事件 |
| 事故原因 | (1)设备、管线物料堵塞<br>(2)室外温度过低<br>(3)检修管理不当 |
| 事故确认 | 根据上述现象,可以判断出是否有管线冻凝 |
| 事故处理 | 操作中使用铜制工具<br>(M)—首先判明冻凝管线冻凝的部位<br>[P]—使用蒸汽吹冻凝点<br>(M)—冻凝时间较长,影响装置生产时,装置可暂停进料进行循环<br>[M]—如产品出装置线等较长管线冻凝时,在处理管线的同时,可采取接临时线等方法维持生产<br>[P]—局部管线冻凝用蒸汽吹使其融化,带保温的管线冻凝,将汽带插入保温层与管线间吹暖。长距离管线冻凝时,可将管线断开,分段处理 |
| 退守状态 | 无法维持生产时,装置局部或全装置临时停工处理,此时装置为退守状态<br>①装置原料停,所有机泵停运,物料处于静止状态<br>②反应器、压缩机停运,反应系统、制冷系统、蒸馏系统停<br>③冻凝管线从系统中切除,处于待处理状态,现场蒸汽掩护 |

## 十、酸碱烧伤事故

酸碱烧伤事故应急操作卡见表 3-28。

表 3-28　酸碱烧伤事故应急操作卡

| 事故名称 | 酸碱烧伤 |
|---|---|
| 事故现象 | (1)存酸或碱设备泄漏酸碱，溅到人身上，肉眼可以看见<br>(2)接触酸的皮肤有烧灼感，疼痛感，皮肤起水泡<br>(3)接触碱的皮肤感觉滑腻，轻微烧伤有疼痛感，严重的烧伤可能导致皮肤变黑色<br>(4)泄漏设备或管线有液体流出或喷出 |
| 危害描述 | (1)泄漏区域人员易发生烧伤<br>(2)酸性物料大量泄漏，易发生火灾、爆炸事故<br>(3)造成环境污染事件 |
| 事故原因 | (1)设备、管线发生泄漏<br>(2)人员操作失误发生泄漏<br>(3)检修管理不当 |
| 事故确认 | 根据现场设备泄漏情况及操作人员自身感受，可以判断出有酸碱烧伤 |
| 事故处理 | (1)工艺处理<br>[P]—判明泄漏部位，汇报班长及车间<br>[M]—通知维护人员到现场抢修<br>[M]—组织本班人员对泄漏的设备进行处理，减少或杜绝进一步泄漏<br>[P]—酸碱泵密封泄漏时，停泵，关闭泵出入口阀门，使用备用泵<br>[P]—新酸储罐泄漏，将新酸加入反应器一部分，其余经废酸线送硫酸单元<br>[P]—废酸储罐泄漏，废酸直接送硫酸车间<br>[P]—新碱罐泄漏，将罐内新碱装桶<br>[P]—废碱罐泄漏，将废碱罐内废碱水排入中和池，经过中和后送入污水处理场<br>[P]—对泄漏到地面的酸碱做环保处理，减少或避免环境污染<br>[M]—如果处理时需要排放酸碱，则将酸碱由地漏排入中和池，再进行中和处理<br>(M)—泄漏设备或管线能从系统中切除时，装置维持正常生产，否则做临时停工处理<br>(2)受伤人员处理<br>[P]—立即用干衣服、手套等将患处的酸碱轻轻擦拭掉，注意防止弄坏皮肤<br>[P]—擦拭干净后，用大量清水冲洗<br>[P]—有条件的酸烧伤用苏打水冲洗，碱烧伤用硼酸水冲洗，然后用大量清水冲洗<br>[P]—到医院治疗<br>(3)环保处理<br>[P]—车间领导、环保员到现场，指导处理<br>[P]—紧急切断泄漏设备，减少或杜绝进一步排放<br>[P]—当酸碱大量泄漏时，要用土做围堰，防止酸碱流入明沟，造成环境污染事故<br>[P]—泄漏到地面的酸用碱水中和，碱水用稀酸中和，确保 pH 值达到 6～9 范围内 |
| 退守状态 | (1)受伤人员送医院治疗<br>(2)无法维持生产时，装置局部或全装置临时停工处理，此时装置为退守状态<br>①装置原料停，所有机泵停运，物料处于静止状态<br>②反应器、压缩机停运，反应系统、制冷系统、蒸馏系统停<br>③泄漏设备管线从系统中切除，处于待处理状态<br>④泄漏的酸碱经过环保处理，控制 pH 值在 6～9 范围内 |

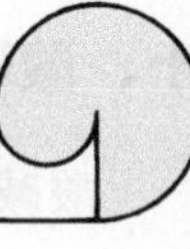

## 学一学 石油加工企业管理文化

### 管理篇

**追求细节完美实施精细管理**

“天下大事必做于细”。追求细节完美，提高管理精细化程度，是企业健康发展的重要保证。企业的大目标寓于每一个小目标中，寓于每一个细微之处。日常工作中的小差异会造成整体效果的大差异，抓细节也就是在抓目标的落实，抓不好细节就没有大的目标的实现。只要我们做事比别人更严细认真，更一丝不苟，日积月累，我们就会超越别人。精细管理没有止境。我们要相信，做事情没有最好，只有更好，总是会有比现在更好的做事情的方法。我们总是要争取比以前做得更完美，比任何其他人做得更好。

# 参考文献


［1］ 李淑培．石油加工工艺学（上册）［M］．北京：中国石化出版社，2009.

［2］ 李大东．加氢处理工艺与工程［M］．北京：中国石化出版社，2004.

［3］ 中国石油和化学工业联合会．责任实施关怀指南［M］．北京：化学工业出版社，2012.

［4］ 娄永峰．满足国Ⅴ汽油标准的汽油加氢脱硫工艺最新进展［J］．山东化工，2016，45（18）：38-43.

［5］ 李智超，李会鹏，赵华，等．汽油加氢脱硫技术研究及展望［J］．当代化工，2013，42（11）：1588-1590.